U0158758

中国建筑常识

梁思成 林徽因◎著

应急管理出版社

·北京·

图书在版编目（CIP）数据

中国建筑常识／梁思成，林徽因著． -- 北京：应急
管理出版社，2023

ISBN 978 - 7 - 5020 - 9766 - 0

Ⅰ.①中… Ⅱ.①梁… ②林… Ⅲ.①建筑艺术—中
国—普及读物 Ⅳ.①TU - 862

中国版本图书馆 CIP 数据核字（2022）第 227239 号

中国建筑常识

著　　者	梁思成　林徽因
责任编辑	高红勤
封面设计	胡椒书衣

出版发行　应急管理出版社（北京市朝阳区芍药居 35 号　100029）
电　　话　010 - 84657898（总编室）　010 - 84657880（读者服务部）
网　　址　www.cciph.com.cn
印　　刷　凯德印刷（天津）有限公司
经　　销　全国新华书店

开　　本　710mm × 1000mm $\frac{1}{16}$　**印张**　21　**字数**　285 千字
版　　次　2023 年 6 月第 1 版　2023 年 6 月第 1 次印刷
社内编号　20211382　　　**定价**　78.00 元

出 版 说 明

　　梁思成（1901—1972），籍贯广东新会，生于日本东京；林徽因（1904—1955），原名徽音，生于浙江杭州。梁思成与林徽因都是中国近现代著名建筑学家。两人1924年赴美国宾夕法尼亚大学留学，学习建筑系课程。1928年回国后，到东北大学任教，创立了中国现代教育史上第一个建筑学系。"九·一八"事变后进入中国营造学社工作。1946年9月，梁思成回到母校清华大学任教，并创办了建筑系。新中国成立后，两人积极参加新中国的建设，曾参与中华人民共和国国徽和人民英雄纪念碑的设计。

　　抗战期间，梁思成与林徽因奔波考察，足迹遍布中国十五省二百多个县，测绘和拍摄二千多件唐、宋、辽、金、元、明、清各代保留下来的古建筑遗物，包括蓟县独乐寺观音阁、正定隆兴寺、应县木塔、大同华严寺和善化寺、赵州安济桥等。依据这些考察资料结果，两人写成文章在《中国营造学社汇刊》和国外报刊上发表，引起了国际上对这些文物的重视，并对中国古建筑的后续研究和保护带来了极好的影响。之后，两人还根据这些考察资料和结果，注释《营造法式》，并编写了《中国建筑史》。

　　新中国成立后，梁思成除了仍在清华大学任教外，还与林徽因一起在北京市都市计划委员会等建筑相关机构任职，积极参加新中国的建设，并偶尔在报刊上发表建筑学论述文章，为中国建筑学的发展作出很多贡献。

　　我们从梁思成和林徽因曾发表的诸多建筑学考察与论述文章中，精心挑选了多篇通俗易懂的佳作，根据内容，分为建筑综述、建筑发展、古建考察和建筑工作论述四个方面，编成这本《中国建筑常识》，加入我们的"通识书系"中，希望能让读者了解更多关于中国传统建筑艺术的知识。

　　以上内容，特此说明，如有错漏，万望教正。

目 录

序　言

为什么研究中国建筑[1]

　　研究中国建筑可以说是逆时代的工作。近年来中国生活在剧烈的变化中趋向西化，社会对于中国固有的建筑及其附艺多加以普遍的摧残。虽然对于新输入之西方工艺的鉴别还没有标准，对于本国的旧工艺，已怀鄙弃厌恶心理。自"西式楼房"盛行于通商大埠以来，豪富商贾及中产之家无不深爱新异，以中国原有建筑为陈腐。他们虽不是蓄意将中国建筑完全毁灭，而在事实上，国内原有很精美的建筑物多被拙劣幼稚的，所谓西式楼房，或门面，取而代之。主要城市今日已拆改逾半，芜杂可哂，充满非艺术之建筑。纯中国式之秀美或壮伟的旧市容，或破坏无遗，或仅余大略，市民毫不觉可惜。雄峙已数百年的古建筑（Historical landmark），充沛艺术特殊趣味的街市（Local color），为一民族文化之显著表现者，亦常在"改善"的旗帜之下完全牺牲。近如去年甘肃某县为扩宽街道，"整顿"市容，本不需拆除无数刻工精美的特殊市屋门楼，而负责者竟悉数加以摧毁，便是一例。这与在战争炮火下被毁者同样令人伤心，国人多熟视无睹。盖这种破坏，三十余年来已成为习惯也。

　　市政上的发展，建筑物之新陈代谢本是不可免的事。但即在抗战之前，中国旧有建筑荒顿破坏之范围及速率，亦有甚于正常的趋势。这现象有三个明显的原因：一、在经济力量之凋敝，许多寺观衙署，已归官有者，地方任其自然倾圮，无力保护；二、在艺术标准之一时失掉指南，公私宅第园馆街

1　梁思成所作，原载于《中国营造学社汇刊》1944年第7卷第1期。

楼，自西艺浸入后忽被轻视，拆毁剧烈；三、缺乏视建筑为文物遗产之认识，官民均少爱护旧建的热心。

在此时期中，也许没有力量能及时阻挡这破坏旧建的狂潮。在新建设方面，艺术的进步也还有培养知识及技术的时间问题。一切时代趋势是历史因果，似乎含着不可免的因素。幸而同在这时代中，我国也产生了民族文化的自觉，搜集实物，考证过往，已是现代的治学精神，在传统的血流中另求新的发展，也成为今日应有的努力。中国建筑既是延续了两千余年的一种工程技术，本身已造成一个艺术系统，许多建筑物便是我们文化的表现，艺术的大宗遗产。除非我们不知尊重这古国灿烂文化，如果有复兴国家民族的决心，对我国历代文物，加以认真整理及保护时，我们便不能忽略中国建筑的研究。

以客观的学术调查与研究唤醒社会，助长保存趋势，即使破坏不能完全制止，亦可逐渐减杀。这工作即使为逆时代的力量，它却与在大火之中抢救宝器名画同样有急不容缓的性质。这是珍护我国可贵文物的一种神圣义务。

中国金石书画素得士大夫之重视。各朝代对它们的爱护欣赏，并不在于文章诗词之下，实为吾国文化精神悠久不断之原因。独是建筑，数千年来，完全在技工匠师之手。其艺术表现大多数是不自觉的师承及演变之结果。这个同欧洲文艺复兴以前的建筑情形相似。这些无名匠师，虽在实物上为世界留下许多伟大奇迹，在理论上却未为自己或其创造留下解析或夸耀。因此一个时代过去，另一时代继起，多因主观上失掉兴趣，便将前代伟创加以摧毁，或同于摧毁之改造。亦因此，我国各代素无客观鉴赏前人建筑的习惯。在隋唐建设之际，没有对秦汉旧物加以重视或保护。北宋之对唐建，明清之对宋元遗构，亦并未知爱惜。重修古建，均以本时代手法，擅易其形式内容，不为古物原来面目着想。寺观均在名义上，保留其创始时代，其中殿宇实物，则多任意改观。这倾向与书画仿古之风大不相同，实足注意。自清末以后突来西式建筑之风，不但古物寿命更无保障，连整个城市，都受打击了。

如果世界上艺术精华，没有客观价值标准来保护，恐怕十之八九均会被后人在权势易主之时，或趣味改向之时，毁损无余。在欧美，古建实行的保存是比较晚近的进步。十九世纪以前，古代艺术的破坏，也是常事。幸存的多赖偶然的命运或工料之坚固。十九世纪中，艺术考古之风大炽，对任何时代及民族的艺术才有客观价值的研讨。保存古物之觉悟即由此而生。即如此次大战，盟国前线部队多附有专家，随军担任保护沦陷区或敌国古建筑之责。我国现时尚在毁弃旧物动态中，自然还未到他们冷静回顾的阶段。保护国内建筑及其附艺，如雕刻壁画均须萌芽于社会人士客观的鉴赏，所以艺术研究是必不可少的。

今日中国保存古建之外，更重要的还有将来复兴建筑的创造问题。欣赏鉴别以往的艺术，与发展将来创造之间，关系若何我们尤不宜忽视。

西洋各国在文艺复兴以后，对于建筑早已超出中古匠人不自觉的创造阶段。他们研究建筑历史及理论，作为建筑艺术的基础。各国创立实地调查学院，他们颁发研究建筑的旅行奖金，他们有美术馆博物院的设备，又保护历史性的建筑物任人参观，派专家负责整理修葺。所以西洋近代建筑创造，同他们其他艺术，如雕刻，绘画，音乐，或文学，并无二致，都是合理解与经验，而加以新的理想，作新的表现的。

我国今后新表现的趋势又若何呢？

艺术创造不能完全脱离以往的传统基础而独立。这在注重画学的中国应该用不着解释。能发挥新创都是受过传统熏陶的。即使突然接受一种崭新的形式，根据外来思想的影响，也仍然能表现本国精神。如南北朝的佛教雕刻，或唐宋的寺塔，都起源于印度，非中国本有的观念，但结果仍以中国风格造成成熟的中国特有艺术，驰名世界。艺术的进境是基于丰富的遗产上，今后的中国建筑自亦不能例外。

无疑的将来中国将大量采用西洋现代建筑材料与技术。如何发扬光大我民族建筑技艺之特点，在以往都是无名匠师不自觉的贡献，今后却要成近代建筑师的责任了。如何接受新科学的材料方法而仍能表现中国特有的作风及意义，老树上发出新枝，则真是问题了。

欧美建筑以前有"古典"及"派别"的约束，现在因科学结构，又成新的姿态，但它们都是西洋系统的嫡裔。这种种建筑同各国多数城市环境毫不抵触。大量移植到中国来，在旧式城市中本来是过分唐突，今后又是否让其喧宾夺主，使所有中国城市都不留旧观？这问题可以设法解决，亦可以逃避。到现在为止，中国城市多在无知匠人手中改观。故一向的趋势是不顾历史及艺术的价值，舍去固有风格及固有建筑，成了不中不西乃至于滑稽的局面。

一个东方老国的城市，在建筑上，如果完全失掉自己的艺术特性，在文化表现及观瞻方面都是大可痛心的。因这事实明显地代表着我们文化衰落，至于消灭的现象。四十年来，几个通商大埠，如上海天津广州汉口等，曾不断的模仿欧美次等商业城市，实在是反映着外国人经济侵略时期。大部分建设本是属于租界里外国人的，中国市民只随声附和而已。这种建筑当然不含有丝毫中国复兴精神之迹象。

今后为适应科学动向，我们在建筑上虽仍同样的必需采用西洋方法，但一切为自觉的建设。由有学识，有专门技术的建筑师，担任指导，则在科学结构上有若干属于艺术范围的处置必有一种特殊的表现。为着中国精神的复兴，他们会作美感同智力参合的努力。这种创造的火炬已曾在抗战前燃起，所谓"宫殿式"新建筑就是一例。

但因为最近建筑工程的进步，在最清醒的建筑理论立场上看来，"宫殿式"的结构已不合于近代科学及艺术的理想。"宫殿式"的产生是由于欣赏中国建筑的外貌。建筑师想保留壮丽的琉璃屋瓦，更以新材料及技术将中国大殿轮廓约略模仿出来。在形式上它模仿清代宫衙，在结构及平面上它又仿西洋古典派的普通组织。在细项上窗子的比例多半属于西洋系统，大门栏杆又多模仿国粹。它是东西制度勉强的凑合，这两制度又大都属于过去的时代。它最像欧美所曾盛行的"仿古"建筑（Period architecture）。因为糜费侈大，它不常适用于中国一般经济情形，所以也不能普遍。有一些"宫殿式"的尝试，在艺术上的失败可拿文章作比喻。它们犯的是堆砌文字，抄袭章句，整篇结构不出于自然，辞藻也欠雅驯。但这种努力是中国精神的抬头，实有无穷意义。

世界建筑工程对于钢铁及化学材料之结构愈有彻底的了解，近来应用愈趋简洁。形式为部署逻辑，部署又为实际问题最美最善的答案，已为建筑艺术的抽象理想。今后我们自不能同这理想背道而驰。我们还要进一步重新检讨过去建筑结构上的逻辑；如同致力于新文学的人还要明了文言的结构文法一样。表现中国精神的途径尚有许多，"宫殿式"只是其中之一而已。

要能提炼旧建筑中所包含的中国质素，我们需增加对旧建筑结构系统及平面部署的认识。构架的纵横承托或联络，常是有机的组织，附带着才是轮廓的钝锐，彩画雕饰，及门窗细项的分配诸点。这些工程上及美术上措施常表现着中国的智慧及美感，值得我们研究。许多平面部署，大的到一城一市，小的到一宅一园，都是我们生活思想的答案，值得我们重新剖视。我们有传统习惯和趣味：家庭组织，生活程度，工作，游息，以及烹饪，缝纫，室内的书画陈设，室外的庭院花木，都不与西人相同。这一切表现的总表现曾是我们的建筑。现在我们不必削足就履，将生活来将就欧美的部署，或张冠李戴，颠倒欧美建筑的作用。我们要创造适合于自己的建筑。

在城市街心如能保存古老堂皇的楼宇，夹道的树荫，衙署的前庭，或优美的牌坊，比较用洋灰建造卑小简陋的外国式喷水池或纪念碑实在合乎中国的身份，壮美得多。且那些仿制的洋式点缀，同欧美大理石富于"雕刻美"的市中建置相较起来，太像东施效颦，有伤尊严。因为一切有传统的精神，欧美街心伟大石造的纪念性雕刻物是由希腊而罗马而文艺复兴延续下来的血统，魄力极为雄厚，造诣极高，不是我们一朝一夕所能望其项背的。我们的建筑师在这方面所需要的是参考我们自己艺术藏库中的遗宝。我们应该研究汉阙，南北朝的石刻，唐宋的经幢，明清的牌楼，以及零星碑亭，泮池，影壁，石桥，华表的部署及雕刻，加以聪明的应用。

艺术研究可以培养美感，用此驾驭材料，不论是木材，石块，化学混合物，或钢铁，都同样的可能创造有特殊富于风格趣味的建筑。世界各国在最新法结构原则下造成所谓"国际式"建筑；但每个国家民族仍有不同的表现。英、美、苏、法、荷、比、北欧或日本都曾造成他们本国特殊作风，适宜于他们个别的环境及意趣。以我国艺术背景的丰富，当然有更多可以发展的方面。新中国建筑及城市设计不但可能产生，且当有惊人的成绩。

在这样的期待中，我们所应作的准备当然是尽量搜集及整理值得参考的资料。

以测量绘图摄影各法将各种典型建筑实物作有系统秩序的记录是必须速

做的。因为古物的命运在危险中，调查同破坏力量正好像在竞赛。多多采访实例，一方面可以作学术的研究，一方面也可以促社会保护。研究中还有一步不可少的工作，便是明了传统营造技术上的法则。这好比是在欣赏一国的文学之前，先学会那一国的文学及其文法结构一样需要。所以中国现存仅有的几部术书，如宋李诫《营造法式》，清《工部工程做法则例》，乃至坊间通行的《鲁班经》等等，都必须有人能明晰的用现代图解译释内中工程的要素及名称，给许多研究者以方便。研究实物的主要目的则是分析及比较冷静的探讨其工程艺术的价值，与历代作风手法的演变。知己知彼，温故知新，已有科学技术的建筑师增加了本国的学识及趣味，他们的创造力量自然会在不自觉中雄厚起来。这便是研究中国建筑的最大意义。

第一编
中国建筑综述

建筑是什么[1]

在讲为什么我们要保存过去时代里所创造的一些建筑物之前，先要明了：建筑是什么？

最简单地说，建筑就是人类盖的房子，为了解决他们生活上"住"的问题。那就是：解决他们安全食宿的地方，生产工作的地方，和娱乐休息的地方。"衣、食、住"自古是相提并论的，因为他们都是人类生活最基本的需要。为了这需要，人类才不断和自然作斗争。自古以来，为了安定的起居，为了便利的生产，在劳动创造中人们就也创造了房子。在文化高度发展的时代，要进行大规模的经济建设和文化建设，或加强国防，我们仍然都要先建筑很多为那些建设使用的房屋，然后才能进行其他工作。我们今天称它为"基本建设"，这个名称就恰当的表示房屋的性质是一切建设的最基本的部分。

人类在劳动中不断创造新的经验，新的成果，由文明曙光时代开始在建筑方面的努力和其他生产的技术的发展总是平行并进的，和互相影响的。人们积累了数千年建造的经验，不断地在实践中，把建筑的技能和艺术提高，例如：了解木材的性能，泥土沙石在化学方面的变化，在思想方面的丰富，和对造形艺术方面的熟练，因而形成一种最高度综合性的创造。古文献记载："上古穴居野处，后世圣人易之以宫室，上栋下宇以蔽风雨。"从穴居到木构的建筑就是经过长期的努力，增加了经验，丰富了知识而来。所以：

（1）建筑是人类在生产活动中克服自然，改变自然的斗争的记录。这

1　梁思成讲演、林徽因整理，节选自《古建序论——在考古工作人员训练班讲演记录》，原载于《文物参考资料》1953 年第 3 期。

个建筑活动就必定包括人类掌握自然规律，发展自然科学的过程。在建造各种类型的房屋的实践中，人类认识了各种木材、石头、泥沙的性能，那就是这些材料在一定的结构情形下的物理规律，这样就掌握了最原始的材料力学。知道在什么位置上使用多大或多小的材料，怎样去处理它们间的互相联系，就掌握了最简单的土木工程学。其次，人们又发现了某一些天然材料——特别是泥土与石沙等——在一定的条件下的化学规律，如经过水搅、火烧等，因此很早就发明了最基本的人工的建筑材料，如砖，如石灰，如灰浆等。发展到了近代，便包括了今天的玻璃、五金、洋灰、钢筋和人造木等等，发展了化工的建筑材料工业。所以建筑工程学也就是自然科学的一个部门。

（2）建筑又是艺术创造。人类对他们所使用的生产工具、衣服、器皿、武器等，从石器时代的遗物中我们就可看出，在这些实用器物的实用要求之外，总要有某种加工，以满足美的要求，也就是文化的要求，在住屋也是一样。从古至今，人类在住屋上总是或多或少地下过工夫，以求造形上的美观。例如：自有史以来无数的民族，在不同的地方，不同的时代，同时在建筑艺术上，是继续不断地各自努力，从没有停止过的。

（3）建筑活动也反映当时的社会生活和当时的政治经济制度。如宫殿、庙宇、民居、仓库、城墙、堡垒、作坊、农舍，有的是直接为生产服务，有的是被统治阶级利用以巩固政权，有的被他们独占享受。如古代的奴隶主可以奴役数万人为他建筑高大的建筑物，以显示他的威权，坚固的防御建筑，以保护他的财产，古代的高坛、大台、陵墓都属于这种性质。在早期封建社会时代，如：吴王夫差"高其台榭以鸣得意"，或晋平公"铜鞮之宫数里"，汉初刘邦做了皇帝，萧何营未央宫，就明明白白地说："天子以四海为家，非令壮丽无以重威"，从这些例子就可以反映出当时的封建霸主剥削人民的财富，奴役人民的劳力，以增加他的威风的情形。在封建时代建筑的精华是集中在宫殿建筑和宗教建筑等等上，它是为统治阶级所利用以作为压迫人民的工具的；而在新民主主义和社会主义的人民政权时代，建筑就是为维护广大人民群众的利益和美好的生活而服务了。

（4）不同的民族的衣食、工具、器物、家具，都有不同的民族性格或民族特征。数千年来，每一民族，每一时代，在一定的自然环境和社会环境中，积累了世代的经验，都创造出自己的形式，各有其特征，建筑也是一样的。在器物等等方面，人们在科学方面采用了他们当时当地认为最方便最合用的材料，根据他们所能掌握的方法加以合理的处理成为习惯的手法，同时又在艺术方面加工做出他们认为最美观的纹样、体形和颜色，因而形成了普遍于一个地区一个民族的典型的范例，就成了那民族在工艺上的特征，成为那民族的民族形式。建筑也是一样。每个民族虽然在各个不同的时代里，所创造出的器物和建筑都不一样，但在同一个民族里，每个时代的特征总是一部分继续着前个时代的特征，另一部分发展着新生的方向，虽有变化而总是继承许多传统的特质，所以无论是那一种工艺，包括建筑，不论属于什么时代，总是有它的一贯的民族精神的。

（5）建筑是人类一切造形创造中最庞大、最复杂，也最耐久的一类，所以它所代表的民族思想和艺术，更显著、更多面，也更重要。

从体积上看，人类创造的东西没有比建筑在体积上更大的了。古代的大工程如秦始皇时所建的阿房宫，"前殿阿房，东西五百步，南北五十丈，上可以坐万人，下可以建五丈旗。"记载数字虽不完全可靠，体积的庞大必无可疑。又如埃及金字塔高四百八十九英尺，屹立沙漠中遥远可见。我们祖国的万里长城绵亘二千三百余公里，在地球上大约是一件最显著的东西。

从数量上说，有人的地方就必会有建筑物。人类聚居密度愈大的地方，建筑就愈多，它的类型也愈多变化，合起来就成为城市。世界上没有其他东西改变自然的面貌如建筑这么厉害。在这大数量的建筑物上所表现的历史艺术意义方面最多也就最为丰富。

从耐久性上说，建筑因是建造在土地上的，体积大，要承托很大的重量，建造起来不是易事，能将它建造起来总是付出很大的劳动力和物资财力的。所以一旦建筑成功，人们就不愿轻易移动或拆除它，因此被使用的期限总是尽可能地延长。能抵御自然侵蚀，又不受人为破坏的建筑物，便能长久地被保存下来，成为罕贵的历史文物，成为各时代劳动人民创造力量、创造技术的真实证据。

（6）从建筑上可以反映建造它的时代和地方的多方面的生活状况，政治和经济制度，在文化方面，建筑也有最高度的代表性。例如封建时期各国的巍峨的宫殿，坚强的堡垒，不同程度的资本主义社会里的拥挤的工业区和紊乱的商业街市。中国过去的半殖民地半封建时期的通商口岸，充满西式的租界街市，和半西不中的中国买办势力地区内的各种建筑，都反映着当时的经济政治情况，也是显示帝国主义文化入侵中国的最真切的证据。

以上六点，不但说明建筑是什么，同时也说明了它是各民族文化的一种重要的代表。从考古方面考虑各时代建筑这问题时，实物得到保存，就是各时代所产生过的文化证据之得到保存。

建筑和建筑的艺术 [1]

近两三个月来，许多城市的建筑工作者都在讨论建筑艺术的问题，有些报刊报道了这些讨论，还发表了一些文章，引起了各方面广泛的兴趣和关心。因此在这里以"建筑和建筑的艺术"为题，为广大读者做一点一般性的介绍。

一门复杂的科学——艺术

建筑虽然是一门技术科学，但它又不仅仅是单纯的技术科学，而往往又是带有或多或少（有时极高度的）艺术性的综合体。它是很复杂的、多面性的，概括地可以从三个方面来看。

首先，由于生产和生活的需要，往往许多不同的房屋集中在一起，形成了大大小小的城市。一座城市里，有生产用的房屋，有生活用的房屋。一个城市是一个活的、有机的整体。它的"身体"主要是由成千上万座各种房屋组成的。这些房屋的适当安排，以适应生产和生活的需要，是一项极其复杂而细致的工作，叫做城市规划。这是建筑工作的复杂性的第一个方面。

其次，随着生产力的发展，技术科学的进步，在结构上和使用功能上的技术要求也越来越高、越复杂了。从人类开始建筑活动，一直到十九世纪后半叶的漫长的年代里，在材料技术方面，虽然有些缓慢的发展，但都沿用砖、瓦、木、石，几千年没有多大改变；也没有今天的所谓设备。但是到了十九

1　梁思成所作，原载于《人民日报》1961 年 7 月 26 日第七版。

世纪中叶，人们就开始用钢材做建筑材料；后来用钢条和混凝土配合使用，发明了钢筋混凝土；人们对于材料和土壤的力学性能，了解得越来越深入，越精确；建筑结构的技术就成为一种完全可以从理论上精确计算的科学了。在过去这一百年间，发明了许多高强度金属和可塑性的材料，这些也都逐渐运用到建筑上来了。这一切科学上的新的发展就促使建筑结构要求越来越高的科学性。而这些科学方面的进步，又为满足更高的要求，例如更高的层数或更大的跨度等，创造了前所未有的条件。

这些科学技术的发展和发明，也帮助解决了建筑物的功能和使用上从前所无法解决的问题。例如人民大会堂里的各种机电设备，它们都是不可缺少的。没有这些设备，即使在结构上我们盖起了这个万人大会堂，也是不能使用的。其他各种建筑，例如博物馆，在光线、温度、湿度方面就有极严格的要求；冷藏库就等于一座庞大的巨型电气冰箱；一座现代化的舞台，更是一件十分复杂的电气化的机器。这一切都是过去的建筑所没有的，但在今天，它们很多已经不是房子盖好以后再加上去的设备，而往往是同房屋的结构一样，成为构成建筑物的不可分割的部分了。因此，今天的建筑，除去那些最简单的小房子可以由建筑师单独完成以外，差不多没有不是由建筑师、结构工程师和其他各工种的设备工程师和各种生产的工艺工程师协作设计的。这是建筑的复杂性的第二个方面。

第三，就是建筑的艺术性或美观的问题。两千年前，罗马的一位建筑理论家就指出，建筑有三个因素：适用、坚固、美观。一直到今天，我们对建筑还是同样地要它满足这三方面的要求。

我们首先要求房屋合乎实用的要求：要房间的大小、高低，房间的数目，房间和房间之间的联系，平面的和上下层之间的联系，以及房间的温度、空气、阳光等等都合乎使用的要求。同时，这些房屋又必须有一定的坚固性，能够承担起设计任务所要求于它的荷载。在满足了这两个前提之后，人们还要求房屋的样子美观。因此，艺术性的问题就扯到建筑上来了。那就是说，建筑是有双重性或者两面性的：它既是一种技术科学，同时往往也是一种艺术，而两者往往是统一的，分不开的。这是建筑的复杂性的第三个方面。

今天我们所要求于一个建筑设计人员的，是对于上面所谈到的三个方面的错综复杂的问题，从国民经济、城市整体的规划的角度，从材料、结构、设备、技术的角度，以及适用、坚固、美观三者的统一的角度来全面了解、全面考虑，对于个别的或成组成片的建筑物做出适当的处理。这就是今天的建筑这一门科学的概括的内容。目前建筑工作者正在展开讨论的正是这第三个方面中的最后一点——建筑的艺术或美观的问题。

建筑的艺术性

一座建筑物是一个有体有形的庞大的东西，长期站立在城市或乡村的土地上。既然有体有形，就必然有一个美观的问题，对于接触到它的人，必然引起一种美感上的反应。在北京的公共汽车上，每当经过一些新建的建筑的时候，车厢里往往就可以听见一片评头品足的议论，有赞叹歌颂的声音，也有些批评惋惜的论调。这是十分自然的。因此，作为一个建筑设计人员，在考虑适用和工程结构的问题的同时，绝不能忽略了他所设计的建筑，在完成之后，要以什么样的面貌出现在城市的街道上。

在旧社会里，特别是在资本主义社会，建筑绝大部分是私人的事情。但在我们的社会主义社会里，建筑已经成为我们的国民经济计划的具体表现的一部分。它是党和政府促进生产，改善人民生活的一个重要工具。建筑物的形象反映出人民和时代的精神面貌。作为一种上层建筑，它必须适应经济基础。所以建筑的艺术就成为广大群众所关心的大事了。我们党对这一点是非常重视的。远在1953年，党就提出了"适用、经济，在可能条件下注意美观"的建筑方针。在最初的几年，在建筑设计中虽然曾经出现过结构主义、功能主义、复古主义等等各种形式主义的偏差，但是，在党的领导和教育下，到1956年前后，这些偏差都基本上端正过来了。再经过几年的实践锻炼，我们就取得了像人民大会堂等巨型公共建筑在艺术上的卓越成就。

建筑的艺术和其他的艺术既有相同之处，也有区别，现在先谈谈建筑的艺术和其他艺术相同之点。

首先，建筑的艺术一面，作为一种上层建筑，和其他的艺术一样，是经济基础的反映，是通过人的思想意识而表达出来的，并且是为它的经济基础服务的。不同民族的生活习惯和文化传统又赋予建筑以民族性。它是社会生活的反映，它的形象往往会引起人们情感上的反应。

从艺术的手法技巧上看，建筑也和其他艺术有很多相同之点。它们都可以通过它的立体和平面的构图，运用线、面和体，各部分的比例、平衡、对称、对比、韵律、节奏、色彩、表质等等而取得它的艺术效果。这些都是建筑和其他艺术相同的地方。

但是，建筑又不同于其他艺术。其他的艺术完全是艺术家思想意识的表现，而建筑的艺术却必须从属于适用经济方面的要求，要受到建筑材料和结构的制约。一张画、一座雕像、一出戏、一部电影，都是可以任人选择的。可以把一张画挂起来，也可以收起来。一部电影可以放映，也可以不放映。一般地它们的体积都不大，它们的影响面是可以由人们控制的。但是，一座建筑物一旦建造起来，它就要几十年几百年地站立在那里。它的体积非常庞大，不由分说地就形成了当地居民生活环境的一部分，强迫人去使用它、去看它，好看也得看，不好看也得看。在这点上，建筑是和其他艺术极不相同的。

绘画、雕塑、戏剧、舞蹈等艺术都是现实生活或自然现象的反映或再现。建筑虽然也反映生活，却不能再现生活。绘画、雕塑、戏剧、舞蹈能够表达它赞成什么，反对什么。建筑就很难做到这一点。建筑虽然也引起人们的感情反应，但它只能表达一定的气氛，或是庄严雄伟，或是明朗轻快，或是神秘恐怖等等。这也是建筑和其他艺术不同之点。

建筑的民族性

建筑在工程结构和艺术处理方面还有民族性和地方性的问题。在这个问题上，建筑和服装有很多相同之点。服装无非是用一些纺织品（偶尔加一些皮革），根据人的身体，做成掩蔽身体的东西。在寒冷的地区和季节，要求它保暖；在炎热的季节或地区，又要求它凉爽。建筑也无非是用一些砖瓦木石搭起来以取得一个有掩蔽的空间，同衣服一样，也要适应气候和地区的特征。几千年来，不同的民族，在不同的地区，在不同的社会发展阶段中，各自创造了极不相同的形式和风格。例如，古代埃及和希腊的建筑，今天遗留下来的都有很多庙宇。它们都是用石头的柱子、石头的梁和石头的墙建造起来的。埃及的都很沉重严峻。仅仅隔着一个地中海，在对岸的希腊，却呈现一种轻快明朗的气氛。又如中国建筑自古以来就用木材形成了我们这种建筑形式，有鲜明的民族特征和独特的民族风格。别的国家和民族，在亚洲、欧洲、非洲，也都用木材建造房屋，但是都有不同的民族特征。甚至就在中国不同的地区、不同的民族用一种基本上相同的结构方法，还是有各自不同的特征。总地说来，就是在一个民族文化发展的初期，由于交通不便，和其他民族隔绝，各自发展自己的文化；岁久天长，逐渐形成了自己的传统，形成了不同的特征。当然，随着生产力的发展，科学技术逐渐进步，各个民族的活动范围逐渐扩大，彼此之间的接触也越来越多，而彼此影响。在这种交流和发展中，每个民族都按照自己的需要吸收外来的东西。每个民族的文化都在缓慢地，但是不断地改变和发展着，但仍然保持着自己的民族特征。

今天，情况有了很大的改变，不仅各民族之间交通方便，而且各个国家、各民族、各地区之间不断地你来我往。现代的自然科学和技术科学使我们掌握了各种建筑材料的力学物理性能，可以用高度精确的科学性计算出最合理的结构；有许多过去不能解决的结构问题，今天都能解决了。在这种情况下，就提出一个问题，在建筑上如何批判地吸收古今中外有用的东西和现代的科学技术很好地结合起来。我们绝不应否定我们今天所掌握的科学技术对于建筑形式和风格的不可否认的影响。如何吸收古今中外一切有用的东西，创造社会主义的、中国的建筑新风格。正是我们讨论的问题。

美观和适用、经济、坚固的关系

对每一座建筑，我们都要求它适用、坚固、美观。我们党的建筑方针是"适用、经济、在可能条件下注意美观"。建筑既是工程又是艺术；它是有工程和艺术的双重性的。但是建筑的艺术是不能脱离了它的适用的问题和工程结构的问题而单独存在的。适用、坚固、美观之间存在着矛盾；建筑设计人员的工作就是要正确处理它们之间的矛盾，求得三方面的辩证的统一。明显的是，在这三者之中，适用是人们对建筑的主要要求。每一座建筑都是为了一定的适用的需要而建造起来的。其次是每一座建筑在工程结构上必须具有它的功能的适用要求所需要的坚固性。不解决这两个问题就根本不可能有建筑物的物质存在。建筑的美观问题是在满足了这两个前提的条件下派生的。

在我们社会主义建设中，建筑的经济是一个重要的政治问题。在生产性建筑中，正确地处理建筑的经济问题是我们积累社会主义建设资金，扩大生产再生产的一个重要手段。在非生产性建筑中，正确地处理经济问题是一个用最少的资金，为广大人民最大限度地改善生活环境的问题。社会主义的建筑师忽视建筑中的经济问题是党和人民所不允许的。因此，建筑的经济问题，在我们社会主义建设中，就被提到前所未有的政治高度。因此，党指示我们在一切民用建筑中必须贯彻"适用、经济、在可能条件下注意美观"的方针。应该特别指出，我们的建筑的美观问题是在适用和经济的可能条件下予以注意的。所以，当我们讨论建筑的艺术问题，也就是讨论建筑的美观问题时，是不能脱离建筑的适用问题、工程结构问题、经济问题而把它孤立起来讨论的。

建筑的适用和坚固的问题，以及建筑的经济问题都是比较"实"的问题，有很多都是可以用数字计算出来的。但是建筑的艺术问题，虽然它脱离不了这些"实"的基础，但它却是一个比较"虚"的问题。因此，在建筑设计人员之间，就存在着比较多的不同的看法，比较容易引起争论。

在技巧上考虑些什么？

为了便于广大读者了解我们的问题，我在这里简略地介绍一下在考虑建筑的艺术问题时，在技巧上我们考虑哪些方面。

轮廓 首先我们从一座建筑物作为一个有三度空间的体量上去考虑，从它所形成的总体轮廓去考虑。例如，天安门，看它的下面的大台座和上面双重房檐的门楼所构成的总体轮廓，看它的大小、高低、长宽等等的相互关系和比例是否恰当。在这一点上，好比看一个人，只要先从远处一望，看她头的大小，肩膀宽窄，胸腰粗细，四肢的长短，站立的姿势，就可以大致做出结论她是不是一个美人了。建筑物的美丑问题，也有类似之处。

比例 其次就要看一座建筑物的各个部分和各个构件的本身和相互之间的比例关系。例如门窗和墙面的比例，门窗和柱子的比例，柱子和墙面的比例，门和窗的比例，门和门、窗和窗的比例，这一切的左右关系之间的比例，上下层关系之间的比例等等；此外，又有每一个构件本身的比例，例如门的宽和高的比例，窗的宽和高的比例，柱子的柱径和柱高的比例，檐子的深度和厚度的比例等等。总而言之，抽象地说，就是一座建筑物在三度空间和两度空间的各个部分之间的虚与实的比例关系，凹与凸的比例关系，长宽高的比例关系的问题。而这种比例关系是决定一座建筑物好看不好看的最主要的因素。

尺度 在建筑的艺术问题之中，还有一个和比例很相近，但又不仅仅是上面所谈到的比例的问题。我们叫它做建筑物的尺度。比例是建筑物的整体或者各部分、各构件的本身或者它们相互之间的长宽高的比例关系或相对的比例关系；而所谓尺度则是一些主要由于适用的功能、特别是由于人的身体的大小所决定的绝对尺寸和其他各种比例之间的相互关系问题。有时候我们听见人说，某一个建筑真奇怪，实际上那样高大，但远看过去却不显得怎么大，要一直走到跟前抬头一望，才看到它有多么高大。这是什么道理呢？这就是因为尺度的问题没有处理好。

一座大建筑并不是一座小建筑的简单的按比例放大。其中有许多东西是不能放大的，有些虽然可以稍微放大一些，但不能简单地按比例放大。例如有一间房间，高 3 米，它的门高 2.1 米，宽 90 厘米；门上的锁把子离地板高一米；门外有几步台阶，每步高 15 厘米，宽 30 厘米；房间的窗台离地板高 90 厘米。但是当我们盖一间高 6 米的房间的时候，我们却不能简单地把门的高宽，门锁和窗台的高度，台阶每步的高宽按比例加一倍。在这里，门的高宽是可以略略放大一点的，但放大也必须合乎人的尺度，例如说，可以放到高 2.5 米，宽 1.1 米左右，但是窗台，门把子的高度，台阶每步的高宽却是绝对的，不可改变的。由于建筑物上这些相对比例和绝对尺寸之间的相互关系，就产生了尺度的问题，处理得不好，就会使得建筑物的实际大小和视觉上给人的大小的印象不相称。这是建筑设计中的艺术处理手法上一个比较不容易掌握的问题。从一座建筑的整体到它的各个局部细节，乃至于一个广场，一条街道，一个建筑群，都有这尺度问题。美术家画人也有与此类似的问题。画一个大人并不是把一个小孩按比例放大；按比例放大，无论放多大，看过去还是一个小孩子。在这一点上，画家的问题比较简单，因为人的发育成长有它的自然的、必然的规律。但在建筑设计中，一切都是由设计人创造出来的，每一座不同的建筑在尺度问题上都需要给予不同的考虑。要做到无论多大多小的建筑，看过去都和它的实际大小恰如其分地相称，可是一件不太简单的事。

均衡　在建筑设计的艺术处理上还有均衡、对称的问题。如同其他艺术一样，建筑物的各部分必须在构图上取得一种均衡、安定感。取得这种均衡的最简单的方法就是用对称的方法，在一根中轴线的左右完全对称。这样的例子最多，随处可以看到。但取得构图上的均衡不一定要用左右完全对称的方法。有时可以用一边高起，一边平铺的方法；有时可以一边用一个大的体积和一边用几个小的体积的方法或者其他方法取得均衡。这种形式的多样性是由于地形条件的限制，或者由于功能上的特殊要求而产生的。但也有由于建筑师的喜爱而做出来的。山区的许多建筑都采取不对称的形式，就是由于地形的限制。有些工业建筑由于工艺过程的需要，在某一部位上会突出一些特别高的部分，高低不齐，有时也取得很好的艺术效果。

节奏　节奏和韵律是构成一座建筑物的艺术形象的重要因素；前面所谈到的比例，有许多就是节奏或者韵律的比例。这种节奏和韵律也是随时随地可以看见的。例如从天安门经过端门到午门，天安门是重点的一节或者一个拍子，然后左右两边的千步廊，各用一排等距离的柱子，有节奏地排列下去。但是每九间或十一间，节奏就要断一下，加一道墙，屋顶的脊也跟着断一下。经过这样几段之后，就出现了东西对峙的太庙门和社稷门，好像引进了一个新的主题。这样有节奏有韵律地一直达到端门，然后又重复一遍达到午门。

事实上，差不多所有的建筑物，无论在水平方向上或者垂直方向上，都有它的节奏和韵律。我们若是把它分析分析，就可以看到建筑的节奏、韵律有时候和音乐很相像。例如有一座建筑，由左到右或者由右到左，是一柱，一窗；一柱，一窗地排列过去，就像"柱，窗；柱，窗；柱，窗；柱，窗……"的2/4拍子。若是一柱二窗的排列法，就有点像"柱，窗，窗；柱，窗，窗；……"的圆舞曲。若是一柱三窗地排列，就是"柱，窗，窗，窗；柱，窗，窗，窗；……"的4/4拍子了。

在垂直方向上，也同样有节奏、韵律；北京广安门外的天宁寺塔就是一个有趣的例子。由下看上去，最下面是一个扁平的不显著的月台；上面是两层大致同样高的重叠的须弥座；再上去是一周小挑台，专门名词叫平坐；平坐上面是一圈栏杆，栏杆上是一个三层莲瓣座，再上去是塔的本身，高度和两层须弥座大致相等；再上去是十三层檐子；最上是攒尖瓦顶，顶尖就是塔尖的宝珠。按照这个层次和它们高低不同的比例，我们大致（只是大致）可以看到（而不是听到）这样一段节奏：

我在这里并没有牵强附会。同志们要是不信，请到广安门外去看看，从下面这张图也可以看出来。

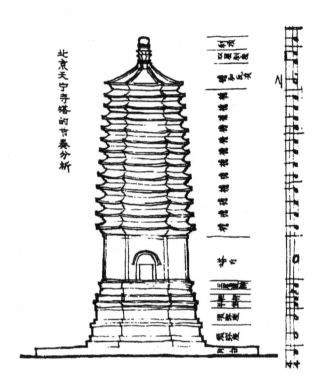

北京天宁寺塔的节奏分析

质感　在建筑的艺术效果上另一个起作用的因素是质感，那就是材料表面的质地的感觉。这可以和人的皮肤相比，看看她的皮肤是粗糙或是细腻，是光滑还是皱纹很多；也像衣料，看它是毛料、布料或者是绸缎，是粗是细等等。

　　建筑表面材料的质感，主要是由两方面来掌握的，一方面是材料的本身，一方面是材料表面的加工处理。建筑师可以运用不同的材料，或者是几种不同材料的相互配合而取得各种艺术效果；也可以只用一种材料，但在表面处理上运用不同的手法而取得不同的艺术效果。例如北京的故宫太和殿，就是用汉白玉的台基和栏杆，下半青砖上半抹灰的砖墙，木材的柱梁斗栱和琉璃瓦等等不同的材料配合而成的（当然这里面还有色彩的问题，下面再谈）。欧洲的建筑，大多用石料，打得粗糙就显得雄壮有力，打磨得光滑就显得斯文一些。同样的花岗石，从极粗糙的表面到打磨得像镜子一样的光亮，不同程度的打磨，可以取得十几、二十种不同的效果。用方整石块砌的墙和乱石砌的"虎皮墙"，效果也极不相同。至于木料，不同的木料，特别是由于木纹的不同，都有不同的艺术效果。用斧子砍的，用锯子锯的，用刨子刨的，以及用砂纸打光的木材，都各有不同的效果。抹灰墙也有抹光的，有拉毛的；拉毛的方法又有几十种。油漆表面也有光滑的或者皱纹的处理。这一切都影响到建筑的表面的质感。建筑师在这上面是大有文章可做的。

色彩　关系到建筑的艺术效果的另一个因素就是色彩。在色彩的运用上，我们可以利用一些材料的本色。例如不同颜色的石料，青砖或者红砖，不同颜色的木材等等。但我们更可以采用各种颜料，例如用各种颜色的油漆，各种颜色的琉璃，各种颜色的抹灰和粉刷，乃至不同颜色的塑料等等。

在色彩的运用上，从古以来，中国的匠师是最大胆和最富有创造性的。咱们就看看北京的故宫、天坛等等建筑吧。白色的台基，大红色的柱子、门窗、墙壁；檐下青绿点金的彩画；金黄的或是翠绿的或是宝蓝的琉璃瓦顶，特别是在秋高气爽、万里无云、阳光灿烂的北京的秋天，配上蔚蓝色的天空做背景。那是每一个初到北京来的人永远不会忘记的印象。这对于我们中国人都是很熟悉的，没有必要在这里多说了。

装饰　关于建筑物的艺术处理上我要谈的最后一点就是装饰雕刻的问题。总地说来，它是比较次要的，就像衣服上的绲边或者是绣点花边，或者是胸前的一个别针，头发上的一个卡子或蝴蝶结一样。这一切，对于一个人的打扮，虽然也能起一定的效果，但毕竟不是主要的。对于建筑也是如此，只要总的轮廓、比例、尺度、均衡、节奏、韵律、质感、色彩等等问题处理得恰当，建筑的艺术效果就大致已经决定了。假使我们能使建筑像唐朝的虢国夫人那样，能够"淡扫蛾眉朝至尊"，那就最好。但这不等于说建筑就根本不应该有任何装饰。必要的时候，恰当地加一点装饰，是可以取得很好的艺术效果的。

要装饰用得恰当，还是应该从建筑物的功能和结构两方面去考虑。再拿衣服来做比喻。衣服上的服饰也应从功能和结构上考虑，不同之点在于衣服还要考虑到人的身体的结构。例如领口，袖口，旗袍的下摆、叉子，大襟都是结构的重要部分，有必要时可以绣些花边；腰是人身结构的"上下分界线"，用一条腰带来强调这条分界线也是恰当的。又如口袋有它的特殊功能，因此把整个口袋或口袋的口子用一点装饰来突出一下也是恰当的。建筑的装饰，也应该抓住功能上和结构上的关键来略加装饰。例如，大门口是功能上的一个重要部分，就可以用一些装饰来强调一下。结构上的柱头、柱脚、门窗的框子，梁和柱的交接点，或是建筑物两部分的交接线或分界线，都是结构上的"骨节眼"，也可以用些装饰强调一下。在这一点上，中国的古代建筑是最善于对结构部分予以灵巧的艺术处理的。我们看到的许多装饰，如桃尖梁头，各种的云头或荷叶形的装饰，绝大多数就是在结构构件上的一点艺术加工。结构和装饰的统一是中国建筑的一个优良传统。屋顶上的脊和鸱吻、兽头、仙人、走兽等等装饰，它们的位置、轻重、大小，也是和屋顶内部的结构完全一致的。

由于装饰雕刻本身往往也就是自成一局的艺术创作，所以上面所谈的比例、尺度、质感、对称、均衡、韵律、节奏、色彩等等方面，也是同样应该考虑的。

当然，运用装饰雕刻，还要按建筑物的性质而定。政治性强，艺术要求高的，可以适当地用一些。工厂车间就根本用不着。一个总的原则就是不可滥用。滥用装饰雕刻，就必然欲益反损，弄巧成拙，得到相反的效果。

有必要重复一遍：建筑的艺术和其他艺术有所不同，它是不能脱离适用、工程结构和经济的问题而独立存在的。它虽然对于城市的面貌起着极大的作用，但是它的艺术是从属于适用、工程结构和经济的考虑的，是派生的。

此外，由于每一座个别的建筑都是构成一个城市的一个"细胞"，它本身也不是单独存在的。它必然有它的左邻右舍，还有它的自然环境或者园林绿化。因此，个别建筑的艺术问题也是不能脱离了它的环境而孤立起来单独考虑的。有些同志指出：北京的民族文化宫和它的左邻右舍水产部大楼和民族饭店的相互关系处理得不大好。这正是指出了我们工作中在这方面的缺点。

　　总而言之，建筑的创作必须从国民经济、城市规划、适用、经济、材料、结构、美观等等方面全面地综合地考虑。而它的艺术方面必须在前面这些前提下，再从轮廓、比例、尺度、质感、节奏、韵律、色彩、装饰等等方面去综合考虑，在各方面受到严格的制约，是一种非常复杂的、高度综合性的艺术创作。

中国建筑之两部"文法课本"[1]

　　每一个派别的建筑，如同每一种的语言文字一样，必有它的特殊"文法""辞汇"。［例如罗马式的"五范"（Five orders），各有规矩，某部必须如此，某部必须如彼；各部之间必须如此联……］此种"文法"在一派建筑里，即如在一种语言里，都是传统的演变的，有它的历史的。许多配合定例，也同文法一样，其规律格式，并无绝对的理由，却被沿用成为专制的规律的。除非在故意改革的时候，一般人很少觉有逾越或反叛它的必要。要了解或运用某种文字时，大多数人都是秉承着，遵守着它的文法，在不自觉中稍稍增减变动。突然违例另创格式则自是另创文法。运用一种建筑亦然。

　　中国建筑的"文法"是怎样的呢？以往所有外人的著述，无一人及此，无一人知道。不知道一种语言的文法而要研究那种语言的文学，当然此路不通。不知道中国建筑的"文法"而研究中国建筑，也是一样的不可能，所以要研究中国建筑之先只有先学习中国建筑的"文法"然后求明了其规矩则例之配合与演变。[2]

　　清宋两术书　中国古籍中关于建筑学的术书有两部，只有两部。清代工部所颁布的建筑术书《清工部工程做法则例》[3]和宋代遗留至今日一部《宋

1　梁思成所作，原载于《中国营造学社汇刊》1945年第7卷第2期。
2　以上两段文字为1945年本文初次发表时的开头两段，1966年梁思成先生要将它删掉重写，但因故未完成。
3　本名《工程做法》，清雍正十二年（1734年），工部以"则例"（行政法规）名义颁行。

营造法式》[1]。这两部书，要使普通人读得懂都是一件极难的事。当时编书者，并不是编教科书，"则例""法式"虽至为详尽，专门名词却无定义亦无解释。其中有极通常的名词，如"柱"，"梁"，"门"，"窗"之类；但也有不可思议的，如"铺作"，"卷杀"，"襻间"，"雀替"，"采步金"之类，在字典辞书中都无法查到的。且中国书素无标点，这种书中的语句有时也非常之特殊，读时很难知道在哪里断句。

幸而在抗战前，北平尚有曾在清宫营造过的老工匠，当时找他们解释，尚有这一条途径，不过这些老匠师们对于他们的技艺，一向采取秘传的态度，当中国营造学社成立之初，求他们传授时亦曾费许多周折。

以《清工部工程做法则例》为课本，以匠师们为老师，以北平清故宫为标本，清代建筑之营造方法及其则例的研究才开始有了把握。以实测的宋辽遗物与《宋营造法式》相比较，宋代之做法名称亦逐渐明了了。这两书简单的解释如下：

（一）《清工部工程做法则例》是清代关于建筑技术方面的专书，全书共七十卷[2]，雍正十二年（公元1734年）工部刊印。这书的最后二十四卷[3]注重在工料的估算。书的前二十七卷举二十七种不同大小殿堂廊屋的"大木作"（即房架）为例，将每一座建筑物的每一件木料尺寸大小列举；但每一件的名目定义功用、位置及斫割的方法等等，则很少提到。幸有老匠师们指着实物解释，否则全书将仍难于读通。"大木作"的则例是中国建筑结构方面的基本"文法"，也是这本书的主要部分；中国建筑上最特殊的"斗栱"结构法与柱径柱高等及曲线瓦坡之"举架"方法都在此说明。其余各卷是关于"小木作"（门窗装修之类），"石作"，"砖作"，"瓦作"，"彩画作"等

1　古今各刊本均名为《营造法式》。

2　实为七十四卷。

3　应为最后二十七卷。

等[1]。在种类之外中国式建筑物还有在大小上分成严格的"等级"问题，清代共分为十一等；柱径的尺寸由六寸可大至三十六寸。此书之长，在二十七种建筑物部分标定尺寸之准确，但这个也是它的短处，因其未曾将规定尺寸归纳成为原则，俾可不论为何等级之大小均可适应也[2]。

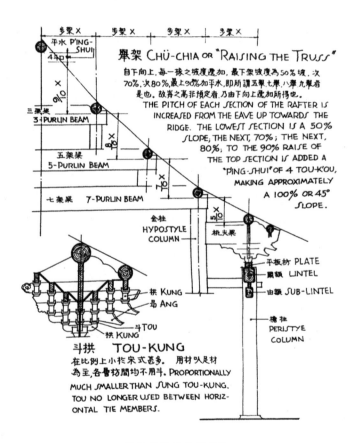

清斗栱结构与举架法

1 　此处列举各"作"应为《营造法式》中名称，《清工部工程做法则例》中则有"装修木作""瓦作""油作""画作"等名称。

2 　我曾将《清工部工程做法则例》的原则编成教科书性质的《清式营造则例》一部，于民国二十一年由中国营造学社在北平出版。十余年来发现当时错误之处颇多，将来再版时，当予以改正。——作者注

（二）《宋营造法式》宋李诫著。李诫是宋徽宗时的将作少监；《宋营造法式》刊行于崇宁三年（公元1100年）[1]，是北宋汴梁宫殿建筑的"法式"。研究《宋营造法式》比研究《清工部工程做法则例》曾经又多了一层困难；既无匠师传授，宋代遗物又少——即使有，刚刚开始研究的人也无从认识。所以在学读《宋营造法式》之初，只能根据着对清式则例已有的了解逐渐注释宋书术语；将宋清两书互相比较，以今证古，承古启今，后来再以旅行调查的工作，借若干有年代确凿的宋代建筑物，来与《宋营造法式》中所叙述者互相印证。换言之亦即以实物来解释《法式》，《法式》中许多无法解释的规定，常赖实物而得明了；同时宋辽金实物中有许多明清所无的做法或部分，亦因法式而知其名称及做法。因而更可借以研究宋以前唐及五代的结构基础。

《宋营造法式》的体裁，较《清工部工程做法则例》为完善。后者以二十七种不同的建筑物为例，逐一分析，将每件的长短大小呆呆板板的记述。《宋营造法式》则一切都用原则和比例做成公式，对于每"名件"，虽未逐条定义，却将位置和斫割做法均详为解释。全书三十四卷，自测量方法及仪器说起，以至"壕寨"（地基及筑墙），"石作"，"大木作"，"小木作"，"瓦作"，"砖作"，"彩画作"，"功限"（估工），"料例"（算料）等等，一切用原则解释，且附以多数的详图。全书的组织比较近于"课本"的体裁。民国七年，朱桂辛先生于江苏省立图书馆首先发现此书手抄本，由商务印书馆影印。民国十四年，朱先生又校正重画石印，始引起学术界的注意[2]。

"斗栱"与"材"，"分"及"斗口"中国建筑是以木材为主要材料的

1　实为元符三年（公元1100年）成书，刊行于崇宁二年（公元1103年）。

2　民国十七年，朱桂辛先生在北平创办中国营造学社。翌年我幸得加入工作，直至今日。营造学社同人历年又用《四库全书》文津、文溯、文渊阁各本《营造法式》及后来在故宫博物院图书馆发现之清初标本（抄本）相互校，又陆续发现了许多错误。现在我们正在作再一次的整理，校刊注释。图样一律改用现代画法，几何的投影法画出。希望不但可以减少前数版的错误，并且使此书成为一部易读的书，可以予建筑师们以设计参考上的便利。——作者注

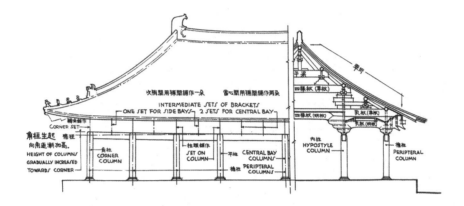

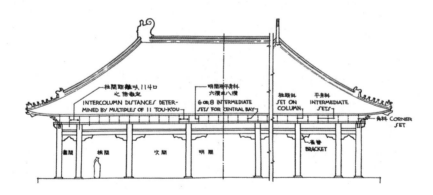

宋、清房架结构示意图

构架法建筑。《宋营造法式》与《清工部工程做法则例》都以"大木作"（即房架之结构）为主要部分，盖国内各地的无数宫殿庙宇住宅莫不以木材为主。木构架法中之重要部分，所谓"斗栱"者是在两书中解释得最详尽的。它是了解中国建筑的钥匙。它在中国建筑上之重要有如欧洲希腊罗马建筑中的"五范"一样。斗栱到底是什么呢？

（甲）"斗栱"是柱以上，檐以下，由许多横置及挑出的短木（栱）与斗形的块木（斗）相叠而成的。其功用在将上部屋架的重量，尤其是悬空伸出部分的荷载转移到下部立柱上。它们亦是横直构材间的"过渡"部分。（乙）不知自何时代始，这些短木（栱）的高度与厚度，在宋时已成了建筑物全部比例的度量。在《营造法式》中，名之曰"材"，其断面之高与宽作三与二之比。"凡构屋之制，皆以'材'为祖。'材'有八等（八等的大小）。……各以其材之'广'分为十五'分'，以十'分'为其厚。"（注：即三与二之比也）宋《营造法式》书中说："凡屋宇之高深，名物之短长，曲直举折之势（注：即屋顶坡度做法），规矩绳墨之宜，皆以所用材之'分'以为制度焉。"由此看来，斗栱中之所谓"材"者，实为度量建筑大小的"单位"。而所谓"分"者又为"材"的"广"内所分出之小单位。他们是整个"构屋之制"的出发点。

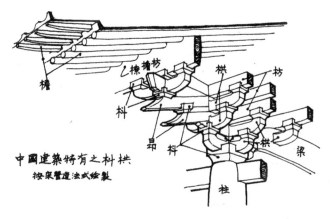

《营造法式》斗栱示意图

清式则例中无"材""分"之名，以栱的"厚"称为"斗口"。这是因为栱与大斗相交之处，斗上则出凹形卯槽以承栱身，称为斗口，这斗口之宽度自然同栱的厚度是相等的。凡一座建筑物之比例，清代皆用"斗口"之倍数或分数为度量单位（例如清式柱径为六斗口，柱高为六十斗口之类）。这种以建筑物本身之某一部分为度量单位，与罗马建筑之各部比例皆以"柱径"为度量单位，在原则上是完全相同的。因此斗栱与"材"及"分"在中国建筑研究中实最重要者。

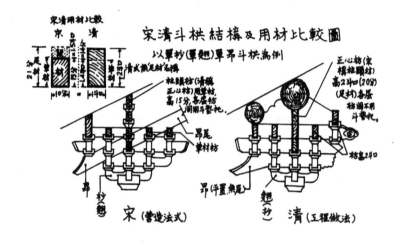

宋清斗栱结构及用材比较图

斗栱因有悠久历史，故形制并不固定而是逐渐改的。由《营造法式》与《工程做法则例》两书中就可看出宋清两代的斗栱大致虽仍系统相承，但在权衡比例上就有极大差别——在斗栱本身上，各部分各名件的比例有差别，例如栱之"高"（即法式所谓"广"），《宋营造法式》规定为十五分，而"材上加栔"（栔是两层栱间用斗垫托部分的高度，其高六分）的"足材"，则广二十一分；《清工部工程做法则例》则足材高两斗口（二十分）栱（单材）高仅 1.4 斗口（十四分）；而且在柱头中线上用材时，宋式用单材，材与材间用斗垫托，而清式用足材"实拍"，其间不用斗。所以在斗栱结构本身，宋式呈豪放疏朗之像，而清式则紧凑局促。至于斗栱全组与建筑物全部的比例，差别则更大了。因各个时代的斗栱显著的各有它的特征，故在许多实地调查时，便也可根据斗栱之形制来鉴定建筑物的年代，斗栱的重要在中国建筑上如此。

　　"大木作"是由每一组斗栱的组织，到整个房架结构之规定，这是这部书所最注重的，也就是上边所称为我国木构建筑的文法的。其他如"小木作""彩画"等，其中各种名称与做法，也就好像是文法中字汇语词之应用及其性质之说明，所以我们实可以称这两部罕贵的术书做中国建筑之两部"文法课本"。

论中国建筑之几个特征 [1]

中国建筑为东方最显著的独立系统，渊源深远，而演进程序简纯，历代继承，线索不紊，而基本结构上又绝未因受外来影响致激起复杂变化者。不止在东方三大系建筑之中，较其他两系——印度及阿拉伯（回教建筑）——享寿特长，通行地面特广，而艺术又独臻于最高成熟点。即在世界东西各建筑派系中，相较起来，也是个极特殊的直贯系统。大凡一例建筑，经过悠长的历史，多参杂外来影响，而在结构，布置乃至外观上，常发生根本变化，或循地理推广迁移，因致渐改旧制，顿易材料外观，待达到全盛时期，则多已脱离原始胎形，另具格式。独有中国建筑经历极长久之时间，流布甚广大的地面，而在其最盛期中或在其后代繁衍期中，诸重要建筑物，均始终不脱其原始面目，保存其固有主要结构部分，及布置规模，虽则同时在艺术工程方面，又皆无可置议的进化至极高程度。更可异的是：产生这建筑的民族的历史却并不简单，且并不缺乏种种宗教上、思想上、政治组织上的叠出变化；更曾经多次与强盛的外族或在思想上和平的接触（如印度佛教之传入），或在实际利害关系上发生冲突战斗。

这结构简单，布置平整的中国建筑初形，会如此的泰然，享受几千年繁衍的直系子嗣，自成一个最特殊，最体面的建筑大族，实是一桩极值得研究的现象。

1　林徽因所作，原载于《中国营造学社汇刊》1932 年第 3 卷第 1 期。

山西五台县南禅寺大殿，是中国现存最早的木构建筑

故宫太和殿，未脱五台南禅寺大殿原始面目

　　虽然，因为后代的中国建筑，即达到结构和艺术上极复杂精美的程度，外表上却仍呈现出一种单纯简朴的气象，一般人常误会中国建筑根本简陋无甚发展，较诸别系建筑低劣幼稚。这种错误观念最初自然是起于西人对东方文化的粗忽观察，常作浮躁轻率的结论，以致影响到中国人自己对本国艺术发生极过当的怀疑乃至于鄙薄。好在近来欧美迭出深刻的学者对于东方文化慎重研究，细心体会之后，见解已迥异从前，积渐彻底会悟中国美术之地位及其价值。但研究中国艺术尤其是对于建筑，比较是一种新近的趋势。外人论著关于中国建筑的，尚极少好的贡献，许多地方尚待我们建筑家今后急起直追，搜寻材料考据，作有价值的研究探讨，更正外人的许多隔膜和谬解处。

　　在原则上，一种好建筑必含有以下三要点：实用；坚固；美观。实用者：切合于当时当地人民生活习惯，适合于当地地理环境。坚固者：不违背其主要材料之合理的结构原则，在寻常环境之下，含有相当永久性的。美观者：具有合理的权衡（不是上重下轻巍然欲倾，上大下小势不能支；或孤耸高峙或细长突出等等违背自然律的状态），要呈现稳重、舒适、自然的外表，更要诚实的呈露全部及部分的功用，不事掩饰，不矫揉造作，勉强堆砌。美观，也可以说，即是综合实用、坚稳，两点之自然结果。

　　一、中国建筑，不容疑义的，曾经包含过以上三种要素。所谓曾经者，是因为在实用和坚固方面，因时代之变迁已有疑问。近代中国与欧西文化接触日深，生活习惯已完全与旧时不同，旧有建筑当然有许多跟着不适用了。在坚稳方面，因科学发达结果，关于非永久的木料，已有更满意的代替，对于构造亦有更经济精审的方法。

　　已往建筑因人类生活状态时刻推移，致实用方面发生问题以后，仍然保留着它的纯粹美术的价值，是个不可否认的事实。和埃及的金字塔，希腊的巴瑟农庙（Parthenon）一样，北京的坛、庙、宫、殿，是会永远继续着享受荣誉的，虽然它们本来实际的功用已经完全失掉。纯粹美术价值，虽然可以脱离实用方面而存在，它却绝对不能脱离坚稳合理的结构原则而独立的。因为美的权衡比例，美观上的多少特征，全是人的理智技巧，在物理的限制之下，合理地解决了结构上所发生的种种问题的自然结果。

二、人工制造和天然趋势调和至某程度，便是美术的基本，设施雕饰于必需的结构部分，是锦上添花；勉强结构纯为装饰部分，是画蛇添足，足为美术之玷。

中国建筑的美观方面，现时可以说，已被一般人无条件地承认了。但是这建筑的优点，绝不是在那浅现的色彩和雕饰，或特殊之式样上面，却是深藏在那基本的，产生这美观的结构原则里，及中国人的绝对了解控制雕饰的原理上。我们如果要赞扬我们本国光荣的建筑艺术，则应该就它的结构原则，和基本技艺设施方面稍事探讨；不宜只是一味的，不负责任，用极抽象，或肤浅的诗意美谀，披挂在任何外表形式上，学那英国绅士骆斯肯（Ruskin）对高矗式（Gothic）建筑，起劲地唱些高调。

巴黎圣母院，著名哥特式（高矗式）基督教堂

建筑艺术是个在极酷刻的物理限制之下，老实的创作。人类由使两根直柱架一根横楣，而能稳立在地平上起，至建成重楼层塔一类作品，其间辛苦艰难的展进，一部分是工程科学的进境，一部分是美术思想的活动和增富。这两方面是在建筑进步的一个总题之下，同行并进的。虽然美术思想这边，常常背叛他们共同的目标——创造好建筑——脱逾常轨，尽它弄巧的能事，引诱工程方面牺牲结构上诚实原则，来将就外表取巧的地方。在这种情形之下时，建筑本身常被连累，损伤了真的价值。在中国各代建筑之中，也有许多这样证例，所以在中国一系列建筑之中的精品，也是极罕有难得的。

大凡一派美术都分有创造，试验，成熟，抄袭，繁衍，堕落诸期，建筑也是一样。初期作品创造力特强，含有试验性。至试验成功，成绩满意，达尽善尽美程度，则进到完全成熟期。成熟之后，必有相当时期因承相袭，不敢，也不能，逾越已有的则例；这期间常常是发生订定则例章程的时候。再来便是在琐节上增繁加富，以避免单调，冀求变换，这便是美术活动越出目标时。这时期始而繁衍，继则堕落，失掉原始骨干精神，变成无意义的形式。堕落之后，继起的新样便是第二潮流的革命元勋。第二潮流有鉴于已往作品的优劣，再研究探讨第一代的精华所在，便是考据学问之所以产生。

中国建筑的经过，用我们现有的、极有限的材料作参考，已经可以略略看出各时期的起落兴衰。我们现在也已走到应作考察研究的时代了。在这有限的各朝代建筑遗物里，很可以观察、探讨其结构和式样的特征，来标证那时代建筑的精神和技艺，是兴废还是优劣。但此节非等将中国建筑基本原则分析以后，是不能有所讨论的。

在分析结构之前，先要明了的是主要建筑材料，因为材料要根本影响其结构法的。中国的主要建筑材料为木，次加砖石瓦之混用。外表上一座中国式建筑物，可明显的分作三大部：台基部分；柱梁部分；屋顶部分。台基是砖石混用。由柱脚至梁上结构部分，直接承托屋顶者则全是木造。屋顶除少数用茅茨、竹片、泥砖之外，自然全是用瓦。而这三部分——台基、柱梁、屋顶——可以说是我们建筑最初胎形的基本要素。

《易经》里"上古穴居而野处，后世圣人易之以宫室，上栋。下宇。以待风雨"。还有《史记》里："尧之有天下也，堂高三尺……"可见这"栋""宇"及"堂"（基）在最古建筑里便占定了它们的部分势力。自然最后经过繁重发达的是"栋"——那木造的全部，所以我们也要特别注意。

　　木造结构，我们所用的原则是"架构制"Framing System。在四根垂直柱的上端，用两横梁两横枋周围牵制成一"间架"（梁与枋根本为同样材料，梁较枋可略壮大。在"间"之左右称柁或梁，在间之前后称枋）。再在两梁之上筑起层叠的梁架以支横桁，桁通一"间"之左右两端，从梁架顶上"脊瓜柱"上次第降下至前枋上为止。桁上钉椽，并排栅笆，以承瓦板，这是"架构制"骨干的最简单的说法。总之"架构制"之最负责要素是：（一）那几根支重的垂直立柱；（二）使这些立柱，互相发生联络关系的梁与枋；（三）横梁以上的构造：梁架，横桁，木椽，及其他附属木造，完全用以支承屋顶的部分。

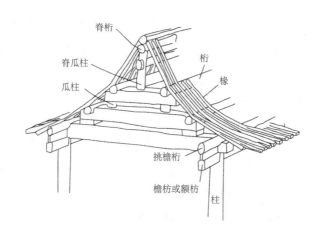

中国木构建筑的"架构制"示意图

　　"间"在平面上是一个建筑的最低单位。普通建筑全是多间的且为单数。有"中间"或"明间""次间""稍间""套间"等称。

　　中国"架构制"与别种制度（如高蜀式之"砌栱制"，或西欧最普通之古典派"垒石"建筑）之最大分别：（一）在支重部分之完全倚赖立柱，使墙的部分不负结构上重责，只同门窗隔屏等，尽相似的义务——间隔房间，分划内外而已。（二）立柱始终保守木质不似古希腊之迅速代之以垒石柱，且增加负重（Bearing wall），致脱离"架构"而成"垒石"制。

　　这架构制的特征，影响至其外表式样的，有以下最明显的几点：（一）高度无形的受限制，绝不出木材可能的范围。（二）即极庄严的建筑，也是呈现绝对玲珑的外表。结构上既绝不需要坚厚的负重墙，除非故意为表现雄伟的时候，酌量增用外（如城楼等建筑），任何大建，均不需墙壁堵塞部分。（三）门窗部分可以不受限制，柱与柱之间可以完全安装透光线的细木作——门屏窗牖之类。实际方面，即在玻璃未发明以前，室内已有极充分光线。北方因气候关系，墙多于窗，南方则反是，可伸缩自如。

　　这不过是这结构的基本方面，自然的特征。还有许多完全是经过特别的美术活动，而成功的超等特色，使中国建筑占极高的美术位置的，而同时也是中国建筑之精神所在。这些特色最主要的便是屋顶、台基、斗栱、色彩和均称的平面布置。

　　屋顶本是建筑上最实际必需的部分，中国则自古，不殚烦难的，使之尽善尽美。使切合于实际需求之外，又特具一种美术风格。屋顶最初即不止为屋之顶，因雨水和日光的切要实题，早就扩张出檐的部分。使檐突出并非难事，但是檐深则低，低则阻碍光线，且雨水顺势急流，檐下溅水问题因之发生。为解决这个问题，我们发明飞檐，用双层瓦椽，使檐沿稍翻上去，微成曲线。又因美观关系，使屋角之檐加甚其仰翻曲度。这种前边成曲线，四角翘起的"飞檐"，在结构上有极自然又合理的布置，几乎可以说它便是结构法所促成的。

飞檐示例

如何是结构法所促成的呢？简单说：例如"庑殿"式的屋瓦，共有四坡五脊。正脊寻常称房脊，它的骨架是脊桁。那四根斜脊，称"垂脊"，它们的骨架是从脊桁斜角，下伸至檐桁上的部分，称由戗及角梁。桁上所钉并排的椽子虽像全是平行的，但因偏左右的几根又要同这"角梁平行"，所以椽的部位，乃由真平行而渐斜，像裙裾的开展。

故宫午门的重檐庑殿顶

角梁是方的，椽为圆径（有双层时上层便是方的，角梁双层时则仍全是方的）。角梁的木材大小几乎倍于椽子，到椽与角梁并排时，两个的高下不同，以致不能在它们上面铺钉平板，故此必需将椽依次的抬高，令其上皮同角梁上皮平。在抬高的几根椽子底下填补一片三角形的木板称"枕头木"。

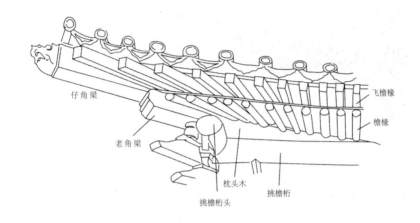

角梁、椽子与枕头木

这个曲线在结构上几乎不可信的简单和自然，而同时在美观方面不知增加多少神韵。飞檐的美，绝用不着考据家来指点的。不过注意那过当和极端的倾向常将本来自然合理的结构变成取巧与复杂。这过当的倾向，外表上自然也呈出脆弱、虚张的弱点，不为审美者所取，但一般人常以为愈巧愈繁必是愈美，无形中多鼓励这种倾向。南方手艺灵活的地方，过甚的飞檐便是这种证例。外观上虽是浪漫的姿态，容易引诱赞美，但到底不及北方的庄重恰当，合于审美的最真纯条件。

屋顶曲线不止限于挑檐，即瓦坡的全部也不是一片直坡倾斜下来。屋顶坡的斜度是越往上越增加。

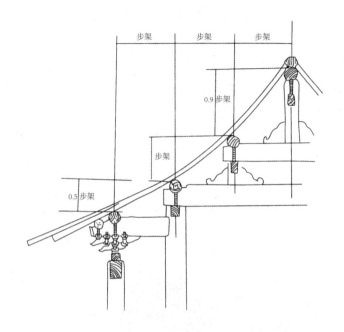

步架举架图

这斜度之由来是依着梁架叠层的加高，这制度称做"举架法"。这举架的原则极其明显，举架的定例也极简单，只是叠次将梁架上瓜柱增高，尤其是要脊瓜柱特别高。

使檐沿作仰翻曲度的方法，在增加第二层檐椽。这层檐甚短，只驮在头檐椽上面，再出挑一节。这样则檐的出挑虽加远，而不低下阻蔽光线。

总地说起来，历来被视为极特异神秘之屋顶曲线，并没有什么超出结构原则和不自然、造作之处，同时在美观实用方面均是非常的成功。这屋顶坡的全部曲线，上部巍然高举，檐部如翼轻展，使本来极无趣、极笨拙的屋顶部，一跃而成为整个建筑的美丽冠冕。

在《周礼》里发现有"上欲尊而宇欲卑；上尊而宇卑，则吐水疾而霤远"

之句。这句可谓明晰地写出实际方面之功效。

既讲到屋顶，我们当然还是注意到屋瓦上的种种装饰物。上面已说过，雕饰必是设施于结构部分才有价值，那么我们屋瓦上的脊瓦吻兽又是如何？

脊瓦可以说是两坡相联处的脊缝上一种镶边的办法，当然也有过当复杂的，但是诚实的来装饰一个结构部分，而不肯勉强的来掩饰一个结构枢纽或关节，是中国建筑最长之处。

瓦上的脊吻和走兽，无疑的，本来也是结构上的部分。现时的龙头形"正吻"古称"鸱尾"，最初必是总管"扶脊木"和脊桁等部分的一块木质关键。这木质关键突出脊上，略作鸟形，后来略加点缀竟然刻成鸱鸟之尾，也是很自然的变化。其所以为鸱尾者还带有一点象征意义，因有传说鸱鸟能吐水拿它放在瓦脊上可制火灾。

故宫太和殿的正脊鸱吻

走兽最初必为一种大木钉，通过垂脊之瓦，至"由戗"及"角梁"上，以防止斜脊上面瓦片的溜下，唐时已变成两座"宝珠"在今之"戗兽"及"仙人"地位上。后代鸱尾变成"龙吻"，宝珠变成"戗兽"及"仙人"，尚加增"戗兽""仙人"之间一列"走兽"，也不过是雕饰上变化而已。

并且垂脊上戗兽较大，结束"由戗"一段，底下一列走兽装饰在角梁上面，显露基本结构上的节段，亦甚自然合理。

南方屋瓦上多加增极复杂的花样，完全脱离结构上任务纯粹的显示技巧，甚属无聊，不足称扬。

外国人因为中国人屋顶之特殊形式，迥异于欧西各系，早多注意及之。论说纷纷，妙想天开。有说中国屋顶乃根据游牧时代帐幕者，有说象形蔽天之松枝者，有目中国飞檐为怪诞者，有谓中国建筑类儿戏者，有的全由走兽龙头方面，无谓的探讨意义，几乎不值得在此费时反证。总之这种曲线屋顶已经从结构上分析了，又从雕饰设施原则上审察了，而其美观实用方面又显著明晰，不容否认。我们的结论实可以简单的承认它艺术上的大成功。

中国建筑的第二个显著特征，并且与屋顶有密切关系的，便是"斗栱"部分。最初檐承于椽，椽承于檐桁，桁则架于梁墙。此梁端即是由梁架延长，伸出柱的外边。但高大的建筑物出檐既深，单指梁端支持，势必不胜，结果必产生重叠的木"翘"支于梁端之下。但单藉木翘不够担全檐沿的重量，尤其是建筑物愈大，两

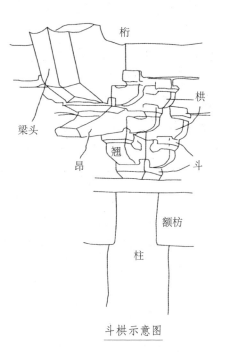

斗栱示意图

柱间之距离也愈远，所以又生左右岔出的横"栱"来接受"檐桁"这前后的木翘，左右的横栱，结合而成的"斗栱"全部（在栱或翘昂的两端和相交处，介于上下两层栱或翘之间的斗形木块称"枓"）。"昂"最初为又一种之翘，后部斜伸出斗栱后用以支"金桁"。

斗栱是柱与屋顶间的过渡部分。伸支出的房檐的重量渐次集中下来直到柱的上面。斗栱的演化，每是技巧上的进步，但是后代斗栱（约略从宋元以后），便变化到非常复杂，在结构上已有过当的部分，部位上也有改变。本来斗栱只限于柱的上面（今称柱头斗），后来为外观关系，又增加一攒所谓"平身科"者，在柱与柱之间。明清建筑上平身科加增到六七攒，排成一列，完全成为装饰品，失去本来功用。"昂"之后部功用亦废除，只余前部形式而已。

不过当复杂的斗栱，的确是柱与檐之间最恰当的关节，集中横展的屋檐重量，到垂直的立柱上面，同时变成檐下的一种点缀，可作结构本身变成装饰部分的最好条例。可惜后代的建筑多减轻斗栱的结构上重要，使之几乎纯为奢侈的装饰品，令中国建筑失却一个优越的中坚要素。

斗栱的演进式样和结构限于篇幅不能再仔细述说，只能就它的极基本原则上在此指出它的重要及优点。

斗栱以下的最重要部分，自然是柱及柱与柱之间的细巧的木作。魁伟的圆柱和细致的木刻门窗对照，又是一种艺术上的满意之点。不止如此，因为木料不能经久的原始缘故，中国建筑又发生了色彩的特征。涂漆在木料的结构上为的是：（一）保存木质抵制风日雨水，（二）可牢结各处接合关节，（三）加增色彩的特征。这又是兼收美观实际上的好处，不能单以色彩作奇特繁华之表现。彩绘的设施在中国建筑上，非常之慎重，部位多限于檐下结构部分，在阴影掩映之中。主要彩色亦为"冷色"，如青蓝碧绿，有时略加金点。其他檐以下的大部分颜色则纯为赤红，与檐下彩绘正成反照。中国人的操纵色彩可谓轻重得当。设使滥用彩色于建筑全部，使上下耀目辉煌，必成野蛮现象，失掉所有庄严和调谐。别系建筑颇有犯此忌者，更可见中国人有超等美术见解。

至彩色琉璃瓦产生之后，连黯淡无光的青瓦，都成为片片堂皇的黄金碧玉，这又是中国建筑的大光荣，不过滥用杂色瓦，也是一种危险，幸免这种引诱，也是我们可骄傲之处。

还有一个最基本结构部分——台基——虽然没有特别可议论称扬之处，不过在全个建筑上看来，有如许壮伟巍峨的屋顶如果没有特别舒展或多层的基座托衬，必显出上重下轻之势，所以既有那特种的屋顶，则必需有这相当的基座。架构建筑本身轻于垒砌建筑，中国又少有多层楼阁，基础结构颇为简陋。大建筑的基座加有相当的石刻花纹，这种花纹的分配似乎是根据原始木质台基而成，积渐施之于石。与台基连带的有石栏、石阶、辇道的附属部分，都是各有各的功用而同时又都是极美的点缀品。

台基与石栏

最后的一点关于中国建筑特征的，自然是它的特种的平面布置。平面布置上最特殊处是绝对本着均衡相称的原则，左右均分的对峙。这种分配倒并不是由于结构，主要原因是起于原始的宗教思想和形式、社会组织制度、人民俗习，后来又因喜欢守旧仿古，多承袭传统的惯例。结果均衡相称的原则变成中国特有的一个固执嗜好。

例外于均衡布置建筑，也有许多。因庄严沉闷的布置，致激起故意浪漫的变化；此类若园庭、别墅、宫苑楼阁者是平面上极其曲折变换，与对称的布置正相反其性质。中国建筑有此两种极端相反布置，这两种庄严和浪漫平面之间，也颇有混合变化的实例，供给许多有趣的研究，可以打消西人浮躁的结论，谓中国建筑布置上是完全的单调而且缺乏趣味。但是画廊亭阁的曲折纤巧，也得有相当的限制。过于勉强取巧的人工虽可令寻常人惊叹观止，却是审美者所最鄙薄的。

在这里我们要提出中国建筑上的几个弱点。（一）中国的匠师对木料，尤其是梁，往往用得太费。他们显然不明了横梁载重的力量只与梁高成正比例，而与梁宽的关系较小。所以梁的宽度，由近代的工程眼光看来，往往嫌其太过。同时匠师对于梁的尺寸，因没有计算木力的方法，不得不尽量的放大，用极大的 factor of safety，以保安全。结果是材料的大靡费。（二）他们虽知道三角形是惟一不变动的几何形，但对于这原则极少应用。所以中国的屋架，经过不十分长久的岁月，便有倾斜的危险。我们在北平街上，到处可以看见这种倾斜而用砖墙或木桩支撑的房子。不惟如此，这三角形原则之不应用，也是屋梁费料的一个大原因，因为若能应用此原则，梁就可用较小的木料。（三）地基太浅是中国建筑的大病。普通则例规定是台明高之一半，下面再垫上几点灰土。这种做法很不彻底，尤其是在北方，地基若不刨到结冰线（Frost Line）以下，建筑物的坚实方面，因地的冻冰，一定要发生问题。好在这几个缺点，在新建筑师的手里，并不成难题。我们只怕不了解，了解之后，要去避免或纠正是很容易的。

结构上细部枢纽，在西洋诸系中，时常成为被憎恶部分。建筑家不惜费尽心思来掩蔽它们。大者如屋顶用女儿墙来遮掩，如梁架内部结构，全部藏入顶篷之内；小者如钉，如合叶，莫不全是要掩藏的细部。独有中国建筑敢袒露所有结构部分，毫无畏缩遮掩的习惯，大者如梁，如椽，如梁头，如屋脊；小者如钉，如合叶，如箍头，莫不全数呈露外部，或略加雕饰，或布置成纹，使转成一种点缀。几乎全部结构各成美术上的贡献。这个特征在历史上，除西方高矗式建筑外，惟有中国建筑有此优点。

现在我们方在起始研究，将来若能将中国建筑的源流变化悉数考察无遗，那时优劣诸点，极明了的陈列出来，当更可以慎重讨论，作将来中国建筑趋途的指导。省得一般建筑家，不是完全遗弃这已往的制度，则是追随西人之后，盲目抄袭中国宫殿，作无意义的尝试。

关于中国建筑之将来，更有特别可注意的一点：我们架构制的原则适巧和现代"洋灰铁筋架"或"钢架"建筑同一道理；以立柱横梁牵制成架为基本。现代欧洲建筑为现代生活所驱，已断然取革命态度，尽量利用近代科学材料，另具方法形式，而迎合近代生活之需求。若工厂、学校、医院，及其他公共建筑等为需要日光便利，已不能仿取古典派之垒砌制，致多墙壁而少窗牖。中国架构制既与现代方法恰巧同一原则，将来只需变更建筑材料，主要结构部分则均可不有过激变动，而同时因材料之可能，更作新的发展，必有极满意的新建筑产生。

第二编
中国建筑发展

中国建筑发展概述 [1]

　　中国位于亚洲大陆东南部，面积约 960 万平方公里，是一个土地广阔，资源丰富，多民族，人口众多，历史悠久，具有丰富文化传统的国家。中国有约四千年的有文字记载的历史；而中国建筑的历史发展过程，不言而喻，当然要比史书记录的年代更古远得多了。从文化的曙光初放的时代起，一直到今天，中国的建筑，如同中华民族和中国文化的其他方面一样，一脉相承，从来没有间断过地发展着。

　　在这片广阔的土地上，不同地区的自然条件有着巨大的差别。从地形上来看，总的是山地多，平原少；西部地势高，东部渐渐低下。但是，其中又有悬殊的起伏：有世界最高的西藏高原和世界最低的新疆吐鲁番盆地；有峭壁深谷构成的横断山脉，有千里无涯的华北平原和蒙古、新疆高原；西北地区有圹无人烟的沙漠，东南一带又多河流如织的水乡；西南和东北有密茂的森林和广阔的草原，华北一带是黄土平原。由西向东三条主要河流——黄河、扬子江、珠江——和贯通南北的大运河，润育着这辽阔的土地。

　　从气候方面来看，从南中国海到蒙古和西伯利亚的边境，南北将近四千公里，包括亚热带、温带和亚寒带。东南方多雨，西北和北方干旱。内陆高原地区，一年之内，甚至一日之内，寒暑剧变，而沿海地区则温差较小。新疆、内蒙古沙漠地区和华北黄土平原地区，受到每年春季季节风的影响，东南沿海各省又须提防夏秋来袭的台风。显然，不同地区的建筑，都必须适应

1　梁思成所作，原为《中国古代建筑史》（六稿）绪论，写于 1964 年，题目为编者所加。

当地特有的气候情况。

从中国传统沿用的"土木之功"这一词句作为一切建造工程的概括名称可以看出，土和木是中国建筑自古以来采用的主要材料。这是由于中国文化的发祥地黄河流域，在古代有密茂的森林，有取之不尽的木材，而黄土的本质又是适宜于用多种方法（包括经过挖掘的天然土质的洞穴、晒坯、版筑以及后来烧制成的砖、瓦等）建造房屋。这两种材料之参合运用对于中国建筑在材料、技术、形式等等传统之形成是有重要影响的。至于山区，各种石料被广泛采用。西南的贵州省很多用石柱石板建造的房屋。在森林山区，如古代在甘肃或陕西一带，《诗经》里就说当时的西戎"在其板屋"；今天云南西部，民居多采用井干式结构；长江以南，竹木房屋很多。由于广大地区自然条件和就地取得的材料之不同，就使得中国建筑在一个总的、统一的民族性之下又派生出丰富多彩的地方性。

古生物学者和考古学者的发掘和发现给我们揭示了中华民族的起源。北京周口店著名的"北京猿人"的遗址说明五十万年前，我们的远祖已经在这地区居住。学者们肯定了周口店十万年前的山顶洞人和广西柳江的"柳江人"，四川资阳的"资阳人"，广西来宾的"麒麟山人"都已属于原始蒙古人种类型或已具有原始蒙古人种的特征。后三者都可能是旧石器时代晚期初叶的人类。

近年来，全国各地发现的旧石器时代遗址已有二百处以上，而新石器时代遗址则在三千处以上。在发掘工作比较多的黄河流域，仰韶、龙山等文化典型遗址已经揭示了中国母系氏族公社发展期和父系氏族公社时期的基本面貌。至于发掘还不很多的长江流域、东南沿海以及东北、西北、西南等地区原始文化的面貌和分布情况也已有了不同程度的认识。这些都是今天的中华民族的远祖和中国文化孕育形成时代的遗址，其中包括例如西安半坡村的仰韶文化时期（公元前3000年前后？）的房屋和聚落遗址。尔后几千年光辉灿烂的中国文化，包括中国建筑在内，作为它的一个重要的组成部分，就是从这些谦逊、质朴而茁壮的萌芽发扬壮大而成长起来的。这一切有力地说明了中国历史发展的悠久的连续性。

西安半坡仰韶文化房屋模型

按照中国史籍中的古代传说，夏代（公元前2207？至公元前1766？年）以前是没有阶级、没有剥削的社会。夏朝的创造者禹以后则是财产私有、王位世袭的阶级社会。夏代正处于我国历史上由原始公社逐渐进入阶级社会的阶段。历史传说当时中国遭受空前的大水灾，禹"卑宫室，致费于沟减"。这启示当时的建筑和治水工程，可能已达到一定的水平。考古学者们认为，河南省的许多龙山文化遗址和郑州浴达庙类型的文化遗址可能就与夏朝的年代相当。河南、陕西的若干龙山文化遗址中曾发现了当时的房屋和聚落的遗址。这些房屋，在布局、材料、结构方面都是很原始的，和仰韶文化的原始建筑基本上没有重大的区别。显然，这些遗址并不代表当时最高的建筑水平。

山东龙山文化聚落模型

中国的奴隶社会，到商朝（公元前 1765？年建立，至公元前 1401？年改称殷，公元前 1122 年灭亡）无疑地已经确立了，一直到周朝（公元前 1121 至公元前 249 年）的"春秋"时期（公元前 722 至公元前 482 年），也就是孔夫子的时期，奴隶社会才逐渐瓦解，开始进入封建社会。青铜器之使用和新的生产关系使得商殷时代的农业生产水平较之以前任何时期都有着显著的提高，从而促使手工业脱离农业而独立，并且促使技艺水平迅速提高。虽然当时青铜还是贵重金属，在农业生产中占主要地位的仍然是那些比较原始的，像马克思所说，在强使奴隶进行劳动的情况下必然使用的"……最粗糙最笨重，并且就因为笨重，所以不易损坏的工具——石制农具"，但在手工业技艺的生产，包括建造房屋这样的工艺性工作中，青铜工具之使用却起着巨大的作用。因此虽然商代早期居住遗址还是和仰韶、龙山文化的居住遗址基本上相同；但到了殷末，当青铜器已大量铸造的时代，建筑的规模和水平，如殷墟所见的宫殿和墓葬遗址所显示，都有了极大的发展，并且青铜也已用作建筑材料，如殷墟宫殿的柱础即是一例。我们还可以从殷墟宫殿遗址台基上行列整齐的柱础和烬余的木柱脚得出结论，中国后代典型木柱梁框架结构系统到了殷代已经基本形成了。

安阳殷墟宫殿还原图

由于生产力的发展和阶级矛盾日益尖锐，都市及有关的防御设施也逐渐形成、发展起来。安阳围绕宫殿遗址的一段壕沟和郑州的一段夯土墙（有人认为是城墙）等，就是一些例证。

从这时代起，奴隶制度国家的政治、经济日益发展，各种手工业和建筑技术不断提高。社会阶级和等级的差别逐渐固定成制度，宫殿、住宅乃至城邑的大小制度也不例外。春秋时期有些贵族的建筑在规模上或者装饰、色彩上逾越等级，就受到孔子的谴责。这说明在从殷到春秋的十个世纪中，建筑不但在工程、材料、结构上有了很大的提高，而且它的艺术性已越来越显著了。

这时期的文献中，出现了"中国"和"四夷"之类的名词。上面提到《诗经》中"在其板屋"的西戎就是一例。这说明到了周朝，在中华民族的形成的漫长的历史岁月中，汉民族的主干地位已经确立。在尔后的三千年中，汉族和它的外围各民族，经过不断的接触、斗争、交流、融合，逐渐成长成为今天的汉族。中国的建筑，作为中国文化的一个重要组成部分，很自然地，主要的也是汉民族的建筑。但同时也必须明确，在它的整个历史发展过程中，整个中国文化，包括中国建筑在内，也是在不断吸收各民族的以及外国的影响而形成的。同时，汉民族的文化和建筑也不断地影响外围各民族乃至邻国。这种相互影响，一直到今天也没有间断过。

周朝末年的战国时期（公元前 403 至 249 年），中国开始进入封建社会。这一个半世纪的期间是中国历史发展过程中的一个重要转折点：社会、政治、经济、文化都发生了巨大变化。公元前 594 年鲁国"初税亩"的史实标志着封建制度之开始。一千年的奴隶制到这时期已经崩溃瓦解。铁器之使用为生产力带来巨大发展。周初数以百计的小封邦，经过七百年的兼并，到战国时期已成为七国。又经过一个半世纪的不断的战争，终于在公元前 221 年，由秦始皇完成了统一中国的大业，在中国历史上出现了第一个中央集权的统一大帝国，成为以后一直到 1911 年的二千一百六十年间 [1]（虽然其间曾经出现过若干次比较短期的分裂的局面）的国家机构的组织形式。

春秋、战国时期，亦即中国由奴隶社会转入封建社会的时期，出现了一个中国文化空前活跃的时代，出现了大量的思想家，形成许多学派，许多著作一直流传到今天。老子、孔子、墨子、庄子、孟子等，都是这时期最杰出的思想家。相应地在技术、艺术方面也空前繁荣。思想家们往往爱用工程技术方面的比喻来阐明他们的政治、哲学理论。中国最古的数学书《周髀算经》

1　公元前 221—公元 1911 年，共应为 2132 年。

也是这时期的产物。墨子就有许多有关数学、物理以及军事工程的论述。这时期的巧匠鲁班、王尔已成为著名人物。一直到最近，鲁班还被中国的工匠们奉为匠作 craftmanship 之神。

由于兼并而形成的七国，比起过去零散的小封邦，在政治上、经济上以及技术力量上，都雄厚得多了。七国都在自己的首都营建宫殿。春秋时期开始形成的一些城市，到了战国时期获得了很大的发展。例如齐国（今山东省）的临淄，人口就有七万户（约三四十万人？），街道上"肩摩毂击"。类似的城市不在少数。显然，各国的建筑已形成了不同的形式和风格，因此秦始皇每灭一国，就"写仿其宫室，作之咸阳北阪上"。

统一的大帝国为建筑的发展创造了空前的有利条件。首都咸阳不但建造了规模空前、辉煌华丽的宫殿，而且在咸阳二百里之内，修建二百七十处离宫别馆。从规划构图的角度上，"表南山之颠以为阙"，利用数十公里外的天然地形组织到构图中来。这样"超尺度"的构图观点正是这个伟大帝国的气魄的反映。战国时代各国所筑的长城，在北方边境的各段也在统一后连续起来了。

横店影视城秦王宫，仿咸阳宫而建

秦帝国的寿命并不长。秦始皇死后，立刻爆发了中国历史上的第一次农民革命，推翻了秦皇朝。公元前 206 年建立伟大的汉朝，前后持续了四百余年。公元 220 年，中国又分裂成三国（历史上称"三国时代"），至 265 年重新统一。

汉朝是中国封建文化的第一个高潮时期。新兴的封建制度已经确立，持续了几百年的战争已经结束，强大的中央政权已经建立，经济、文化得到巨大的发展。汉朝的军事力量也日益强大，遏止了北方的匈奴的南侵，开拓了通向中亚细亚的交通线，促进了东西贸易和文化的交流。这一切都为建筑的发展创造了极有利的条件。

根据史籍和考古学家发掘的遗址证明，汉的首都长安和皇宫都是规模巨大、庄严华丽的。虽然留存到今天的实物仅有少数的石室、石阙和大量的崖墓、砖墓，已经可以看到汉代建筑所达到的水平。通过这些砖石建筑还精确地反映了当时木结构的形式和石刻的高度水平，以及当时在制砖的工艺上和产量上的巨大提高和发展。从一些墓葬中的壁画和出土的铜器、玉器、陶器、漆器、陶俑、明器等还可以看到当时工艺、绘画、雕塑的高超成就。

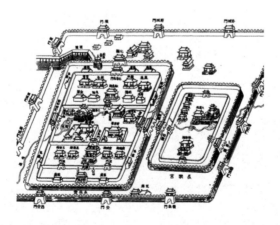

汉长乐宫未央宫图（《关中胜迹图志》）

从历史发展的过程看来，汉朝是一个经济、文化的高潮，秦朝正是它的"序曲"，而三国是它的"尾声"。今天中国的骨干民族——汉族——的名称，就是从这个朝代而得名的。

265 年建立的晋朝只暂时统一了中国。统治阶级内部矛盾和西北游牧民族的入侵以及各地的农民起义使得中国又一次陷入战乱分裂的状态。鲜卑族在北方建立了强大的魏朝，迫使汉族统治者于 318 年退到长江以南，形成南北对峙的局面，一直到 581 年才重新统一为隋朝。

这是一个充满了阶级矛盾和民族矛盾，生产力受到严重破坏的时期；但也是汉民族经过与外围民族三个世纪的接触中，吸收了新血液而进一步融合的时期。从 304 至 439 年之间，除汉族外，五个外围民族先后在中国建立了十六个国家。其中唯有鲜卑族在北方建立了长期的巩固的政权——魏朝。在那动荡的岁月里，人民的生活是痛苦的，甚至那些统治者自身的生命也没有保障。今天的胜利者明天就可能成为俘虏、奴隶。人们只能把幸福的幻想寄托在另一个世界。因此，在汉朝由印度传入中国的佛教到了第四世纪得到广泛的传播。统治阶级也发现它是一件麻痹人民斗争意志，巩固统治政权的有效政治工具，予以大力提倡。

在那样的政治、社会、经济情况下，佛教之传播对于中国建筑带来了巨大影响。中国原有的建筑体系已经成熟了。当时的匠师为了满足佛教的需要，就运用传统的结构和布局的方法，创造了许多宏伟庄严的寺塔。这些新的类型大大地丰富了中国古代的城市面貌和生活。原来城市里只有宫殿衙署和贵族府第之类的大型高质建筑，仅供统治阶级享受使用，现在却增加了许多巍峨的佛殿和高耸的佛塔，而且对广大人民是开放的。佛教建筑还带动了雕塑、绘画的发展。历史记载南朝的首都建康（今南京）有"四百八十寺"，北魏首都洛阳有一千多个佛寺，其中永宁寺木塔高达"一千尺"。许多著名的雕塑家和画家都在佛寺里塑造了佛像，画了壁画。许多西方的装饰花纹也用到传统的中国建筑上来。这一切说明当时佛教对于中国人民的生活、文化、艺术和建筑的影响是巨大的。这时期遗留下来的实物主要是从新疆一直到山东半岛上无数的石窟寺、一些墓葬，和极少数的砖石塔。

　　尽管南北朝留存下来的实物（除石窟寺外）很少，但是从文献记载中可以看到木结构已达到极高水平，从中国现存最古的砖塔——520 年建；高约40 米的嵩岳寺塔以及南京附近的一些陵墓可以看到当时砖的生产有了巨大发展，技术和艺术方面都达到很高的水平，石刻方面的艺术水平更为中国美术史中写下辉煌的一章。从这些遗物也可以看出，尽管佛教的教义在中国人民的精神生活方面带来很大影响，但是中国的建筑（在结构上和形式上）、绘画、雕刻（主要是佛像）基本上还是沿着古来的传统形式和手法向前发展。这一点在建筑上尤为明显。

　　公元 581 年建立的隋朝重新统一了中国。三个半世纪的分裂战乱的局面结束了。比较安定的政治统一局面和土地的重新分配带来了经济繁荣。隋朝选择了长安作为它的首都，并在汉长安故址之东规划了新城——大兴城，修建了规模不大的宫殿；此外还开凿了由长江通到淮河、黄河的大运河。但是37 年之后，在公元 618 年，隋皇朝就为唐朝所代替。中国历史上辉煌灿烂的一个朝代开始了。

　　新的政权除了分配土地、恢复农业生产外，官办手工业和民间手工业都有巨大发展，质量更加提高。地方行业组织促进了国内和国外贸易。许多内陆和沿海城市空前繁荣起来。国际贸易和文化交流丰富了中国的物质和精神生活。到印度研究佛教教义的高僧玄奘就是这时期的人。著名诗人李白、杜甫，画家吴道子、雕刻家杨惠之等也都是这时代的人。唐朝是中国封建社会经济、文化突出发展的时期。唐代的中国也是当时世界上最强大，经济、文化最发达的国家。

　　作为政治、经济、文化的综合的反映，唐代的建筑也出现了突出的高峰，在隋大兴城的基础上，当时世界上最大的、规划最完善的都城——长安，建造起来了。近年来对于城墙和宫殿遗址的发掘证明了文献中所记载的宏伟规模和富丽的建筑。这时期遗留下来大量石窟寺，为数不少的砖塔，许多陵墓以及少数的木构殿堂和石桥都说明无论在技术或艺术方面都已达到完全成熟的阶段。

唐长安大明宫国家遗址公园

第八世纪中叶以后由于中央政权的腐化削弱，被剥削压迫的农民不断起义和地方掌握军权的官吏的叛乱，这个伟大的朝代走上了没落、瓦解、崩溃的道路，终于在公元906年灭亡。在尔后短短的半个世纪中，中国又陷入"五代十国"的分裂状态，直至960年，由于宋朝的建立而重新统一。

历史仿佛重演了一遍。战国为秦的统一打下基础，暂短的秦朝成了辉煌的汉朝的序曲，而三国是它的尾声。同样地，南北朝为隋的统一打下基础，短暂的隋朝成了伟大的唐朝的序曲，而以五代作为尾声而结束。假使说汉是中国封建文化的青春时期，那么，唐就是它全盛的壮年时期了。

宋朝从建国之初就受到北方日益强大起来的契丹族的威胁。契丹族建立的辽朝，占有东北、内蒙古以及黄河以北的一部分土地；羌族的西夏也占据了内蒙古西部地区，和宋朝形成一百多年对峙的局势。后起的女真族的金朝在1125年灭了辽朝，把汉族的宋朝赶到扬子江以南，历史上称之为南宋。中国再度出现了南北对峙的形势。1234年和1279年蒙古人先后灭了西夏、金和南宋。中国在蒙古族元朝的统治下重新统一了。

北宋、南宋前后三百余年的期间是中国历史上又一个民族矛盾十分尖锐的时期。北宋时期，对峙的局势比较稳定。唐中叶以后发展起来的商业有了很大发展，促进了城市繁荣。五代末期，汴梁——后来宋的首都——已经成为一个重要的商业城。沿海一些城市也由于对外贸易而兴盛起来。手工业的分工越来越细致。矿冶业占着重要地位。火药和活版印刷也是这时期的发明创造。千余年来在城市之内又用高墙封闭的住宅坊里以及贸易必须在集中的市场进行的制度被打破了。分散的商店冲破了坊里的围墙，沿街开设起来；茶楼、酒店、旅馆、剧院也出现了。城市生活活跃丰富起来了。这就为宋朝的城市带来了崭新的面貌。

《清明上河图》中的汴梁建筑

在百余年比较稳定的政治局面以及日趋繁荣的经济条件下，民间建筑出现了上述的新类型，统治阶级更大建其宫殿、苑囿、府第、庙宇。这些建筑之中，唯有佛寺、道观还有留存到今天的；除了个别殿堂和佛塔外，还有若干相当完整的组群。这时期的政治形势也反映在建筑上：北方辽朝统治地区的建筑更多地保留了唐代淳朴雄厚的风格，而南方宋朝统治地区的建筑则开始向轻巧华丽的方向发展。从这时期的遗物中，我们开始看出明显的地方风格。

从殷墟遗址中已经显示出来的木梁柱框架结构的建筑体系，到了唐代无疑地已经采用了标准化、定型化的设计施工方法。但是到了宋朝才给后世留下一部有关这方面的工程技术专著。北宋末叶（公元 1103 年）出版的《营造法式》是当时的皇室建筑师李诫编修的一部国家建筑规范。从这部书里可以看到当时已采用了模数制，按照封建制度的等级订定建筑等级，材料、施工都有定额；尤其是以引起后世钦佩的是从整座房屋到每一构件的详细规定和做法都是将整体和个别构件的材料、结构、美观等因素综合考虑制订的。《营造法式》是中国古代有关建筑的最重要的一部专著。

蒙古人建立的元朝虽以征服者的姿态统治了全中国的汉族和其他民族的一个世纪，但是各族人民在共同反抗阶级压迫和共同劳动的斗争中，进一步相互融合，政治、经济、文化上的关系更加密切了。边疆地区的落后经济得到了开发和提高。元代初年，战后的农业生产得到恢复。社会经济开始恢复繁荣。对外贸易和商业的发展，使南方许多城市保持了南宋以来的繁荣。泉州是当时的主要海港。

蒙古族的统治者充分地利用了宗教作为巩固他们的政权的政治工具。佛教、道教、伊斯兰教、基督教等都得到了统治者的保护和提倡。其中佛教和喇嘛教（佛教中的一个宗派）在元代占有特殊地位。西藏地区政教合一的统治正是在元朝统治下建立起来的。喇嘛寺庙因而也有了普遍的修建。西藏式的瓶形塔也是蒙古人从西藏介绍到中原地区的。元朝的统治者利用从中亚和中原地区俘虏的各族有技艺的工匠（事实上是工奴）兴办了各种官办手工业，使中国的工艺美术增加了许多外来因素。但元朝的建筑主要是由汉族工匠，继承宋、金的传统建造的。

元朝对中国建筑的最重要的贡献是大都城——今北京城的前身——的规划和建造。如同隋唐的长安一样，大都在它自己的时代，是世界上规模最大、规划最完善的城市，它就是马可·波罗以无限敬佩的心情所记述的XANBALUC。它在很大程度上体现了《考工记》中所描绘的"王者之都"的理想。后来明清两朝的北京，以及今天中华人民共和国的首都，就是在它的基础上改建、扩建的。

元朝修建的佛寺、佛塔、道观，留存到今天的为数不少，由于蒙古族是一个游牧民族，原来没有固定的建筑，所以在他们的统治下，中国建筑还是沿着汉族几千年的传统发展。许多寺、观中还保存了不少壁画和塑像。它们，和倪瓒、黄公望、赵孟頫等人的绘画和关汉卿等的剧本、小说具体地说明，即使在当时那样种族歧视的外族统治下，中国传统文化仍以它的旺盛的生命力向前发展着。

汉族农民的起义驱逐了蒙古统治者，于 1368 年建立了明朝。由于新兴的统治阶级出身于农民的汉族，民族尊严的重新建立和阶级矛盾有所缓和，都有力地推动了生产发展。明朝的统治者先建都于南京，十五世纪初迁都北京。迁都以后，社会经济就进入一个全面发展时期。商业和手工业的发达以及人口的增加，促进了城市建筑的发展与建筑技艺的提高。砖、琉璃、玻璃等烧制工业有了很大发展。元代完成的南北大运河第一次使得有可能由遥远的四川、西康等地将高贵的木材——例如楠木之类，运来供应北京建筑的需要。在蒙古统治奴役下的工奴获得了解放，他们的创造性得到发挥。南京、北京的先后建设，促使大批工匠的南北调动和经验交流。这一切都为明代建筑之发展创造了有利条件。今天的北京城和它的故宫（其中还有相当部分的明代原建筑），以及各地许多府第、庙宇、民居为后世留下许多明代建筑的优秀范例。

十六世纪初叶以后，统治阶级的日益腐朽和系派的争权夺利，已使明的统治岌岌可危。同时，东北兴起的满洲族日益强大。农民起义推翻了明朝的统治，但革命果实却落入乘虚而入的满洲统治者手中。1644 年，胜利的满洲人建立了中国历史上最后一个封建皇朝——清朝。

明朝建立的时代正是欧洲资本主义开始的时代。当北京的皇宫建成的时候，Brunelleschi[1] 正在开始兴建 Firenze[2] 大教堂的穹窿顶。资本主义发展的影响到中国来了。葡萄牙人于 1535 年在澳门建立了在中国领土上的第一块外国殖民地。欧洲的自然科学以及欧洲的建筑也开始输入到中国来了。当然，

1　文艺复兴初期意大利著名建筑师布鲁内列斯基。
2　佛罗伦萨的意大利文名称。

建筑的影响，是需要更多的接触和很长的时间才能发生的。

清朝的统治持续了二百六十七年，于 1911 年为中国的第一个资产阶级民主革命所推翻。这是一个变化剧烈的朝代。

在和俄国的彼得大帝约略同时的康熙皇帝的统治下，中国今天的版图大致开拓奠定了。从黑龙江、蒙古一直到海南岛，从帕米尔高原、喜马拉雅山，一直到太平洋岸，于中居住着汉、满、蒙、藏、维吾尔等五十多个民族，都已统一到大清帝国里来了。

和元朝蒙古族的统治者不同，清朝的满洲族统治者对于各民族采取了比较平等待遇的政策。在继承了中国（亦即汉族）传统的国家机构的组织形式和制度下，各族人民基本上都享有参加国家考试从而在政府中担任任何官职的权利。各民族都被允许保持他们自己的文字和风俗习惯。满族统治者取得了各民族统治阶级的合作和支持，使帝国的统一完整始终保持下来，为经济、文化、科学、艺术、技术的发展创造了良好条件。尽管如此，总的说来，统治民族和被统治民族之间、统治阶级和被统治阶级之间毕竟存在着根本的不可调和的矛盾。十八世纪中叶以后，各地各族农牧民的起义此起彼伏，到十九世纪中叶中英鸦片战争以后，不久就爆发了声势浩大的太平天国革命。仅仅是由于英、美帝国主义的干涉，才使这个朝代免于倾覆。1840 年以后，中国便转入了半封建半殖民地时代。本篇的叙述也到此为下限。

在以后的七十年间，帝国主义国家竞向中国侵略，各地不断爆发反帝反封建的起义，终于在 1911 年，资产阶级民主革命爆发，结束了中国历史上的最后一个封建皇朝。

清朝的统治者除了在血统上是满洲族外，在生活习惯和文化方面（除了服装之外），事实上已完全和汉族一样。清朝的政府机构和国家考试制度等，基本上还是明朝的继续。相应地，在建筑的发展过程中，明清两朝也基本上是一样，没有显著的差别。

在这五百余年间，手工业和商业得到不断的发展。丝织业、烧瓷业等都达到极高的水平。资本主义的萌芽已经露头。到了十八世纪，甚至出现了盐商分区包办全国食盐的供销，包纳盐税的垄断资本集团，并且形成政治势力。

十六世纪以后开始的远洋国际贸易促进了澳门、广州、宁波、上海等沿海城市的繁荣。随着欧洲商人东来的传教士——最初是耶稣会士（Jesuits）——也带来了欧洲的宗教和科学、技术。这一切都在默默地影响着中国古老的封建制度和经济、文化。在建筑方面，虽然在十八世纪的圆明园中首次出现由郎世宁（Castilignone）、王致和（Attiret）等设计、专供皇帝玩赏的巴洛克式（Baroque）组群，但是欧洲建筑以它的完全陌生的结构技术和新奇的形式对于中国城市面貌的冲击，还是 1840 年以后的事。

这五百余年间留存下来的建筑类型比过去更多了，留存下的实物更是遍及全国各地。明清两朝留下来许多完整的城市、宫殿、府第、住宅、陵墓、庙宇、园林、商店、作坊、桥梁等等。

明清的建筑，特别是在城市的规划、组群的布局、木梁柱框架的结构体系方面，是几千年传统的继续和发展。城市的规划，特别是首都北京的规划和皇宫的总体布局，都显示了中华民族和封建帝国的雄伟气概。但是在木构架的结构方面，若干过去曾经起着巨大作用的结构，例如斗栱之运用，有了明显的退化，几乎沦为纯粹的装饰；但这也正是当时工匠们明确要求框架的进一步简化的合理的发展。这类的变化就必然影响到建筑物的形象，和宋朝以前的建筑有着明显的区别。

北京故宫

尽管木框架结构是中国建筑主要的，并且是它所最独特的结构方法，但是砖石建筑也在这期间获得巨大发展。十六世纪以后建造的许多砖拱殿堂以及遍布山西、陕西一带的砖拱民居，和过去砖只用于佛塔、陵墓等纪念性建筑的情况相比，不但反映了砖的生产的巨大发展，同时也反映了用砖技术的提高。

虽然从历史文献中我们知道造园的艺术到汉朝就已很发达，但是元朝、宋朝，更不用说以前的朝代，都没有给后世留下任何实例。但是明清两朝留下的园林，从皇帝的苑囿到私人的小园都不少。如同中国的建筑一样，中国园林也是自成一个独特的体系的，观赏性的小型建筑在中国园林中占有重要位置。中国园林和中国山水画有着不可分割的联系。我们甚至可以说，中国园林就是一幅幅立体的中国山水画。这就是中国园林最基本的特点。园林艺术是中国文化遗产中一颗明珠。十八世纪以后，它对欧洲的园林设计曾发生了一定的影响。

1840 年以后，中国的社会发生了根本性的变化。它的政治、经济、文化、科学、艺术都受到来自西方的猛烈冲击，建筑当然也不能除外。这一切我们将在《中国近代建筑》篇中叙述。

上文已经阐明，中国建筑是从中国文化萌芽时代起就一脉相承，从来没有间断过地发展到今天的。从发展的过程上说，必然先有个体房屋，然后有组群，然后有城市；必然从所掌握的建筑材料，先满足适用的要求，然后才考虑满足观感上的要求；必然先解决结构上的问题，然后才解决装饰加工的问题。从殷墟宫殿遗址，作为后世中国建筑体系的基本特征的最早的，"胚胎"时代的例证开始，在约三千五百年的发展过程中，这些特征就一个个、一步步地形成、成长，并在不断的实践中丰富发展起来了。在这漫长的但一脉相承、持续不断的发展过程中，中国的传统建筑形成了以下一些最突出的特征。

一、框架结构　在个体房屋的结构方面，采用木柱木梁构成的框架结构，承托上部一切荷载。无论内墙外墙，都不承担结构荷载。"墙倒房不塌"这句古老的谚语最概括地指出了中国传统结构体系的最主要的特征。这种框架结构，如同现代的框架结构一样，必然在平面上形成棋盘形的结构网；在网格线上，亦即在柱与柱之间，可以按需要安砌（或不安砌）墙壁或门窗。这就赋予建筑物以极大的灵活性，可以做成四面通风、有顶无墙的凉亭，也可以做成密封的仓库。不同位置的墙壁可以做成不同的厚度。因此，运用这种结构就可以使房屋在从亚热带到亚寒带的不同气候下满足生活和生产所提出的千变万化的功能要求。

上面的荷载，无论是楼板或屋顶，都通过由立柱承托的横梁转递到立柱上。如果是屋顶，就在梁上重叠若干层逐层长度递减的小梁，各层梁端安置檩条，檩上再安椽子，以构成屋面的斜坡，如果是多层房屋，就将同样的框架层层叠垒上去。可能到了宋朝以后，才开始用高贯两三层的长柱修建多层房屋。

一般的房屋，从简朴的民居到巍峨的殿堂，都把这框架立在台基上。台基有高有低，有单层有多层，按房屋在功能上和观感上的要求而定。

台基、按柱高形成的屋身和上面的屋顶往往是中国传统建筑构成的三个主要部分。

当然这些都是一般的特征。必须指出，与框架结构同时发展的也有用砖石墙承重的结构。也有砖拱、石拱的结构，在雨量小的地区也有大量平顶房屋，也有由于功能的需要而不做台基的房屋。这是必须同时说明的。

二、斗栱　中国木框架结构中最突出的一点是一般殿堂檐下非常显著的、富有装饰效果的一束束的斗栱。斗栱是中国框架结构体系中减少横梁与立柱交接点上的剪力的特有的部件（element），用若干梯形（trabizoidal）木块——斗（ГYH）[1] 和弓形长木块——栱（ГYH）[2] 层叠装配而成。斗栱既用于梁头之下以承托梁，也用于檐下将檐挑出。跨度或者出檐的深度越大，则重叠的层数越多。古代的匠师很早就发现了斗栱的装饰效果，因此往往也以层数之

1　斗的俄文音注。
2　栱的俄文音注。

多少以表示建筑物的重要性。但是明清以后，由于结构简化，将梁的宽度加大到比柱径还大，而将梁直接放在柱上，因此斗栱的结构作用几乎完全消失，比例上大大地缩小，变成了几乎是纯粹的装饰品。

三、模数 斗栱在中国建筑中的重要还在于自古以来就以栱的宽度作为建筑设计各构件比例的模数。宋朝的《营造法式》和清朝的《工部工程做法则例》都是这样规定的，同时还按照房屋的大小和重要性规定八种或九种尺寸的栱，从而订出了分等级的模数制。

四、标准构件和装配式施工 木材框架结构是装配而成的，因此就要求构件的标准化。这又很自然地要求尺寸、比例的模数化。传说金人破了宋的汴梁，就把宫殿拆卸，运到燕京（今天的北京）重新装配起来，成为金的皇宫的一部分。这正是由于这个结构体系的这一特征才有可能的。

五、富有装饰性的屋顶 中国古代的匠师很早就发现了利用屋顶以取得艺术效果的可能性。《诗经》里就有"作庙翼翼"之句。三千年前的诗人就这样歌颂祖庙舒展如翼的屋顶。到了汉朝，后世的五种屋顶——四面坡的庑殿顶，四面、六面、八面坡或圆形的攒尖顶，两面坡但两山墙与屋面齐的硬山顶，两面坡而屋面挑出到山墙之外的悬山顶，以及上半是悬山而下半是四面坡的歇山顶——就已经具备了。可能在南北朝，屋面已经做成弯曲面。檐角也已经翘起，使屋顶呈现轻巧活泼的形象。结构关键的屋脊、脊端都予以强调，加上适当的雕饰。檐口的瓦也得到装饰性的处理。宋代以后，又大量采用琉璃瓦，为屋顶加上颜色和光泽，成为中国建筑最突出的特征之一。

六、色彩 从世界各民族的建筑看来，中国古代的匠师可能是最敢于使用颜色、最善于使用颜色的了。这一特征无疑地是和以木材为主要构材的结构体系分不开的。桐油和漆很早就被采用。战国墓葬中出土的漆器的高超技术艺术水平说明在那时候以前，油漆的使用已有了一定的传统。春秋时期已经有用丹红柱子的祖庙；梁架或者斗栱上已有彩画。历史文献和历代诗歌中描绘或者歌颂灿烂的建筑色彩的更是多不胜数。宋朝和清朝的"规范"里对于油饰，彩画的制度、等级、图案、做法都有所规定。中国古代的匠师早

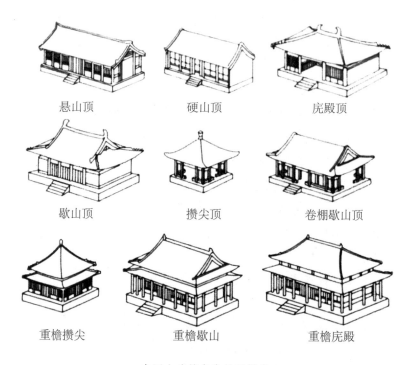

悬山顶　　　　　硬山顶　　　　　庑殿顶

歇山顶　　　　　攒尖顶　　　　　卷棚歇山顶

重檐攒尖　　　　重檐歇山　　　　重檐庑殿

中国古建筑各类屋顶样式

已明确了油漆的保护性能和装饰性的统一的可能性而予以充分发挥。

积累了千余年的经验，到了明朝以后，就已经大致总结成为下列原则：房屋的主体部分，亦即经常可以得到日照的部分，一般用"暖色"，尤其爱用朱红色；檐下阴影部分，则用蓝绿相配的"冷色"。这样就更强调了阳光的温暖和阴影的阴凉，形成悦目的对比。朱红色门窗部分和蓝绿色檐下部分往往还加上丝丝的金线和点点的金点，蓝绿之间也间以少数红点，使得彩画图案更加活泼，增强了装饰效果。一些重要的纪念性建筑，如宫殿、坛、庙等，上面再加上黄色、绿色或蓝色的光辉的琉璃瓦，下面再衬托上一层乃至三层的雪白的汉白玉台基和栏杆，尤其是在华北平原秋高气爽、万里无云的蔚蓝天空下，它们的色彩效果是无比动人的。

这样使用强烈对照的原色（primal colours）在很大程度也是自然环境所使然。在平坦广阔的华北黄土平原地区，冬季的自然景色是惨淡严酷的。在那样的自然环境中，这样的色彩就为建筑物带来活泼和生趣。可能由于同一原因，在南方地区，终年青绿，四季开花，建筑物的色彩就比较淡雅，没有必要和大自然争妍斗艳，多用白粉墙和深赭色木梁柱对比，尤其是在炎热的夏天，强烈颜色会使人烦躁，而淡雅的色调却可增加清凉感。

七、庭院式的组群　从古代文献，绘画一直到全国各地存在的实例看来，除了极贫苦的农民住宅外，中国每一所住宅、宫殿、衙署、庙宇等都是由若干座个体建筑和一些回廊、围墙之类环绕成一个个庭院而组成的。一个庭院不能满足需要时，可以多数庭院组成。一般地多将庭院前后连串起来，通过前院到达后院。这是封建社会"长幼有序，内外有别"的思想意识的产物。越是主要人物或者需要和外界隔绝的人物（如贵族家庭的青年妇女）就住在离外门越远的庭院里。这就形成一院又一院层层深入的空间组织。自古以来就有人讥讽"侯门深似海"，但也有宋朝女诗人李清照"庭院深深深几许？"这样意味深长的描绘。这种种对于庭院的概念正说明它是中国建筑中一个突出的特征。

这种庭院一般都是依据一根前后轴线组成的。比较重要的建筑都安置在轴线上，次要房屋在它的前面左右两侧对峙，形成一条次要的横轴线。它们之间再用回廊、围墙之类连接起来，形成正方形或长方形的院子。不同性质的建筑，庭院可作不同的用途。在住宅中，日暖风和的时候，它等于一个"户外起居室"。在手工业作坊里，它就是工作坊。在皇宫里，它是陈列仪仗队摆威风的场所。在寺庙里，如同欧洲教堂前的广场那样，它往往是小商贩摆摊的"市场"。庭院在中国人民生活中的作用是不容忽视的。

这样由庭院组成的组群，在艺术效果上和欧洲建筑有着一些根本的区别。一般的说，一座欧洲建筑，如同欧洲的画一样，是可以一览无遗的；而中国的任何一处建筑，都像一幅中国的手卷画。手卷画必须一段段地逐渐展开看过去，不可能同时全部看到。走进一所中国房屋，也只能从一个庭院走进另一个庭院，必须全部走完才能全部看完。北京的故宫就是这方面最卓越的范例。由天安门进去，每通过一道门，进入另一庭院；由庭院的这一头走到那一头，一院院、一步步景色都在幻变。凡是到过北京的人，没有不从中得到深切的感受的。

八、有规划的城市　从古以来，中国人就喜欢按规划修建城市。《诗经》里就有一段详细描写殷末周初时，周的一个部落怎样由山上迁移到山下平原，如何规划，如何组织人力，如何建造，建造起来如何美丽的生动的诗章[1]。汉朝人编写的《周礼·考工记》里描写了一个王国首都的理想的规划。隋唐的长安、元的大都、明清的北京这样大的城市，以及历代无数的中小城市，大多数是按预拟的规划建造的。

从城市结构的基本原则说，每一所住宅或衙署、庙宇等等都是一个个用墙围起来的"小城"。在唐朝以及以前，若干所这样的住宅等等合成一个"坊"，又用墙围起来。"坊"内有十字街道，四面在墙上开门。一个"坊"也是一个中等大小的"城"。若干个"坊"合起来，用棋盘形的干道网隔开，然后用一道高厚的城墙围起来，就是"城市"。当然，在首都的规划中，最重要最大的"坊"就是皇宫。皇宫总是位于城的正中，以皇宫的轴线为城市的轴线，一切街道网和坊的布置都须从属于皇宫。北京就是以一条长达 8 公里的中轴线为依据而规划、建造的。

宋以后，坊一级的"小城"虽已废除，但是这一基本原则还是指导着所有城市的规划。

当然，在地形不许可的条件下，城市的规划就须更多地服从于自然条件。

九、山水画式的园林　虽然在房屋的周围种植一些树木花草，布置一片水面是人类共同的爱好，但是中国的园林却有它特殊的风格。总的说来，可以归纳为中国山水画式的园林。历代的诗人、画家都以祖国的山水为题，尽情歌颂。宋朝以后，山水画就已成为主要题材。这些山水画之中，一般都把自然界的一些现象予以概括、强调，甚至夸大，将某些特征突出。中国的传

1　见《诗经·大雅·绵》。

统园林一般都是这种风格的"三度空间的山水画"。因此，中国的园林和大自然的实际有一定的距离，但又是"自然的"，而不像意大利花园那样强加剪裁使之"图案化"的。玲珑小巧的建筑物在中国园林中占有重要位置，巧妙地组织到山水之间。和一般建筑布局相反，园林中绝少采用轴线而多自由随意的变。曲折深邃是中国人对园林的要求。这一点在长江下游地区的一些私家园林尤为突出。

园林艺术在中国建筑中占有重要位置。它的特征是应该予以特别指出的。

江苏苏州拙政园一角

这篇"绪论"概括地介绍了中国的地理、气候、建筑材料和它们对建筑的影响；介绍了中国的民族，民族关系以及汉民族之形成及其在各民族中的地位；叙述了中国社会的发展和各历史阶段中政治、经济、文化的发展和建筑发展的关系；扼要介绍了中国建筑的几个最主要的特征。希望这会有助于读者对以下各章的了解。

南北朝建筑特征之分析 [1]

南北朝建筑已具备后世建筑所有之各型，兹择要叙述如下：

石窟　敦煌石室平面多方形，室之本身除窟口之木廊外，无建筑式样之镌凿，盖因敦煌石质不宜于雕刻也。云冈、天龙山、响堂山均富于建筑趣味，龙门则稍逊。前三者皆于窟室前凿为前廊；廊有两柱，天龙、响堂并将柱额斗栱忠实雕成，模仿当时木构形状，窟内壁面，则云冈、龙门皆满布龛像，不留空隙，呈现杂乱无章之状，不若天龙、响堂之素净。由建筑图案观点着眼，齐代诸窟之作者似较魏窟作者之建筑意识为强也。

殿　关于魏、齐木构殿宇之唯一资料为云冈诸窟之浮雕及北齐石柱上之小殿殿均以柱构成，云冈浮雕且有斗栱，石柱小殿则仅在柱上施斗。殿屋顶四注，殿宇其他各部当于下文分别论之。

塔　塔本为瘗佛骨之所，梵语曰"窣堵坡"（Stupa），译义为坟，冢，灵庙。其在印度大多为半圆球形冢，而上立刹者。及其传至中国，于汉末三国时代，"上累金盘，下为重楼"，殆即以印度之窣堵坡置于中国原有之重楼之上，遂产生南北朝所最通常之木塔。今国内虽已无此实例，然日本奈良法隆寺五重塔，云冈塔洞中之塔柱及壁上浮雕及敦煌壁画中所见皆此类也。云冈窟壁及天龙山浮雕所见尚有单层塔，塔身一面设龛或辟门者，其实物即神通寺四门塔。为后世多数墓塔之始型。嵩山嵩岳寺塔之出现，颇突如其来，其肇源颇耐人寻味，然后世单层多檐塔，实以此塔为始型。塔之平面，自魏

1　梁思成所作，节选自其于 1944 年著的《中国建筑史》。

以至唐开元、天宝之交，除此塔及佛光寺塔外，均为方形；然此塔之十二角亦孤例也。佛光寺塔亦为国内孤例，或可谓为多层之始型也。

山西五台县佛光寺祖师塔

至于此时期建筑各部细节，则分论如下。

阶基　现存南北朝建筑实物中，神通寺塔与佛光塔均无阶基。嵩岳寺塔之阶基是否原物颇可疑，故关于此问题，仅能求之间接资料中，云冈窟壁浮雕塔殿均有阶基。其塔基或平素，或叠涩作须弥座。佛迹图所示殿门有方平阶基，上有栏干，正面中央为踏步。定兴义慈惠石柱上小殿之下，亦承以方素之阶基。其宽度较逊于檐出，与后世通常做法相同。

柱及础　北魏及北齐石窟柱多八角形，柱身均收分，上小下大，而无卷杀。当心间之平柱，以坐兽或覆莲为础，两侧柱则用覆盆。柱头之上施栌斗以承阑额及斗栱。柱身并础及栌斗之高，约及柱下径之五倍及至七倍，较汉崖墓中柱为清秀。尚有呈现显著之西方影响之柱数种：窟外室外廊柱，下作高座，叠涩如须弥座，座上四角出忍冬草，向上承包柱脚，草中间置飞仙，柱头作大斗形，柱身列多数小龛，每龛雕一小佛像。又有印度式柱，柱脚以忍冬或莲瓣包饰四角，柱头或施斗，如须弥座形，或饰以覆莲，柱身中段束以仰覆莲花。云冈佛龛柱更有以两卷耳，为柱头之例，无疑为希腊爱奥尼克柱式之东来者。

嵩岳寺塔，柱础作覆盆，柱头饰以垂莲，显然印度风。柱身上下同大，高约合径七倍余，佛光寺塔圆柱，束以莲瓣三道，亦印度风也。

定兴北齐石柱小殿之柱，则为梭柱；有显著之卷杀，柱径最大处，约在柱高三分之一处，此点以下，柱身微收小，以上亦渐渐收小，约至柱高一半之处，柱径复与底径等，愈上则收分愈甚。此式实物国内已少见，日本奈良法隆寺中门柱则用此法，其年代则后此约三十余年。

河北定兴北齐义慈惠石柱上之小殿

门窗及佛龛　云冈窟室之门皆方首，比例肥矮近方形。立颊及额均雕以卷草团花纹。窟壁浮雕所示之门，亦方首，门饰则不清晰。响堂山齐石窟门，方首圆角，门上正中微尖起，盖近方形之火焰形也；门亦周饰以卷草。天龙山齐石窟门，乃作圆券形，券面作火焰形尖栱。券口饰以栱背两头龙，龙头当券脚分位，立于门两侧之八角柱上。门券之内，另刻作方首门额及立颊状。河南渑池鸿庆寺窟壁所刻城门，则为五边券形门首。石窟壁上有开窗者，多作近似圆券形，外或饰以火焰或卷草。佛光寺塔及魏碑所刻屋宇，则有直棂窗。

壁龛有方形、圆券形及五边券形三种。圆券形多作火焰或宝珠形券面；五边券形者，券面刻为若干梯形格，格内饰以飞仙。券下或垂幔帐，或璎珞为饰。

平坐及栏干　六朝遗物不见自昊斗栱之平坐，但在多层檐之建筑中，下层之檐内，即为上层之平坐，云冈塔洞内塔柱所见即其例也。浮雕殿宇阶基有施勾栏者，刻作直棂。云冈窟壁尚刻有以"L"字棂构成之钩片勾栏，为六朝、唐、宋勾栏之最通常样式，亦见于日本法隆寺塔者也。

斗栱　魏、齐斗栱，就各石窟外廊所见，柱头铺作多为一斗三升；较之汉崖墓石阙所见，栱心小块已演进为齐心斗。龙门古阳洞北壁佛殿形小龛，作小殿三间。其斗栱则柱头用泥道单栱承素方，单杪华栱出跳；至角且出角华栱，后世所谓"转角铺作"，此其最古一例也。补间铺作则有人字形铺作之出现，为汉代所未见。斗栱与柱之关系，则在柱头栌斗上施额，额上施铺作，在柱上遂有栌斗两层相叠之现象，为唐、宋以后所不见。至于斗栱之细节，则斗底之下，有薄板一片之表示，谓之"皿板"，云冈北魏栱头圆和不见分瓣；龙门栱头以四十五度斜切；天龙山北齐栱则不惟分瓣、卷杀，且每瓣均颐入为凹弧形。人字形铺作之人字斜边，于魏为直线，于齐则为曲线。佛光寺塔上，赭画人字斗栱作人字两股平伸出而将尾翘起。云冈壁上所刻佛殿斗栱有作两兽相背状者，与古波斯柱头如出一范，其来源至为明显也。

构架　六朝木构虽已无存，但自碑刻及敦煌壁画中，尚可窥其构架之大概，屋宇均以木为架，施立颊心柱以安置棂窗。窗上复如横枋，枋上施人字形斗栱。至于屋内梁架，则自日本奈良法隆寺迴廊梁上之人字形叉手及汉朱鲔墓祠叉手推测，再证以神通寺塔内廊顶上施用三角形石板以承屋顶，则叉手结构之施用，殆亦为当时通常所见也。

平棊藻井　平棊藻井于汉代已有之，六朝实物见于云冈天龙山石窟。云冈窟顶多刻作平棊，以支条分格，有作方格者，有作斗八者，但其分划，随室形状，颇不一律。平棊藻井装饰母题以莲花及飞仙为主，亦有用龙者，但不多见。天龙山石窟顶多作盝顶形，饰以浮雕飞仙，其中多数已流落国外，纽约温氏（Winthrop Collection）所藏数石尤精。

屋顶及瓦饰　现存北魏三塔，其屋盖结构均非正常瓦顶，不足为当时屋顶实例。神通寺塔顶作阶级形方锥体，当为此式塔上所通用。其顶上刹，于须弥座上四角立山花蕉叶，中立相轮，最上安宝珠。嵩岳寺塔及佛光寺塔刹，均于覆莲座或莲花形之宝瓶上安相轮，与神通寺塔刹迥异。

云冈窟壁浮雕屋顶均为四注式，无歇山、硬山、悬山等。龙门古阳洞一小龛则作歇山顶。层角或上翘或不翘，无角梁之表示。檐椽皆一层。瓦皆筒瓦、板瓦。屋脊两端安鸱尾，脊中央及角脊以凤凰为饰，凤凰与鸱尾之间，亦有间以三角形火焰者。浮雕佛塔之瓦，各层博脊均有合角鸱尾，塔顶刹则与神通寺塔极相似。更有单层小塔，顶圆，盖印度窣堵坡之样式也。

定兴北齐石柱屋顶亦四注式。瓦为筒、板瓦。垂脊前端下段低落一级，以两筒瓦扣盖，比法亦见于汉明器中。

雕饰　佛教传入中国，在建筑上最显著而久远之影响，不在建筑本身之基本结构，而在雕饰。云冈石刻中装饰花纹种类奇多，什九为外国传入之母题，其中希腊、波斯纹样，经健陀罗输入者尤多，尤以回折之卷草，根本为西方花样，不见于中国周、汉各纹饰中。中国后世最通用之卷草、西番草、西番莲等等，均导源于希腊 Acanthus 叶者也。

莲花为佛教圣花，其源虽出于印度，但其莲瓣形之雕饰，则无疑采自希腊之"卵箭纹"（egg-and-dart）。因莲瓣之带有象征意义，遂普传至今。他如莲珠（beads）、花绳（garlands）、束苇（reeds），亦均为希腊母题。前述之爱奥尼克式卷耳柱头，亦来自希腊者也。

以相背兽头为斗栱，无疑为波斯柱头之应用。狮子之用，亦颇带波斯色彩。锯齿纹，殆亦来自波斯者。至于纯印度本土之影响，反不多见。

中国固有纹饰，见于云冈者不多，鸟兽母题有青龙、白虎、朱雀、玄武、凤凰、饕餮等等，雷纹、夔纹、斜线纹、斜方格、水波纹、锯齿、半圆弧等亦见于各处。

响堂山北齐窟雕饰母题多不出上述各种，然其刀法则较准确，棱角较分明，作风迥异也。

隋、唐之建筑特征 [1]

一 建筑型类

隋、唐建筑实物之现存者，就型类言，有木构殿堂、佛塔、桥、石窟寺等物。其中石窟寺本身少建筑学上价值。此外尚有钟楼之一部分，亦因不全，不得作一型类之代表物。但在间接资料中，则可得型类八九种，以资佐证。在史籍中亦可得一部分之资料也。

城市设计 隋、唐之长安与洛阳，均为城市设计上之大作。当时雄伟之规，今虽已不存，但尚有文献可征。隋文帝之营大兴城（长安），最大之贡献有三点：其一，将宫殿、官署、民居三者区域分别，以免杂乱而利公私；又置东、西两市，以为交易中心。其二，将全城以横、直街分为棋盘形，使市容整齐划一。其三，将四面街所界划之地作为坊，而其对坊之基本观念，不若近代之block，以其四面之街为主，乃以一坊作为一小城，四面辟门，故言某人居处，不曰在何街而曰在何坊也。街道不唯平直，且规定百步、六十步、四十七步等标准宽度焉。顾炎武言："予见天下州之为唐旧治者，其城郭必皆宽广，街道必皆正直，廨舍之为唐旧创者，其基址必皆宏敞。宋以下所置，时弥近者制弥陋" [2]。唐代建置之气魄，可以见矣。

平面布置 唐代屋宇，无论其为宫殿、寺观或住宅，其平面布置均大致

---

1 梁思成所作，节选自其于1944年所著《中国建筑史》。
2 《中国营造学社汇刊》第三卷第一期，梁思成《我们所知道的唐代佛寺与官殿》。

相同，故长安城中佛寺、道观等，由私人"拾宅"建立者不可胜数。今唐代建筑之存在者仅少数殿宇浮图，无全部院庭存在者，故其平面布置，仅得自敦煌壁画考之。

唐代平面布置之基本观念为四周围墙，中立殿堂。围墙或作为回廊，每面正中或适当位置辟门，四角建角楼，院中殿堂数目，或一或二三均可。佛寺正殿以前亦有以塔与楼分立左右者，如敦煌第一一七窟五台山图中"南台之寺"，其实例则有日本奈良之法隆寺。在较华丽之建置中，正殿左右亦有出复道或迴廊，折而向前，成凵字形，而两翼尽头处更立楼或殿者，如大明宫含元殿——"夹殿两阁，左曰'翔鸾阁'，右曰'栖凤阁'，与殿飞廊相接"；及敦煌净土变相图及乐山龙泓寺摩崖所见。

敦煌莫高窟五台山南台之顶与清凉寺

殿堂　唐代殿堂，承汉魏六朝以来传统，已形成中国建筑最主要类型之一。其阶基、殿身、屋顶三部至今日仍为中国建筑之首、身、足。其结构以木柱构架，至今一仍其制。殿堂本身内部，少分为各种不同功用屋室之划分，一殿只作一用；即有划分，亦只依柱间间隔，无依功用、有组织，如后世所谓平面布置也。

楼阁　二层以上之建筑，见于唐画者甚多。通常楼阁，下层出檐，上层立于平坐之上，上为檐瓦屋顶，又有下层以多数立柱构成平坐，而不出檐者，或下部以砖石为高台，台上施平坐斗栱以立上层楼阁柱者。然此类实物今无一存焉。

佛塔　现存唐代佛塔类型计有下列三种：

（一）模仿木构之砖塔　如玄奘塔、香积寺塔、大雁塔、净藏塔之类。各层塔身表面以砖砌成柱、额、斗栱乃至门、窗之状，模仿当时木塔样式，其檐部则均叠涩出檐，又纯属砖构方法。层数自一层至十三乃至十五层不等。

陕西西安兴教寺玄奘塔

（二）单层多檐塔　如小雁塔、法王寺塔、云居寺石塔之类，下层塔身比例瘦高，其上密檐五层至十五层。檐部或叠涩，或刻作椽、瓦状。

陕西西安荐福寺小雁塔

（三）单层墓塔　如慧崇塔、同光塔之类。塔身大多方形内辟小室，塔身之上叠涩出檐，或单檐或重檐，即济南神通寺东魏四门塔型是也。如净藏塔亦可属于此类，但塔身为木构样式。

山东济南灵岩寺慧崇塔

现存唐代佛塔特征之最可注意者两点：

（一）除天宝间之净藏禅师塔外，唐代佛塔平面一律均为正方形：如有内室亦正方形。（二）各层楼板、扶梯一律木构，故塔身结构实为一上下贯通之方形砖筒。除少数实心塔及仅供佛像不能入内之小石塔外，自北魏嵩岳寺塔以至晚唐诸塔，莫不如是。凡有此两特征之佛塔，其为唐构殆可无疑矣。

除上举实物所见诸类型外，见于敦煌画之佛塔，尚有下列四种：

（一）木塔　与云冈石窟浮雕及塔柱所见者相同，盖即"上累金盘，下为重楼"之原始型华化佛塔也。

（二）多层石塔 为将多数"四门塔"垒叠而成者。每层塔身均辟圆券门，叠涩出檐，上施山花蕉叶。现在实物无此式，然在结构上则极合理也。

（三）下木上石塔 下层为木构，斗栱出瓦檐。其上设平坐，以承上层石窣堵坡。其结构违反材料力学原则，恐实际上不多见也。

（四）窣堵坡 塔肚部分或为圆球形或作钟形。现存唐代实物无此式。

城廓 敦煌壁画中所画城廓颇多，似均砖甃。城多方形，在两面或四面正中为城门楼，四隅则有角楼，均以平坐立于城上。城门口作梯形"券"，为明以后所不见。城上女墙，或有或无，似无定制。

桥梁 唐代桥梁，至今尚无确可考者。敦煌壁画中所见颇多，均木造，微拱起，旁施勾栏，与日本现代木桥极相似。至于隋安济桥，以一单券越如许长跨，加之以空撞券之结构，至为特殊，且属孤例，不可作道常桥型论也。

河北石家庄赵州桥（安济桥）

二 细节分析

阶基及踏道 唐代阶基实物现存者甚少，大雁塔、小雁塔及佛光寺大殿均有阶基，然均经后代重修，是否原状甚属可疑。墓塔中有立于须弥座上者，然其下是否更有阶基，亦成问题。敦煌壁面佛塔均有阶基，多素平无叠涩；

大雁塔门楣石所画大殿阶基亦素平，其下地面且周以散水，如今通用之法。阶基前踏道一道，唯雁塔楣石所画大殿则踏道分为左右，正中不可升降，即所谓东、西阶之制。

平坐　凡殿宇之立于地面或楼台塔阁之下层，均有阶基；但第二层以上或城垣高台之上建立木构者，则多以平坐、斗栱代替阶基，其基本观念乃高举之木构阶基也。玄宗毁武后明堂，"去柱心木，平坐上置八角楼"。此盖不用柱心木建重楼之始，为结构法上一转戾点殊堪注意。敦煌壁画中楼阁城楼等皆有平坐，然实物则尚未见也。

勾栏　阶基或平坐边缘之上，多有施勾栏者。自北魏以至唐、宋，六七百年间，勾栏之标准样式为"钩片勾栏"，以地栿、盆唇、巡杖及斗子蜀柱为其构架，盆唇、地栿及两蜀柱间以 L 及 1 形相交作华板。敦煌壁画中所见极多。其实例则栖霞山五代舍利塔勾栏也。

江苏南京栖霞寺舍利塔

柱及柱础 佛光寺大殿柱为现存唐柱之唯一确实可考者。其檐柱内柱均同高；高约为柱下径之九倍强。柱身唯上端微有卷杀，柱头紧杀作覆盆状。其用柱之法，则生起与侧脚二法皆极显著，与宋《营造法式》所规定者约略相同。

砖塔表面所砌假柱，大雁塔与香积寺塔均瘦而极高，净藏塔之八角柱则肥短。大雁塔门楣石所画柱亦极瘦高，恐均非真实之比例也。

唐代柱础如用覆盆，则有素平及雕莲瓣者。

门窗 佛光寺大殿门扇为板门，每扇钉门钉五行；门钉铁制，甚小，恐非唐代原物。慧崇塔净藏塔及栖霞寺塔上假门亦均有门钉，千余年来仍存此制。

佛光寺大殿两梢间窗为直棂窗，净藏塔及香积寺塔上假窗亦为此式，元、明以后，此式已少见于重要大建筑上，但江南民居仍沿用之。

山西五台县佛光寺大殿一角

斗栱　唐代斗栱已臻成熟极盛。以现存实物及间接材料，可得下列六种：

（一）一斗　为斗栱之最简单者。柱头上施大斗一枚以承檐椽，如用补间铺作，亦用大斗一枚。大雁塔香积寺塔之斗栱均属此类。北齐石柱上小殿，为此式之最古实物。

（二）把头绞项作（清式称"一斗三升"）　玄奘塔及净藏塔均用一斗三升。玄奘塔大斗口出耍头，与泥道栱相交。其转角铺作则侧面泥道栱在正面出为耍头；其转角问题之解决甚为圆满。柱头枋至角亦相交为耍头。净藏塔柱头之转角铺作，则其泥道栱随八角平面曲折，颇背结构原理。其大斗口内出耍头，斜杀如批竹昂形状。大雁塔门楣石所画大殿两侧回廊斗栱则与玄奘塔斗栱完全相同。

河南郑州净藏禅师塔

（三）双杪单栱　大雁塔门楣石所画大殿，柱头铺作出双杪，第一跳偷心，第二跳跳头施令栱以承撩檐椽。其柱中心则泥道栱上施素枋，枋上又施令栱。栱上又施素枋。其转角铺作，则角上出角华栱两跳，正面华栱及角华栱跳头施鸳鸯交手栱，与侧面之鸳鸯交手栱相交。此虽间接资料，但描画准确，其结构可一目了然也。

（四）人字形及心柱补间铺作　净藏塔前面圆券门之上以矮短心柱为补间铺作，其余各面则用人字形补间铺作。大雁塔门楣石所画佛殿则于阑额与下层素枋之间安人字形铺作，其人字两股低偏，而端翘起。上下两层素枋之间则用心柱及斗。现存唐宋实物无如此者，但日本奈良唐招提寺金堂，则用上下两层心柱及斗，与此画所见，除下层以心柱代人字形铺作外，在原则上属同一做法。

陕西西安慈恩寺大雁塔门楣石刻佛殿

（五）双杪双下昂　何晏《景福殿赋》有"飞昂鸟踊"之句，是至迟至三国已有昂矣。佛光寺大殿柱头铺作出双杪双下昂，为昂之最古实例。其第一、第三两跳偷心。第二跳华栱跳头施重栱，第四跳跳头昂上令栱与耍头相交，以承替木及撩檐榑。其后尾则第二跳华栱伸引为乳栿，昂尾压于草栿之下。其下昂嘴斜杀为批竹昂。敦煌壁画所见多如此，而在宋代则渐少见，盖唐代通常样式也。转角铺作于角华栱及角昂之上，更出由昂一层，其上安宝瓶以承角梁，为由昂之最古实例。

（六）四杪偷心　佛光寺大殿内柱出华栱四跳以承内槽四椽栿，全部偷心，不施横栱，其后尾与外檐铺作相同。

木构斗栱以佛光寺大殿为最古实例。此时形制已标准化，与辽宋实物相同之点颇多，当于下章比较讨论之。

构架　在构架方面特可注意之特征有下列七点：

（一）阑额与由额间之矮柱　大雁塔门楣石所画佛殿，于柱头间施阑额及由额，二者之间施矮柱，将一间分为三小间，为后世所不见之做法。

（二）普拍枋之施用　玄奘塔下三层均以普拍枋承斗栱。最下层未砌柱形，普拍枋安于墙头上。第二、第三两层砌柱头间阑额，其上施普拍枋以承斗栱。最上两层则无普拍枋，斗栱直接安于柱头上。可知普拍枋之用，于唐初已极普遍，且其施用相当自由也。

（三）内外柱同高　佛光寺内柱与外柱完全同高，内部屋顶举折，均由梁架构成。不若后代将内柱加高。然佛光寺为一孤例，加高做法想亦为唐代所有也。

（四）举折　佛光寺大殿屋顶举高仅及前、后撩檐枋间距离之五分之一强，其坡度较后世屋顶缓和甚多。其下折亦甚微，当于下章与宋式比较论之。

（五）明栿与草栿之分别　佛光寺大殿斗栱上所承之梁皆为月梁，其中部微栱起如弓，亦如新月，故名。后世亦沿用此式，至今尚通行于江南。其在此殿中，月梁仅承平阇之重，谓之"明栿"。平阇之上，另有梁架，不加卷杀修饰，以承屋盖之重，谓之"草栿"，辽宋实物亦有明栿以上另施草栿者；明清以后，则梁均为荷重之材，无论有无平阇，均无明栿、草栿之别矣。

（六）月梁　《西都赋》有"抗应龙之虹梁"，谓其梁曲如虹，故知月梁之用，其源甚古，佛光寺大殿明栿均用月梁，其梁首之上及两肩均卷杀，梁下中颐，为月梁最古实例。其形制与宋《营造法式》所规定大致相同。

（七）大叉手　佛光寺大殿平梁之上不立侏儒柱以承脊槫，而以两叉手相抵，如人字形斗栱。宋、辽实物皆有侏儒柱而辅以叉手，明、清以后则仅有侏儒柱而无叉手。敦煌壁画中有绘未完之屋架者，亦仅有叉手而无侏儒柱，其演变之程序，至为清晰。

藻井　佛光寺大殿平阇用小方格，日本同时期实物及河北蓟县独乐寺辽观音阁平阇亦同此式。敦煌唐窟多作盝顶，其四面斜坡画作方格，中部多正形，抹角逐层叠上，至三层、五层不等。

角梁及檐椽　佛光寺大殿角梁两重，其大角梁安于转角铺作之上，由昂上并以八角形瘦高宝瓶承托角梁、角梁头卷杀作一大瓣，子角梁甚短，恐已非原状。大雁塔楣石所画大殿角梁不全，其下无宝瓶等物，亦不知有无子角梁也。

佛光寺大殿檐部只出方椽一层，椽头卷杀，但无飞椽。想原有檐部已经后世改造，故飞椽付之缺如。至角有翼角椽，如后世通用之法。大雁塔楣石所画，则用椽两层，下层圆椽，上层方飞椽，有显著之卷杀。椽与角梁相接处，不见有生头木之使用。

砖石塔多用叠涩檐。其断面线多颐入少许，实为一种装饰性之横线道。石塔亦有雕作椽、瓦状者，河北涞水县唐先天石塔及江宁栖霞寺五代石塔皆此类实例也。

屋顶　除佛光寺大殿四阿顶一实物外，见于间接资料者，尚有九脊、攒尖两式，"不厦两头"则未见，然既见于汉、魏，亦见于宋、元以后，则想唐代不能无此式也。九脊屋顶收山颇深，山面三角部分施垂鱼，为至今尚通用之装饰。四角或八角形亭或塔顶，均用攒尖屋顶，各垂脊会于尖部，其上立刹或宝珠。

山西五台县佛光寺大殿（模型）屋顶

瓦及瓦饰 佛光寺大殿现存瓦已非原物，故唐代屋瓦及瓦饰之形制，仅得自间接资料考之。筒瓦之用极为普遍，雁塔楣石所见尤为清晰，正脊两端鸱尾均曲向内，外沿有鳍状边缘，正中安宝珠一枝，以代汉、魏常见之凤凰。正脊、垂脊均以筒瓦覆盖，其垂脊下端微翘起，而压以宝珠。屋檐边线，除雁塔楣石所画，至角微翘外，敦煌壁画所见则全部为直线，实物是否如此尚待考也。

雕饰 雕饰部分可分为立体、平面两种：立体者为雕塑品，平面者为画、屋顶雕饰，仅得见于间接资料，顷已论及。石塔券形门有雕火珠形券面者，至于平面装饰，最重要者莫如壁画。《历代名画记》所载长安洛阳佛寺、道观几无无壁画者，如吴道子、尹琳之流，名手辈出。今敦煌千佛洞中壁画，可示当时壁画之一般。今中原所存唐代壁画，则仅佛光寺大殿内栱眼壁一小段耳。至于梁枋等结构部分之彩画，则无实例可考[1]。天花藻井及壁画边缘图案，则敦煌实例甚多，一望而知所受希腊影响之颇为显著也。

发券　发券之法，至汉已极通行，用于墓藏，遗例颇多。但用于地面者，似尚不甚普遍。至于发券桥，最古纪录，有《水经注》条七里涧之旅人桥，"悉用大石，下圆以通水，题太康三年十一月初就功"。实物之最古者阙唯赵县大石桥，其砌券之法，以多道单独之券，并列面成一大券，而非将砌层与券筒中轴线平行，使各层间砌缝相错以相牵济者。此桥之券固与后世之常法异，然亦异于汉墓中所常见，盖独出心裁也。至于券圈之上另加平砌之仗，自汉以来，已成定法，大石桥亦非例外，直至清代尚遵循此制。

1　1954年已发现佛光寺大殿梁、枋、平阔等多处尚存唐代赤白装彩画。

宋、辽、金建筑特征之分析 [1]

一 建筑类型

宋、辽、金已降，建筑实物之得保存至今者更多。以木构言，在唐代仅得一例，而宋、辽、金遗物，曾经中国营造学社调查测绘者，则已将近四十单位，在此三百二十年间，平均每二十年，已可得一例，亦可作时代特征之型范矣。至于砖石塔幢，为数尤多。兹先按建筑物之型类略述之。

城市设计 后周世宗之筑大梁，实为帝王建都之具有远大眼光者。其所注意之点，如"泥泞之患""火烛之忧""易生疫疾""寒温之苦"，皆近代都市设计之主要问题，其街有定阔，两边五步内种树掘井，修益凉棚，皆为近代之方法。

至于地方城市规模，则有江苏吴县苏州府文庙《宋平江府图》碑。宋绍定二年（公元 1229 年）刻石。城大致作不规则长方形，城内另有"子城"，本南宋建炎间所建皇宫，后即为平江府治。城内街衢大多正直，但因城内渠道纵横，为其他城市所无，未足为一般之例范耳。

平面布置，现存城市及建筑，已无完全保存宋代平面布置之原形者，幸当时碑刻，尚可得窥其大略。

（一）衙署平面 平江府图中部之平江府治，为关于我国古代官署建筑不可多得之史料。府治之外，周以城垣，称曰"子城"，唐时已有，非创于

---

1 梁思成所作，节选自其于 1944 年所著《中国建筑史》。

宋。其南门偏东，西门偏北，而无东门北门，非我国之传统对称式样。城内建筑虽因府门偏东，故不能采取对称方式，然其主要厅堂仍以府门为中轴，其全部可分为六区：（甲）府门中轴线上各层设厅及小堂，并两翼廊屋，为府治主体。（乙）其北宅堂，为群守住宅。（丙）更北后园，有池亭之胜。（丁）设厅及小堂之东为掌户籍、赋税、仓库及州院庶务诸户厅府院。（戊）西侧南部为处理民刑政务之各厅司。（己）西侧北段则为军旅驻屯训练及制造军器之所。其全体范围之广，包容之众，非明清官署所能睹也。

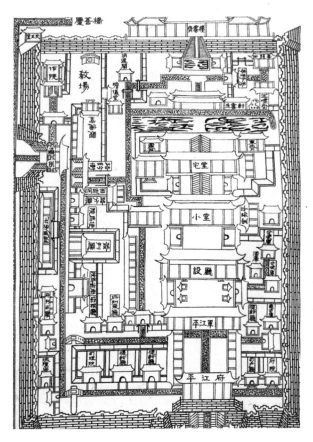

宋平江府子城图

（二）庙宇平面　现存嵩山中岳庙，大金承安《重修中岳庙图》碑及元刊《孔氏祖庭广记》所载宋阙里庙制图，金阙里庙制图，皆为关于当时平面研究之罕贵资料。宋代曲阜文庙于每座主要楼殿两翼皆有廊庑，并两翼廊庑，合成庭院。故其平面为多进方形院庭合成。至金代各庭院，虽仍周绕迴廊为主要布置法，但大殿与其后寝殿之间，均联以主廊，使平面为"工"字形。中岳庙之峻极殿与寝殿之间，阙里大成殿与郓国夫人殿之间，鲁国公殿与鲁国太夫人殿之间，莫不如此，盖至金代已成为极通常之布置也。至于庙垣四隅建角楼，亦为金代所常用。

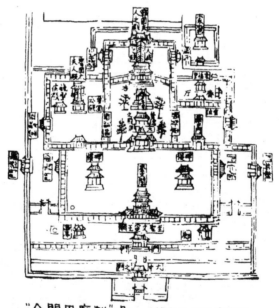

"金闕里廟制"圖 — 録自孔氏祖庭廣記
TEMPLE OF CONFUCIUS IN CHÜ-FOU
DURING THE CHIN DYNASTY, 1115-1234
FROM K'UNG-SHIH TSU-T'ING KUANG-CHI

"金阙里庙制"图

殿宇　宋、辽、金木构，以佛殿为最多，均立于阶基之上，或单檐，或重檐；或四阿，或九脊顶。其结构方法大致上承唐代，下起元、明。如榆次永寿宫雨华宫、大同薄伽教藏、晋祠圣母庙正殿皆此类也。

山西太原晋祠圣母殿

楼阁　现存楼阁有独乐寺观音阁及大同善化寺普贤阁，大小虽悬殊，但其结构原则则大致相同，皆于下层斗栱之上立平坐，其上更立上层柱及枋额斗栱椽檐等。木塔结构在原则上亦与此完全相同。

天津蓟县独乐寺观音阁

厅堂　《营造法式》所谓厅堂，乃指"厦两头"（歇山）或"不厦两头造"（悬山）而言。属于此式者，有大同海会殿及佛光寺文殊殿两例；大同善化寺大雄宝殿东西两朵殿乃厅堂或廊屋之不施斗栱者。

山西五台县佛光寺文殊殿

大门　大门与殿宇厅堂之别，仅在中柱之施用。中柱在门平面之纵中线上，为安门扇之用。独乐寺山门及善化寺山门皆为此型实例。

碑亭　曲阜文庙金明昌间碑亭，重檐九脊顶，为国内最古碑亭实例。

佛塔　宋、辽、金佛塔计有下列六型：

（一）木塔，唯应县佛宫寺释迦塔一孤例。在结构原则上，与独乐寺观音阁大致相同。其柱之分配，为内外二周，其上安平坐，以承上层构架，五层相叠，至顶层覆以八角攒尖顶。正定天宁寺塔则下半为砖，上半为木。

（二）模仿多层木构之砖塔，其蓝本即为佛宫寺释迦塔之类。因地域之不同，又可分为二支型。（甲）宋型：如苏州双塔、虎丘塔、杭州六和塔之类，每间比例较狭，角柱之间立槏柱以安门窗，多作壶门。与塔身比，斗栱比例颇大。檐部多用菱角牙子叠涩为檐。（乙）辽型：如易县千佛塔、涿县南北二塔、辽宁白塔子塔。柱颇高，每间颇广阔，斗栱比例较小于宋型而模仿忠实过之。门均为圆券门，与宋型迥异其趣。

浙江杭州六和塔

（三）模仿多层木构之石塔，如灵隐寺双石塔及闸口白塔，模仿至为忠实，但塔身小，实为一种雕刻品，在功用上实同经幢。至如泉州开元寺双塔则为正式建筑，其仿木亦唯肖逼真，但省去平坐，为木构中所少见耳。

　　（四）单层多檐塔，亦可分为二型：（甲）仿木斗栱出檐型，第一层斗栱檐以上各层均砌斗栱，上出椽檐多层，如普寿寺塔、北平天宁寺塔、云居寺南塔，均属此型。（乙）叠涩出檐型，其第一层檐仍用斗栱，但第二层以上均叠涩出檐，如易县圣塔院塔、涞水县西岗塔，热河大名城大小两塔、辽阳白塔，均属此型。

河北涞水县西岗塔

（五）窣堵坡顶塔，塔之下段与他型无大区别，多三屋，其上塔顶硕大，如窣堵坡、河北房山云居寺北塔、蓟县白塔、易县双塔庵西塔、邢台天宁寺塔，皆属此型，此型之原始，或因建塔未完，经费不足，故潦草作大刹顶以了事，遂型成此式，亦极可能。但其顶部是否后世加建，尚极可疑。

天津蓟县白塔

（六）铁塔，其性质近于经幢，径仅一米余，比例瘦而高。铁质易锈，今保存最佳者，唯当阳玉泉寺铁塔。

湖北当阳玉泉寺铁塔

　　墓塔，宋、辽、金墓塔大致仍遵唐之旧，以方形单层，单檐或多檐者为多，如登封少林寺宋宣和三年（公元1121年）之普通禅师塔，及金正隆二年（公元1157年）之西堂老师塔是。又有六角或方形，多层叠涩檐者，如少林寺大定十九年（公元1179年）之海公塔是。此外如金祯祐三年（公元1215年）之衍公长老窣堵坡，则仅为不规则椭圆球形墓表，不足称为塔也。

　　墓室，经著者测绘者仅四川宜宾一孤例。

　　桥，赵县小石桥为年代准确之金代桥。但桥形制特殊，不可以为当时一般造桥方法之典范也。

二　细节分析

　　阶基及踏道　宋代木构皆有阶基，然莫不屡经后世修砌，其能确实保存外表原形者，恐无一实例，仅得知其高广之大致耳。济源济渎庙渊德殿遗基，恐亦非原形矣。营造法式对于阶基之尺寸，无比例之规定。宋辽木构之阶基，或甚低偏，如正定摩尼殿、榆次永寿寺、独乐寺观音阁山门等均是。然有承以崇伟之阶基者，如大同华严寺大雄宝殿及薄伽教藏、善化寺大雄宝殿皆此类也。赵宋诸塔，阶基均矮，辽、金诸塔则多高基，而尤以辽、金式单层多檐塔，对于阶基最为注重，其最下层土衬及方涩之上，先为须弥座一层，其上更立平坐斗栱，平坐之上绕以勾栏，更上为仰莲座以承塔身。须弥座及平坐束腰壶门之内大多饰以狮子；勾栏均为斗子蜀柱，其华版以勾片为最通常图案，亦有用其他类似万字之华纹者，勾栏每间之内，巡杖以下，盆唇以上，作类似地霞之花版以托巡杖，亦为辽塔常见之例，至如金建白马寺塔，其塔身以上虽富于唐代作风，然其下高基，则辽金之特征也。

山西大同华严寺大雄宝殿

　　阶基前之踏道，宋代乃有设东西二阶者，渊德殿阶基，为现存东西阶之唯一实例。此外如金中岳庙图，其峻极殿亦画东西阶，足证此式当时尚极普遍。《营造法式》踏道之制，两侧三角形内多作逐层减退之池槽，名曰"象眼"，嵩山少林寺初祖庵踏道即作此式。

　　平坐及勾栏　平坐实例木构者见于独乐寺观音阁，应县木塔，大同普贤阁等处。其平坐柱均将下端叉于下层斗栱之上，其上施阑额，普拍枋为其必有之一部。砖塔上所砌平坐，仅皆砌其外表，平坐斗栱均只出杪，不用昂，法式所举缠柱造，左右各出附角斗一枚，别出铺作一缝，及用上昂之制，均未见于实例。

　　平坐之上多施勾栏，唐以前之斗子蜀柱钩片华版之制，已不为唯一图案。独乐寺观音阁勾栏仍用此制。应县木塔平坐勾栏亦用斗子蜀柱，但华版无华。其扶梯勾栏则不用华版而用卧棂，至如大同薄伽教藏内壁藏，则华版花纹有几何图案多种，辽金塔坐勾栏上最普遍之样式，于巡杖、盆唇之间按斗子地霞，则为前所未见。赵县小石桥明刻勾栏，尚存此式焉。

柱及柱础　《法式》造柱之制，有梭柱、直柱之别，其梭柱将柱之上三分之一卷杀，如欧洲古典式柱之 Entasis，柱头紧杀如复盆样。现存本构，其用木柱者，以直柱为多，但柱头均略有卷杀。石柱遗例不多，初祖庵所用八角柱上径较下径微收，但无卷杀，柱面刻各种花纹。苏州双塔寺大殿残石柱，虽有卷杀，但残破难加细测。长青灵岩寺大雄宝殿，其柱有显著之卷杀，但柱头不"紧杀如覆盆"；柱身断面作十余凹入瓣，上下为槽，与希腊陶立克式柱极相似。唯灵隐寺双塔及闸口白塔，则柱身之下三分之二大体垂直，上段有显著之卷杀，与《法式》梭柱之规定，大致相符。

至于用柱之制，法式规定有角柱平柱加高之升起，及柱首微侧向内之侧脚两法，几为宋代不易之定则。

河北、山西境内宋、辽、金柱础，以平础不出覆盆为最多；但如佛光寺文殊殿内柱，则用莲瓣覆盆，故亦非绝不用者。长青灵岩寺大殿柱础则覆盆雕山水龙纹。江南柱础几无不用覆盆，其上且加楯，如苏州双塔寺大殿址柱础，覆盆雕卷草花纹，其上并楯同雕出。吴县用直保圣寺大殿遗址柱础多枚，雕饰精美，宋代柱础之佳例也。

《营造法式》造柱础之制，规定础方为柱径之倍，覆盆高为础方十分之一，盆唇厚为覆盆高十分之一。现存诸例大致与此相符。至于仰覆莲花柱础，则尚未见实例也。

门窗　大同华严寺大雄宝殿之门，为可贵之遗物。其装门之法，先按门之高宽安门额及门颊，其内饰以壸门牙子两侧施腰串，装余塞板，额上安格子窗，门扇每扇具门钉七列，每列各九枚，佛光寺文殊殿则于门之两侧及门额以上均安板。额上用门簪两枚以安鸡栖木，其门簪扁而长与法式规定之方形门簪用四枚者迥异其趣。其版门门钉，则仅四行，行各七钉而已。

江南诸塔表面模仿木构形者，其门多不发券而叠涩作成壸门牙子形，较辽塔之作圆券者调和。至于塔身砌作假门者，或作版门，或作格扇。宋、辽门簪均二枚，至金代遗例，已增至四枚。

与地栿相交以承门轴之门砖石，则为砖塔假门所必有，而木构实例反多不用者。

窗之实例以直棂窗为最多，但亦有用菱形或方格者。《法式》所见各式图样，尚未见之实例也。

斗栱之结构与权衡 至宋代而发达至于成熟，其各件之部位大小已高度标准化，但其组成又极富变化。按《营造法式》之规定，材分八等，各有定度："各以材高分为十五分，以十分为其厚"，以六分为栔，斗栱各件之比例，均以此材栔分为度量单位。其各栱及斗之规定长度，及出跳长度，直至清代尚未改变焉。

就实例言，其在燕云边壤者，尚多存唐风，如独乐寺观音阁，应县木塔、奉国寺大殿等，其斗栱与柱高之比例，均甚高大；斗栱之高，竟及柱高之半。至宋初实例，如榆次永寿寺雨华宫、晋祠大殿等，则在斫割卷杀方面较为柔和，比例则略见减缩。北宋之末，如初祖庵，及《法式》之标准样式，则斗栱之高仅及柱之七分之二，在比例上更见缩小。至于南宋及金，如苏州三清殿、大同善化寺三圣殿及山门等，斗栱比例更小，在此三百年间，即此一端已可略窥其大致。

辽宁义县奉国寺大雄殿

在铺作之组成方面，因出杪出昂；单栱重栱，计心偷心，而有各种不同之变化。实物所见，有下列诸种：

（一）单杪下附半栱，见于大同海会殿及应县木塔顶层。

（二）双杪单栱偷心，独乐寺山门双杪重栱计心，大同薄伽教藏、宝坻三大士殿等。

（三）三杪重栱计心，应县木塔平坐。

（四）三杪单栱计心，正定转轮藏殿平坐。

（五）单昂，苏州三清殿下檐。

（六）单杪单昂偷心，榆次永寿寺。

（七）单杪单昂偷心，昂形耍头，正定摩尼殿、转轮藏殿。

（八）双杪双昂重栱偷心，独乐寺观音阁及应县木塔。

（九）双杪三昂重栱计心，正定转轮藏殿转轮藏（小木作）。

（十）转角铺作附角斗加铺作一缝，大同善化寺大雄宝殿、华严寺大雄宝殿。

（十一）内槽斗栱用上昂，苏州三清殿。

（十二）双杪或三杪与斜华栱相交，大同善化寺大雄宝殿及三圣殿、华严寺大雄宝殿。

（十三）内槽转角铺作，栱自柱出，不用栌斗，苏州三清殿。

（十四）初间铺作之下施矮柱，其下或更施驼峰，大同薄伽教藏、蓟县独乐寺山门、宝坻三大士殿等。

至于斗栱之各部，其为宋代所初见，或为后世所无或异其形制者，有下列诸项：

（一）斜栱即上文（十二）所述。

（二）下昂，其后尾挑起、以承下平榑，或压于栿下。为一种杠杆作用，如永寿寺，初祖庵榑等。明清以后，昂尾即失去其机能，成为一种虚饰。

（三）昂形耍头与令栱相交，在通常耍头位置，其前作昂嘴形，后尾挑起为杠杆，其功用与昂无异，正定转轮藏殿、晋祠大殿及献殿均为此例。

（四）华头子，自斗口出以承昂之两卷瓣，明、清以后即不见。

（五）替木在令栱之上以承槫接缝处，亦明、清以后所无。

斗栱各部之卷杀，宋代较唐代为柔和。唐代直线斜杀之批竹昂，在时期上唯宋初，在地域仅晋冀北部见之。天圣间建之晋祠大殿献殿及约略与之同时之龙兴寺转轮藏殿，昂嘴虽直杀，但更削两侧如琴面。北宋中叶以后昂嘴颤入如弧线，乃成惯例。斗栱最上层伸出之耍头，后世多作蚂蚱头形者，在宋代遗例中，或直斫，或斜杀如批竹昂，或作霸王拳，或作翼形，或作夔龙头等等，颇富于变化。至于栱头卷杀，分瓣已成定则，但瓣数未必尽同法式所规定耳。

模仿木构之砖塔，在斗栱之仿砌上，较之唐代更进一步。唐代砖塔仅作把头绞项作（即一斗三升），但宋代砖塔则砌砖出跳，至二跳三跳不等。其在辽、金地域以内者，斜栱且已成为常见部分。然因材料之限制，下昂终未见以砖砌制者也。至于杭州灵隐寺及闸口之石塔，以材料为石质，乃能镌出昂嘴形，模仿木构形制，更为逼真。

浙江杭州灵隐寺石塔

构架　就柱梁之分配着眼，《营造法式》规定及实物所见均极富变化。

（一）外檐柱多分间周列，其侧脚及角柱之生起，凡此期实物，无不见之，内柱则视情形之不同，可以酌量撤减。其内柱全数按缝排列，一柱不减，如苏州三清殿者，在宋代较大殿堂中至为罕见。至若佛光寺文殊殿、济源奉仙观大殿及大同善化寺三圣殿，将内柱减少至无可再减，而以特殊巧技之梁架解决其因而产生之困难，亦特殊之罕例也。

（二）在梁架之施用上，多视殿屋之深，依其椽数及柱之分配，定其梁之长短及配合法。除实物中所见特殊实例，如善化寺大雄宝殿之以前后二栿之一部分相叠，以及前条所举数例外，法式图样即有侧样二十余种，其变化几无穷尽也。

（三）梁栿有明栿与草栿之别，若有平棊，则屋盖之重由草栿承托如独乐寺观音阁；若"彻上露明造"，则用明栿负重，如宝坻三大士殿、独乐寺山门、永寿寺雨华宫等等。明栿又有月梁与直梁之别，直梁较为普通，月梁见于善化寺山门，较为佛光寺大殿之唐例，及清式之规定，均略为低偏，其梁底颤起亦较甚。在年代虽与法式相近，但在形制上则反与唐例相似，梁横断面高宽之比例，在宋初近于二与一，至宋中叶，则近三与二，至明清乃成五与四或六与五之比矣。

（四）宋代平梁之上，皆立侏儒柱以承脊槫，但两则仍挟以叉手，以与唐代之有叉手而无侏儒柱，及明、清之有侏儒而无叉手，诸实例相较，其演变程序固甚显然。

（五）举折之制，《法式》"看详"谓："今采举屋制度，以前后橑檐枋心相去远近分为四分，自橑檐枋背上至脊槫背上，四分中举起一分"；其卷五本文则改定为三分中举起一分，今就实物比较，宋初及辽以近于四分举一者为多，如永寿寺雨华宫、大同薄伽教藏、海会殿等是，至北宋末及南宋、金则近于三分举一，如善化寺山门及三圣殿是也。

（六）阑额、普拍枋。普拍枋虽已见于唐初，然至北宋末，尚有省而不用者，如初祖庵是也，其用普拍枋者，则早者扁而宽，如薄伽教藏与阑额在断面上作 T 字形，其后渐加厚，如大同善化寺三圣殿及山门，普拍枋、阑额所出无几。至明、清则普拍枋竟狭于阑额矣。

（七）宋代各槫缝下，均施襻间一材或二三材，所以辅槫之不足。襻间与槫之间，更施斗栱以相支撑联络，其制见于《法式》及实物。实物之中最特殊者，莫如佛光寺文殊殿所见，其槫下以内额承托次间梁缝，因而构成类似 Truss 之构架，为仅见之孤例。

平棊、平闇及斗八藻井。平闇作正方格，唐末宋初格甚小，如佛光寺大殿及独乐寺观音阁。平棊作长方形，如大同薄伽教藏。斗八藻井施之于平棊或平闇之内，其下或饰以斗栱，如应县净土寺大殿；或无斗栱，如观音阁、薄伽教藏、应县木塔皆是也。

角梁及檐椽 角梁两重已成定则，宋代大角梁为一直料，下端作蝉肚或卷瓣。子角梁折起，其梁头斜杀。檐椽及飞椽亦不杀檐椽而杀飞檐。但卷杀子角梁及飞椽之制，明、清官式已不用矣。砖塔檐部，无斗栱者完全叠涩出檐，如宜宾白塔及洛阳白马寺塔；有斗栱或作木檐形，如易县千佛塔、涿县普寿寺塔等，多见于北方，为辽、金特征；有在斗栱之上砌菱角牙子及版檐槫，与叠涩檐约略相同者，如苏州虎丘塔及双塔是，多见于江南。然亦有出木檐者，如苏州瑞光寺塔及正定天宁寺木塔，其配会法实无定则也。

扶梯 独乐寺观音阁及佛宫寺木塔均保存原有扶梯，观音阁曾略经后世修改，而木塔梯则尚完全保存原状。其梯之结构，以两颊夹安踏板及促版，梯之斜度大致为四十五度，颊上安斗子蜀柱勾栏不施华版，而用卧棍一条。其制度与《法式》所定者大致相同：但《法式》勾栏已加高，卧棍之数亦用至三条之多，不若古式之妥稳淳朴也。

屋顶 四阿顶为宋代最尊贵之屋顶，《法式》亦称"吴殿"，即清所称"庑殿"是也。《法式》谓"八椽五间至十椽七间，并两头增出脊槫各三尺"，使垂脊近顶处向外弯曲，即清式推山之制之滥觞也。但宋、辽诸例，如三大士殿及大同华严寺、善化寺正殿等，皆无推山。九脊殿位次于四阿一等，盖为"不厦两头"与四阿联合而成者，清式称之曰"歇山"，其两头梁架露明，自外可见，搏风板下且饰以悬鱼、惹草等，不若清式之掩以山花版。观音阁、薄伽教藏、晋祠献殿皆其实例也。"不厦两头"者清式移为"悬山"或"挑

河南洛阳白马寺齐云塔

山"，于两山墙之外出际。如大同海会殿及佛光寺文殊殿是也。正定摩尼殿身重檐歇山顶，而于四面另如歇山顶抱厦，为后世所少见。

瓦及瓦饰　《营造法式》瓦作有筒瓦、瓪瓦之别；筒瓦施之于殿阁、厅堂、亭榭等；瓪瓦施之于厅堂及常行屋舍。更视屋之大小等第，分瓦之大小为若干种。其屋脊由瓪瓦多层叠砌而成，以屋之大小定层数之多寡。其脊之两端施鸱尾。垂脊之上用兽头、蹲兽、傧伽等。各等所用大小与件数，制度均甚严密。唯现存实物，无全部保存原状者。独乐寺山门鸱尾，其尾卷起向内，外缘作鳍形，为鸱尾最古实例。薄伽教藏内壁藏上木雕鸱尾与独乐寺山门鸱尾完全相同，足证为当时样式，但薄伽教藏殿及华严寺大雄宝殿、宝坻三大士殿，则鸱尾之轮廓成为约略上小下大之长方形，疑为宋中叶以后或金代样式，永寿寺雨华宫鸱尾亦略似此式而曲线较多，恐已非原物，但其脊之构造，以瓦叠成，则仍宋代方法也。

雕饰 瓦饰本亦为雕饰之一种。除瓦饰外，宋代之建筑雕饰，可分为雕刻与彩画两类。

（一）雕刻 柱础雕饰实例最多。其华纹或作莲瓣，或作龙凤云水纹，如角直保圣寺、苏州双塔寺、长清灵岩寺所见。石柱雕饰，有作卷草纹者，如苏州双塔寺大殿遗址所见。有作佛、道像者，少林寺初祖庵石柱。至如墙脚须弥座雕饰，见于初祖庵及六和塔。佛像及经幢须弥座，饰以间柱、壶门内浮雕飞仙乐伎等，如正定龙兴寺大悲阁像座及赵县幢须弥座，皆此式之翘楚也。

（二）彩画 《营造法式》彩画作制度甚为谨严，图样亦极多。其基本方法，乃以蓝、绿、红三色为主，其色之深浅，则用退晕之法，至清代尚沿用之法也。其图案虽已高度程式化，但不若清式之近于几何形。民国十四年本《营造法式》彩画图样着色颇多错误之处，不足为例，尚有待于改正再版。至于实例，唯义县奉国寺、大同薄伽教藏尚略存原形，但多已湮退变色，或经后世重描，已非当时予人之印象矣。

河南郑州少林寺初祖庵石柱

元、明、清建筑特征之分析 [1]

一 建筑类型

城市设计 元、明、清三朝，除明太祖建都南京之短短二十余年外，皆以今之北平为帝都。元之大都为南北较长东西较短之近正方形，在城之西部，在中轴线上建宫城；宫城西侧太液池为内苑。宫城之东西北三面为市廛民居，京城街衢广阔，十字交错如棋盘，而于城之正中立鼓楼焉。城中规模气象，读《马可波罗行记》可得其大概。明之北京，将元城北部约三分之一废除，而展其南约里许，使成南北较短之近正方形，使皇城之前驰道加长，遂增进其庄严气象。及嘉靖增筑外城，而成凸字形之轮廓，并将城之全部砖甃，城中街衢冲要之处，多立转角楼牌坊等，而直城门诸大街，以城楼为其对景，在城市设计上均为杰作。

元、明以后，各地方城镇，均已形成后世所见之规模。城中主要街道多为南北、东西相交之大街。相交点上之钟楼或鼓楼，已成为必具之观瞻建筑，而城镇中心往往设立牌坊，庙宇之前之戏台与照壁，均为重要点缀。

平面布置，在我国传统之平面布置上，元、明、清三代仅在细节上略有特异之点。唐、宋以前宫殿庙宇之回廊，至此已加增其配殿之重要性，致使廊屋不呈现其连续周匝之现象。佛寺之塔，在辽、宋尚有建于寺中轴线上者，至元代以后，除就古代原址修建者外，已不复见此制矣。宫殿庙宇之规模较

1　梁思成所作，节选自其于 1944 年所著《中国建筑史》。

北京德胜门

大者胥增加其前后进数。若有增设偏院者，则偏院自有前后中轴线，在设计上完全独立，与其侧之正院鲜有图案关系者。观之明、清实例，尤为显著，曲阜孔庙，北平智化寺、护国寺皆其例也。

至于各个建筑物之布置，如古东、西阶之制，在元代尚见一、二罕例，明以后遂不复见。正殿与寝殿间之柱廊，为金代建筑最特殊之布置法元代尚沿用之，至明、清亦极罕见。而清宫殿中所喜用之"勾连搭"以增加屋之进深者，则前所未见之配置法也。

就建筑物之型类言，如殿宇厅堂楼阁等，虽结构及细节上有特征，但均为前代所有之类型。其为元、明、清以后所特有者，个别分析如下：

城及城楼　城及城楼，实物仅及明初，元以前实物，除山东泰安县岱庙门为可疑之金、元遗构外，尚未发现也。山西大同城门楼，为城楼最古实例，建于明洪武间，其平面凸字形，以抱厦向外，与后世适反其方向，北平城楼为重层之木构楼，其中阜成门为明中叶物，其余均清代所建。北平角楼及各瓮城之箭楼、闸楼，均为特殊之建筑型类，甃以厚墙，墙设小窗，为坚强之防御建筑，不若城楼之纯为观瞻建筑也。至若皇城及紫禁城之门楼角楼，均单层，其结构装饰与宫殿相同，盖重庄严华贵，以观瞻为前提也。

砖殿　元以前之砖建筑，除墓藏外，鲜有有穹窿或筒券者。唐、宋无数砖塔除以券为门外，内部结构多叠涩支出，未尝见真正之发券。自明中叶以后，以筒券为殿屋之风骤兴，如山西五台山显庆寺、太原永祚寺、江苏吴县开元寺，四川峨眉山万年寺，均有明代之无梁殿，至于清代则如北平西山无梁殿及北海颐和园等处所见，实例不可胜数，此法之应用，与耶稣会士之东来有无关系，颇堪寻味。

四川峨眉山万年寺无梁砖殿

佛塔　自元以后，不复见木塔之建造。砖塔已以八角平面为其标准形制，隅亦有作六角形者，仅极少数例外，尚作方形。塔上斗栱之施用，亦随木构比例而缩小，于是檐出亦短，佛塔之外轮廓线上已失去其檐下深影之水平重线。在塔身之收分上，各层相等收分，外线已鲜见唐宋圆和卷杀，塔表以琉璃为饰，亦为明、清特征。瓶形塔之出现，为此期佛塔建筑一新献，而在此数百年间，各时期亦各有显著之特征。元、明之塔座，用双层须弥座，塔肚肥圆，十三天硕大，而清塔则须弥座化为单层，塔肚渐趋瘦直，饰以眼光门，十三天瘦直如柱，其形制变化殊甚焉。

陵墓　明、清陵墓之制，前建戟门享殿，后筑宝城宝顶，立方城明楼，皆为前代所无之特殊制度。明代戟门称棱恩门，享殿称"祾恩殿"；清代改祾恩曰"隆恩"。明代宝城，如南京孝陵及昌平长陵，其平面均为圆形，而清代则有正圆至长圆不等。方城明楼之后，以宝城之一部分作月牙城，为清代所常见，而明代所无也。然而清诸陵中，形制亦极不一律。除宝顶之平面形状及月牙城之可有可无外，并方城明楼亦可省却者，如西陵之慕陵是也。至于享殿及其前之配置，明清大致相同，而清代诸陵尤为一律。

清代地宫据样式房雷氏图，有仅一室一门，如慕陵者，亦有前后多重门室相接者，则昌陵、崇陵皆其实例也。

桥　明、清以后，桥之构造以发券者为最多，在结构方法上，已大致标准化，至清代而并其形制比例亦加以规定[1]，故北平附近清代官建桥梁，大致均同一标准形式。至于平版石桥、索桥、木桥等等，则多散见于各地，各因地势材料而异其制焉。

民居　我国对于居室之传统观念，有如衣服鲜求其永固，故欲求三、四百年以上之住宅，殆无存者，故关于民居方面之实物，仅现代或清末房舍而已。全国各地因地势及气候之不同，其民居虽各有其特征，然亦有其共征，盖因构架制之富于伸缩性，故能在极端不同之自然环境下，适宜应用。已详上文，今不复赘。

牌楼　宋、元以前仅见乌头门于文献，而未见牌楼遗例。今所谓牌楼者，实为明、清特有之建筑型类。明代牌楼以昌平明陵之石牌楼为规模最大，六柱五间十一楼，唯为石建，其为木构原型之变型，殆无疑义，故可推知牌楼之型成，必在明以前也。大同旧镇署前牌楼，四柱三间，其斗栱、檐栱横贯

1　见王璧文所著《清官式石桥做法》。

全部，且作重檐，审其细节似属明构。清式牌楼，亦由官定则例[1]，有木、石、琉璃等不同型类。其石牌坊之做法，与明陵牌楼比较几完全相同。

北京昌平明十三陵石牌坊

庭园　我国庭园虽自汉以来已与建筑密切联系，然现存实物鲜有早于清初者。宫苑庭园除圆明园已被毁外，北平三海及热河行宫为清初以来规模；北平颐和园则清末所建。江南庭园多出名手，为清初北方修建宫苑之蓝本。

二　细节分析

阶基及踏道　元明清之阶基除最通常之阶基外，特殊可注意者颇多。安平圣姑庙全部建于高台之上较大同华严寺善化寺诸例尤为高峻，且全庙各殿，

1　见梁思成所著《营造算例》和刘敦桢所著《牌楼算例》。

均建于台上，盖非可作通常阶级论也。曲阳北岳庙德宁殿及赵城明应王殿阶级比例亦颇高。正定阳和楼之砖台则下辟券门，如城门之制，明、清二代如长陵祾恩殿、太庙前殿及北平清故宫诸殿均用三层或重层白石陛，绕以白石栏干，而殿本身阶基亦多作须弥座，饰以雕华，至为庄严华丽。至若天坛圜丘，仅台三层，绕以白石栏干，尤为纯净雄伟。宫殿阶陛之前侧各面，多出踏道一道或三道，其居中踏道之中部，更作御路，不作阶级，但以石版雕镌龙凤云水等纹，故宫太和门太和殿阶陛栏干及踏道之雕饰，均称精绝。

勾栏　元代除少数佛塔上偶见勾栏，大致遵循辽、金形制外，实物罕见。明、清勾栏，斗子蜀柱极为罕见。较之宋代，在比例上石栏干趋向厚拙，木栏干较为纤弱。《营造法式》木石勾栏比例完全相同，形制无殊。明、清官式勾栏，每版仅将巡杖以下荷叶墩之间镂空，其他部分自巡杖以至华版仅为一厚石版而已。每版之间均立望柱，故所呈印象望柱如林，与宋代勾栏所呈现象迥异。至若各地园庭池沼则勾栏样式千变万化，极饶趣味[1]，河北赵县永通桥上明正德间栏版则尚作斗子蜀柱，及斗子驼峰以承巡杖，有前期遗风，为仅有之孤例。

柱及柱础[2]　自元代以后，梭柱之制仅保留于南方，北方以直柱为常制矣。宣平延福寺元代大殿内柱，卷杀之工极为精美，柱外轮线圆和，至为悦目。柱下复用木楯石础，如宋营造法式之制，北地官式用柱，至清代而将径与高定为一与十之比，柱身仅微收分，而无卷杀。柱础之上雕为鼓镜，不加雕饰。但在各地则柱之长短大小亦无定则，或方或圆随宜选造。而柱础之制江南巴蜀率多高起，盖南方卑湿，为隔潮防腐计，势所使然，而柱础雕刻，亦多发展之余地矣。

文庙建筑之用石柱为一普遍习惯，曲阜大成殿、大成门、奎文阁等等均用石柱，而大成殿蟠龙柱尤为世人所熟识。但就结构方法言，石柱与木合构，

1　见梁思成、刘致平所著《建筑设计参考图集》第二集《石栏干》。

2　见梁思成、刘致平所著《建筑设计参考图集》第七集《柱础》。

将柱头凿卯以接受木阑额之榫头，究非用石之道也。

门窗[1]　造门之制，自唐、宋迄明、清，在基本观念及方法上几全无变化。《营造法式》小木作中之版门及合版软门，尤为后世所常见。其门之安装，下用门枕，上用连楹以安门轴，为数千年来古法。连楹则赖门簪以安于门额，唯唐及初宋门簪均为两个，北宋末叶以后则四个为通常做法。门板上所用门钉，古者仅用以钉门于横楅，至明、清而成为纯粹之装饰品矣。

屋内槅扇所用方格球纹、菱纹等图案，已详见于《营造法式》，为明、清宫殿所必用。《法式》所有各种直棂或波纹棂窗，至清代仅见于江南民居，而为官式所鲜用。清式之支摘窗及槛窗，则均未见于宋、元以前。在窗之设计方面，明、清似较前代进步焉。江南民居窗格纹样，较北方精致纤巧，颇多图案极精，饶有风趣者。

长春园欧式建筑之窗均为假窗，当时欧式楼观之建筑，盖纯为园中"布景"之用，非以兴居游宴寝处者，故窗之设亦非为通风取光而作也。

斗栱[2]　就斗栱之结构言，元代与宋应作为同一时期之两阶段观。元之斗栱比例尚大；昂尾挑起，尚保持其杠杆作用，补间铺作朵数尚少，每间两朵为最常见之例，曲阳德宁殿、正定阳和楼所见均如是。然而柱头铺作耍头之增大，后尾挑起往往自耍头挑起，已开明、清斗栱之挑尖梁头及溜金斗起秤杆之滥觞矣。

明、清二代，较之元以前斗栱与殿屋之比例，日渐缩小。斗栱之高，在辽、宋为柱高之半者，至明、清仅为柱高五分或六分之一。补间铺作日见增多，虽明初之景福寺大殿及社稷坛享殿亦已增至四朵、六朵，长陵祾恩殿更增至八朵，以后明、清殿宇当心间用补间铺作八朵，几已成为定律。补间铺作不唯不负结构荷载之劳，反为重累，于是阑额（清称额枋）在比例上渐趋

1　见陈仲篪所作《识小录》，载于《中国营造学社汇刊》第 6 卷第 2 期。
2　见梁思成、刘致平所著《建筑设计参考图集》第四集、第五集《斗栱》。

河北曲阳北岳庙德宁殿

粗大；其上之普拍枋（清称"平板枋"[1]），则须缩小，以免阻碍地面对于纤小斗栱之视线，故阑额与普拍枋之关系，在宋、金、元为 T 形者，至明而齐，至明末及清则反成凸字形矣。

　　在材之使用上，明清以后已完全失去前代之材栔观念而仅以材之宽为斗口。其材之高则变为二斗口（二十分），不复有单材足材之别。于是柱头枋上，往往若干材"实拍"累上，已将栔之观念完全丧失矣。

　　在各件之细节上，昂之作用已完全丧失，无论为杪或昂均平置。明、清所谓之"起秤杆"之溜金斗，将要头或撑头木（宋称"衬枋头"）之后尾伸引而上，往往多层相叠，如一立板，其尾端须特置托斗枋以承之，故宋代原为荷载之结构部分者，竟亦论为装饰累赘矣。柱头铺作上之要头，因为梁之伸出，不能随斗栱而缩小，于是梁头仍保持其必需之尺寸，在比例上遂显庞大之状，而挑尖梁头遂以型成。

1　平板枋，建筑结构之一，是平置于阑额之上，用于承托斗栱的构件，有时会被画上彩绘。"普拍"是南方人对"平板"一词的发音，北方匠人误记为"普拍"。

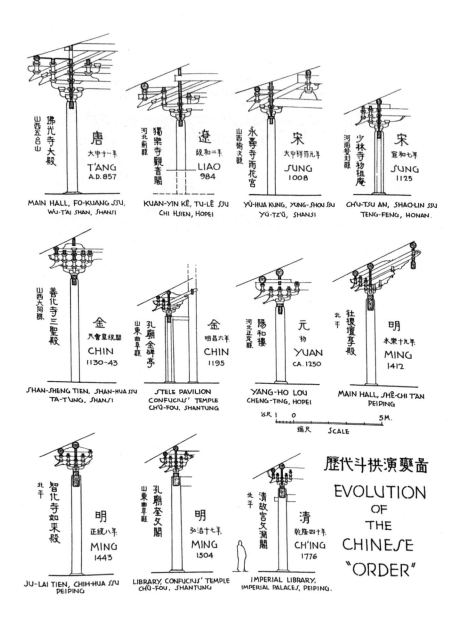

历代斗栱演变图

构架[1]　柱梁构架在唐、宋、金、元为富有机能者，至明、清而成单调少趣之组合，在柱之分配上，大多每缝均立柱，鲜有抽减以减少地面之阻碍而求得更大之活动面积者。梁之断面，日趋近正方形，清式以宽与高为五与六之比为定则，在力学上殊不合理。梁架与柱之间，大多直接卯合，将斗栱部分减去，而将各架槫亦直接置于梁头，结构简单化，可谓为进步。明栿、草栿之别，至明、清亦不复存在，无论在其平阐之上、下，均做法相同。月梁偶只见于江南，官式则例已不复见此名称矣。

平梁之上，唐以前只立叉手承脊槫，宋、元立侏儒柱，辅以叉手，明、清以后，叉手已绝，而脊槫之重，遂改用侏儒柱（脊瓜柱）直接承托。

举折之制，至清代而成举架，盖宋代先定举高而各架折下，至清代则例则先由檐步按五举、六举、七举、九举递加，故脊槫之高，由各架递举而得之偶然结果，其基本观念，亦与前代迥异也。

藻井[2]　平棊样式至明、清而成比例颇大之方井格，其花纹多彩画团花、龙凤为多，称"天花板"。藻井样式明代喜以斗栱构成复杂之如意斗栱，如景县开福寺大殿及南溪旋螺殿所见。至如太和殿之蟠龙藻井，雕刻精美，为此式中罕有之佳例。

墙壁　墙壁材料自古有砖、板筑、土砖三种。北平护国寺千佛殿墙壁土砖垒砌，内置木骨[3]，为罕贵实例。在砖墙之雕饰上，清代有磨砖对缝之法至为精妙。雕砖及琉璃亦为砖墙上常见之装饰。明、清官式硬山山墙，作为墀头，为前代所未见。

屋顶[4]　屋顶等第制度，明、清仍沿前朝之制，以四阿（庑殿）为最尊，九脊（歇山）次之，挑出又次之，硬山为下。清代四阿顶将垂脊向两山逐渐屈出，谓之"推山"，使垂脊在四十五度角上之立面不作直线，而为曲线。

1　见梁思成著《清式营造则例》。
2　见梁思成、刘致平著《建筑设计参考图集》第十集《藻井》。
3　见刘敦桢所作《北平护国寺残迹》，载于《中国营造学社汇刊》第6卷第2期。
4　见梁思成著《清式营造则例》。

北京故宫太和殿蟠龙藻井

其制盖始于《营造法式》"两头增出脊槫"之法，至清代乃逐架递加其曲度，而臻成熟之境。九脊顶之两山，在宋代大多与稍间补间铺作取齐，至清代乃向外端移出，大致与山墙取齐，故两山之三角部分加大，宋、元两山皆如"挑山"之制，以梁架为内外之间隔，山际施垂鱼、惹草等饰。明、清官式则因向外端移出，遂须支以草架柱子，而草架柱子丑陋，遂掩以山花板。于是明、清官式歇山屋顶，遂与宋以前九脊顶迥然异趣矣。

屋顶瓦饰[1]　瓪（筒瓦）、瓪瓦（板瓦），明、清仍沿前朝之旧，元代琉璃瓦实物未之见。清代琉璃瓦之用极为普遍。黄色最尊，用于皇宫及孔庙；绿色次之，用于王府及寺观；蓝色象天，用于天坛。其他红、紫、黑等杂色，用于离宫别馆。

瓦饰之制，宋代称为"鸱尾"者，清称"正吻"，由富有生趣之尾形变为方形之上卷起圆形之硬拙装饰。宋、金、元鸱尾比例瘦长，至明、清而近方形，上端卷起圆螺旋，已完全失去尾之形状。宋代垒瓦为脊者，至清代皆特为制范，成为分段之脊瓦及其附属线道当沟等。垂脊与正脊相似而较小，垂兽形制尚少变化，但垂脊下端之蹲兽（走兽）及嫔伽（仙人），则数目增多，排列较密。

通常民居只用仰覆板瓦，上作清水脊，脊两端翘起，称"朝天笏"，为北平所最常见。

窀瓦之法，北方多于椽上施望板，板上施草泥二、三寸，以垫受瓦陇，盖因天寒，屋顶宜厚以取暖。南方则胥于椽上直接浮放仰瓦，其上更浮放覆瓦，不施灰泥，盖气候温和，足蔽雨露已足矣。

雕饰　明、清以后，雕刻装饰，除用于屋顶瓦饰者外，多用于阶基、须弥座、勾栏；石牌坊、华表、碑碣、石狮，亦为施用雕刻之处。太和殿石陛及勾栏、踏道、御路，皆雕作龙、凤、狮子、云水等纹；殿阶基须弥座上、下作莲瓣，束腰则饰以飘带纹。雕刻之功，虽极精美，然均板端程式化，艺术造诣不足与唐、宋雕刻相提并论也。

彩画　元代彩画仅见于安平圣姑庙，然仅红土地上之墨线画而已。北平智化寺明代彩画，尚有宋《营造法式》"豹脚""合蝉燕尾""簇三"之遗意。青、绿叠晕之间，缀以一点红，尤为夺目，清官式有"合玺"与"旋子"两大类。合玺将梁枋分为若干格，格内以走龙、蟠龙为主要母题；旋子作分

1　见梁思成著《清式营造则例》。

瓣圆花纹于梁、枋近两端处，因旋数及金色之多寡以定其等第；离宫别馆民居则有作写生花纹等。更有将说书、戏剧绘于梁枋者，亦前代所未见也。

北京故宫太和殿前御路

第 三 编
中国古建考察

中国的佛教建筑 [1]

提要

　　这是为信仰佛教的外国读者写的一篇简要历史叙述，将佛教建筑在中国发展的全部过程做了概括性的介绍。

　　文中首先分析了佛教建筑最初开始的历史和社会根源，然后阐述了两晋、南北朝时代佛教传播的社会、政治因素，以及由此而来的寺、塔建筑活动的情况；分析了佛教建筑对中国古代城市面貌和城市人民生活所带来的巨大影响，并说明即使像寺塔这样的纯粹的精神建筑也是脱离不了当时、当地的政治、经济、社会环境所造成的条件的。

　　文章从石窟寺的建筑开始，叙述了敦煌、云冈、龙门、天龙山、响堂山等石窟，分析了它们的印度来源和到了中国以后怎样创造性地发展成为中国式的石窟寺。文中着重指出了这些石窟造像所受到帝国主义文化强盗的掠夺、破坏，并呼吁一切拥有丰富文化遗产的民族、国家提高警惕。

　　接着，文章介绍了从晚唐的南禅寺、佛光寺等一直到清代的若干座个别殿、阁和辽、宋、金、元、明、清的若干佛寺组群，除了在它们的总体布局、结构和艺术手法方面扼要地分析外，还分析了其中有些建筑所受到当时政治、经济和民族因素的影响。

　　佛塔是作为一个突出的建筑类型而加以阐述的。文章叙述了"塔"由印

1　梁思成所作，原载于《清华大学学报》1961 年第 8 卷第 2 期。

度传入后如何结合中国原有的高层木结构而创造一个新的类型以及在其后千余年间的发展，许多新的塔型的产生。由木塔转变为砖石塔的过程，当时的新材料、新技术对于塔的结构、形式和风格的影响也作了扼要的分析。文章里还追溯了蒙古、西藏、古代的契丹、女真等民族对于佛塔类型和艺术处理上的贡献。最后以北京灵光寺佛牙塔为例，说明了中国共产党的宗教政策的英明、正确。在若干重要建筑的叙述中，还特别指出党和政府对文物建筑的关怀、爱护。

文章的结束语着重指出，佛教建筑作为我国文化遗产的一部分，对于新中国建筑的发展，也将有很大的一份贡献。

佛教之传入和最初的佛教建筑

佛教是在公元一世纪左右，从印度经过现在的巴基斯坦、阿富汗，而传入中国的。在大约两千年的期间，佛教对于中国人民（这里指的主要是汉族人民）的思想，文化，以及物质生活都发生了很大的影响。这一切在中国的建筑上都有所反映，并且集中地表现在中国的佛教建筑上。

佛教传入中国的时候，中国文化，仅仅按照已经有文字的纪录来说，就已经有了将近两千余年的历史。作为物质文化的一部分，中国建筑的历史实际上比有文字纪录的历史要长若干倍。估计从石器时代开始，经过可能达到一两万年的长时间，一直到佛教传入中国时，中国的匠师已经积累了极其丰富的经验。在工程结构方面，形成了一套有高度科学性的结构方向；在建筑的艺术处理方面，也形成了一套特殊风格的手法，成为一个独特的建筑体系，那就是今天一般被称做中国建筑的这样一个建筑体系。在这些建筑之中，有住宅、宫殿、衙署、作坊、仓库等等，也有为满足各种精神需要的特殊建筑，如中国传统祭祀天地和五谷之神的坛庙，拜祖先的家庙，模拟神仙世界的仙山楼阁，迎接从云端下来的仙人的高台等等。中国的佛教建筑就是在这样一个历史基础上发展起来的。

　　相传在公元67年，天竺高僧迦叶摩腾等来到当时中国的首都洛阳。当时的政府把一个官署鸿胪寺，作为他们的招待所。"寺"本是汉朝的一种官署的名称，但是从此以后，它就成为中国佛教寺院的专称了。按照历史记载，当时的中国皇帝下命令为这些天竺高僧特别建造一些房屋，并且以为他们驮着经卷来中国的白马命名，叫做"白马寺"。到今天，凡是到洛阳的善男信女或是游客，没有不到白马寺去看一看这个中国佛教的苗圃的。

　　公元200年前后，在中国历史上伟大的汉朝已经进入土崩瓦解的历史时期，在长江下游的丹阳郡（今天的南京一带），有一个官吏笮融，"大起浮图，上累金盘，下为重楼，又堂阁周回，可容三千许人，作黄金涂像，衣以锦采"（见《后汉书·陶谦传》）。这是中国历史的文字记载中比较具体地叙述一个佛寺的最早的文献。从建筑的角度来看，值得注意的是它的巨大的规模，可以容纳三千多人。更引起我们注意的就是那个上累金盘的重楼。完全可以肯定，所谓"上累金盘"，就是用金属做的刹；它本身就是印度窣堵坡（塔）的缩影或模型。所谓"重楼"，就是在汉朝，例如在司马迁的著名《史记》中所提到的汉武帝建造来迎接神仙的，那种多层的木构高楼。在原来中国的一种宗教用的高楼之上，根据当时从概念上对于印度窣堵坡的理解，加上一个刹，最早的中国式的佛塔就这样诞生了。我们可以看见在当时的历史条件下，在人民的精神生活所提出的要求下，一个传统的中国建筑类型，加上了一些外来的新的因素，就为一个新的要求——佛教服务了。

佛教之广泛传播和寺塔之普遍兴建

　　从笮融建造他的佛寺的时候起，在以后大约四个世纪的期间，中国的社会、政治、经济陷入了一个极端混乱的时期。从辽东（今天中国的东北地区），从蒙古，从新疆，许多经济文化比较落后的部落或民族，纷纷企图侵入当时经济、文化比较先进的，生活比较优裕安定的汉族地区。中国的北部，就是从黄河流域一直到万里长城一带，变成了一个广阔的战场。在这个战场上进行着汉族和各个外围民族的战争，也进行着那些外围民族之间为了争夺汉族的土地和财富的战争，也进行着被压迫的人民对于他们的残暴的不管是本族的或者外族的统治者的反抗战争。在这种情况下，广大人民的生活是非常痛苦的。他们的劳动成果不是被战争完全破坏，就是被外来的征服者或是本民族的残暴的统治者所掠夺，生活没有保障。就是在这些统治者之间，在战争的威胁下，他们自己也感到他们的政权，甚至于他们自己的生命，也没有保障。在苦难中对于统治者心怀不满的人民也对他们的残暴的统治者进行反抗。总之，社会秩序是很不安定的。在这种情况下，在困苦绝望中的人民在佛教里找到了安慰。同样地，当时汉族以及外围民族的统治者，在他们那种今天是一个胜利者，明天就可能变成了一个战争俘虏，沦为奴隶的无保障的生活中，也在佛教中看见了一个不仅仅在短短几十年之间的生命。同时他们还看到佛教的传播对于他们安定社会秩序的努力也起了很大的作用。在广大人民向往着摆脱苦难的要求下，在统治者的提倡下，佛教就在中国传播起来了。在公元第四世纪，佛教已经传播到全中国。

在公元400年前后，中国的高僧法显就到印度去求法，回来写了著名的《佛国记》。在他的《佛国记》里，他也描写了一些印度的著名佛像以及著名的寺塔的建筑。法显从印度回到中国之后，对于中国佛教寺院的建筑，具体地发生了什么影响，由于今天已经没有具体的实物存在，我们不知其详。不过可以肯定地说是发生了一定的影响的。在这个时期，很多中国皇帝都成为佛教的虔诚信徒。在公元419年，晋朝的一个皇帝，按历史记载，铸造了一尊十六尺高的青铜镀金的佛像，由他亲自送到瓦棺寺。在第六世纪前半，有一位皇帝就多次把自己的身体施舍在庙里。后来唐朝著名的诗人杜牧，在他的一首诗中就有"南朝四百八十寺"这样一个名句。这说明在当时中国的首都建康（今天的南京），佛教建筑的活动是十分活跃的。与此同时，统治着中国北方的，由北方下来的鲜卑族拓跋氏皇帝，在他们的首都洛阳，也建造了一千三百个佛寺。其中一个著名的佛塔，永宁寺的塔，一座巨大的木结构，据说有九层高，从地面到刹尖高一千尺，在一百里以外（约五十公里）就可以看见。虽然这种尺寸肯定地是夸大了的，不过它的高度也必然是惊人的。我们可以说，像永宁寺塔这样的木塔，就是笮融的那个"上累金盘，下为重楼"那一种塔所发展到的一个极高的阶段。遗憾的是，这种木塔今天在中国已经没有一个存在。我们要感谢日本人民，在他们的美丽的国土上，还保存下来像奈良法隆寺五重塔那种类型以及一些相当完整的佛寺组群。日本的这些木塔虽然在年代上略晚几十年乃至一二百年，但是由于这种塔型是由中国经由朝鲜传播到日本去的，所以从日本现存的一些飞鸟、白凤时代的木塔上，我们多少可以看到中国南北朝时代木塔的形象。此外，在敦煌的壁画里，在云冈石窟的浮雕里，以及云冈少数窟内的支提塔里，也可以看见这些形象。用日本的实物和中国这些间接的资料对比，我们可以肯定地说，中国初期的佛塔，大概就是这种结构和形象。

在整个佛寺布局和殿堂的结构方面，同样的，我们也只能从敦煌的壁画以及少数在日本的文物建筑中推测。从这些资料看来，我们可以说，中国佛寺的布局在公元第四第五世纪已经基本上定型了。总的说来，佛寺的布局，基本上是采取了中国传统世俗建筑的院落式布局方法。一般地说，从山门（即寺院外面的正门）起，在一根南北轴线上，每隔一定距离，就布置一座座殿堂，周围用廊庑以及一些楼阁把它们围绕起来。这些殿堂的尺寸、规模，一般地是随同它们的重要性而逐步加强，往往到了第三或第四个殿堂才是庙宇的主要建筑——大雄宝殿。大雄宝殿的后面，在规模比较大的寺院里可能还有些建筑。这些殿堂和周围的廊庑楼阁等就把一座寺院划为层层深入、引人入胜的院落。在最早的佛寺建筑中，佛塔的位置往往是在佛寺的中轴线上的，有时在山门之外，有时在山门以内。但是后来佛塔就大多数不放在中轴线上而建立在佛寺的附近，甚至相当距离的地方。

中国佛寺的这种院落式的布局是有它的历史和社会根源的。除了它一般地采取了中国传统的院落布局之外，还因为在历史上最初的佛寺就是按照汉朝的官署的布局建造的。我们可以推测，既然用寺这样一个官署的名称改做佛教寺院的名称，那么，在形式上佛教的寺很可能也在很大程度上采用了汉朝官署的寺的形式。另一方面，在南北朝的历史记载中，除了许多人，从皇帝到一般的老百姓，舍身入寺之外，还有许多贵族官吏和富有的人家，还舍宅为寺，把他们的住宅府第施舍给他们所信仰的宗教。这样，有很多佛寺原来就是一所由许多院落组成的住宅。由于这两个原因，佛寺在它以后两千年的发展过程中，一般都采取了这种世俗建筑的院落形式加以发展，而成为中国佛教布局的一个特征。

佛寺的建筑对于中国古代的城市面貌带来很大的变化。可以想象，在没有佛寺以前，在中国古代的城市里，主要的大型建筑只有皇帝的宫殿、贵族的府第，以及行政衙署。这些建筑对于广大人民都是警卫森严的禁地，在形象上，和广大人民的比较矮小的住宅形成了鲜明的对比。可以想象，旧的城市轮廓面貌是比较单调的。但是，有了佛教建筑之后，在中国古代的城市里，除了那些宫殿府第衙署之外，也出现了巍峨的殿堂，甚至于比宫殿还高得多的佛塔。这些佛教建筑丰富了城市人民的生活，因为广大人民可以进去礼佛、焚香，可以在广阔的庭院里休息交际，可以到佛塔上面瞭望。可以说，尽管这些佛寺是宗教建筑，它们却起了后代公共建筑的作用。同时，这些佛寺也起了促进贸易的作用，因为古代中国的佛寺也同古代的希腊神庙、基督教教堂前的广场一样，成了劳动人民交换他们产品和生活用品的市集。另一方面，这些佛教建筑不仅大大丰富了城市的面貌，而且在原野山林之中，我们可以说，佛教建筑丰富了整个中国的风景线。有许多著名的佛教寺院都是选择在著名风景区建造起来的。原来美好的风景区，有了这些寺塔，就更加美丽幽雅。它本身除了宣扬佛法之外，同时也吸引了游人特别是许多诗人画家，为无数的诗人画家提供了创作的灵感。诗人画家的创作反过来又使这些寺塔在人民的生活中引起了深厚的感情。总的说来，单纯从佛教建筑这一个角度来看，佛教以及它的建筑对于中国文化，对于中国的艺术创作，对于中国人民的精神生活，都有巨大的影响、巨大的贡献。

文献中的早期佛教建筑

在两千年的发展过程中，中国的佛教建筑，经过一代代经验的积累，不断地发展，不断地丰富起来，给我们留下了很多珍贵的遗产。在不同的地区、不同的时代，由于不同的社会的需要，不同的技术科学上的进步，佛教建筑也同其他建筑一样，产生了许多不同的结构布局和不同的形式、风格。

从敦煌的壁画里，我们看到，从北魏到唐（从第五世纪到十世纪）这五百年间，佛寺的布局一般都采取了上面所说的庭院式的布局。但是，建造一所佛寺毕竟需要大量的人力物力财力，因此，规模比较大、工料比较好、艺术水平比较高的佛教建筑，大多数是在社会比较安定、经济力量比较雄厚的时候建筑的。佛寺的建造地点，虽然在后代有许多是有意识地选择远离城市的山林之中，但总的看来，佛寺的建筑无论从它的地点来说，或者是从它的建造规模来说，大多数还是在人口集中的城市里，或者是沿着贸易交通的孔道上。除了上文所提到的建康的"南朝四百八十寺"以及洛阳的一千三百多寺之外，在唐朝长安（今天的西安）城里的一百一十个坊中，每一个坊里至少有一个以上的佛寺，甚至于有一个佛寺而占用整个一坊的土地的（如大兴善寺就占靖善坊一坊之地）。这些佛寺里除造像外大部分都有塔、有壁画。这些壁面和造像大多是当时著名的艺术家的作品。中国古代一部著名的美术史《历代名画记》里所提到的名画以及著名雕刻，绝大部分是在长安洛阳的佛寺里的。在此以前，例如在号称有高一千尺的木塔的洛阳，也因为它有大量的佛寺而使北魏的一位作家杨衒之给后代留下了《洛阳伽蓝记》这样一本书。又如著名的敦煌千佛洞就位置在戈壁大沙漠的边缘上。敦煌的位置可以和十九世纪以后的上海相比拟，戈壁沙漠像太平洋一样，隔开了也联系了东西的交通。敦煌是走上沙漠以前的最后一个城市，也是由西域到中国来的人越过了沙漠以后的第一个城市。就是因为这样，经济政治的战略位置，其中包括文化交通孔道上的战略位置，才使得中国第一个佛教石窟寺在敦煌凿造起来。这一切说明尽管宗教建筑从某一个意义上来说，是一种纯粹的精神建筑，但是它的发展是脱离不了当时当地的政治、经济、社会环境所造成的条件的。

最古的遗物——石窟寺

现在我们设想从西方来的行旅越过了沙漠到了敦煌，从那里开始，我们很快地把中国两千年来的一些主要的佛教史迹游览一下。

敦煌千佛崖的石窟寺是中国现存最古的佛教文物。现存的大约六百个石窟是从公元 366 年开始到公元十三世纪将近一千年的长时间中陆续开凿出来的。其中现存的最古的几个石窟是属于第五世纪的。这些石窟是以印度阿旃陀、加利等石窟为蓝本而模仿建造的。首先由于自然条件的限制，敦煌千佛崖没有像印度一些石窟那样坚实的石崖，而是比较松软的沙卵石冲积层，不可能进行细致的雕刻。因此在建筑方面，在开凿出来的石窟里面和外面，必须加上必要的木结构以及墙壁上的粉刷。墙壁上不能进行浮雕，只能在抹灰的窟壁上画画面或作少最的泥塑浮雕。因此，敦煌千佛崖的佛像也无例外地是用泥塑的，或者是在开凿出来的粗糙的石胎模上加工塑造的。在这些壁画里，古代的画家给我们留下了许多当时佛教寺塔的形象，也留下了当时人民宗教生活和世俗生活的画谱。

甘肃敦煌千佛崖石窟寺（莫高窟）外景

其次，在今天山西省大同城外的云冈堡，我们可以看到中国内地最古的石窟群。在长约一公里的石崖上，北魏的雕刻家们在短短的五十年间（大约从公元450—500年）开凿了大约两打大小不同的石窟和为数甚多的小壁龛。其中最大的一座佛像，由于它的巨大的尺寸，就不得不在外面建造木结构的窟廊。但是，大多数的石窟却采用了在崖内凿出一间间窟室的形式，其中有些分为内外两室；前室的外面就利用山崖的石头刻成窟廊的形式。内室的中部一般多有一个可以绕着行道的塔柱或雕刻着佛像的中心柱。我们可以从云冈的石窟看到印度石窟这一概念到了中国以后，在形式上已经起了很大的变化。例如印度的支提窟平面都是马蹄形的，内部周围有列柱。但在中国，它的平面都是正方或长方形的，而用丰富的浮雕代替了印度所用的列柱。印度所用的圆形的窣堵坡也被方形的中国式的塔所代替。此外，在浮雕上还刻出了许多当时的中国建筑形象，例如当时各种形式的塔、殿、堂等等。浮雕里所表现的建筑，例如太子出游四门的城门，就完全是中国式的城门了。乃至于佛像、菩萨像的衣饰，尽管雕刻家努力使它符合佛经的以及当时印度佛像雕刻的样式，但是不可避免地有许多细节是按当时中国的服装来处理的。值得注意的是，在石窟建筑的处理上，和浮雕描绘的建筑上，我们看到了许多从西方传来的装饰母题。例如佛像下的须弥座、卷草、哥林斯式的柱头、伊奥尼克的柱头，和希腊的雉尾和箭头极其相似的莲瓣装饰，以及那些联珠璎珞等等，都是中国原有的艺术里面未曾看见过的。这许多装饰母题经过一千多年的吸收、改变、丰富、发展，今天已经完全变成中国的雕饰题材了。

在公元500年前后，北方鲜卑族的拓跋氏统治着半个中国，取得了比较坚固的政治局面，就从山西的大同迁都到河南的洛阳，建立他们的新首都。同时也在洛阳城南的十二公里的伊水边上选择了一片石质坚硬的石灰石山崖，开凿了著名的龙门石窟。我们推测在大同的五十年间，云冈石窟已成了北魏首都郊外一个不可缺少的部分，在政治上宗教上具有重要的意义，所以在洛阳，同样的一个石窟，就必须尽快地开凿出来。洛阳石窟不像云冈石窟那样采用了大量的建筑形式，而着重在佛像雕刻上。尽管如此，龙门石窟的内部还是有不少的建筑艺术处理的。在这里，我们不能不以愤怒的心情提到，在著名的宾阳洞里两幅精美绝伦的叫做"帝后礼佛图"的浮雕，在过去反动统治时期已经被近代的万达尔（Vandals）——美国的文化强盗敲成碎块，运到纽约的都市博物馆里去了。

在河北省磁县的响堂山，也有一组第六世纪的石窟组群。这一组群表现了独特的风格。在这里我们看到了印度建筑形式和中国建筑形式是非常和谐的，但有些也不很和谐的结合。印度的火焰式的门头装饰在这里大量地使用。印度式的束莲柱也是这里所常看见的。山西太原附近的天龙山也属于第六世纪，在石窟的建筑处理上就完全采用了中国木结构的形式。从这些实例看来，我们可以得出这样一个结论：石窟这一概念是从印度来的，可是到了中国以后，逐渐地它就采取了中国广大人民所喜闻乐见的传统形式；但同时也吸收了印度和西方的许多母题和艺术处理手法。佛教的石窟遍布全中国，我们不能在这里细述了。

山西太原天龙山石窟外景

在上面所提到的这些石窟中，我们往往可以看到令人十分愤慨的一些现象。在云冈、龙门，除了像宾阳洞的"帝后礼佛图"那样整片的浮雕或整座的雕像被盗窃之外，像在天龙山，现在就没有一座佛像存在。这些东西都被帝国主义的文化强盗勾结着中国的反动军阀、官僚、奸商，用各种盗窃欺骗的手段运到他们的富丽堂皇的所谓博物馆里去了。斯坦因[1]、怕希和[2]在敦煌盗窃了大量的经卷。云冈、龙门无数的佛头，都被陈列在帝国主义的许多博物馆里。帝国主义文化强盗这种掠夺盗窃行为是必须制止的，是不可饶恕的，是我们每一个有丰富文化遗产的民族国家所必须警惕提防的。

唐代以来的佛寺组群和殿堂

前面已经说到，中国的佛寺建筑是由若干个殿堂廊庑楼阁等等联合起来组成的，因为每一所佛寺就是一个建筑组群。在这种组群里除了举行各种宗教仪式的部分以外，往往还附有僧侣居住和讲经修道的部分。这种完整的组群中，现存的都是比较后期的，一般都是十三、十四世纪以后的。因此，在这以前的木构佛寺，我们只能看到一些不完整的，或是经过历代改建的组群。

在中国木结构的佛教建筑中，现在最古的是山西五台山的南禅寺，它是公元 782 年建成的。虽然规模不大，它是中国现存最古的一座木构建筑。具有重大历史意义的是离南禅寺不远的佛光寺大殿。它是 857 年建造的，是一座七间的佛殿，一千一百年来还完整地保存着。佛光寺位置在五台山的西面山坡上，因此这个佛寺的朝向不是用中国传统的面朝南的方向，而是向西的。沿着山势，从山门起，一进一进的建筑就着山坡地形逐渐建到山坡上去。大殿就在组群最后也是最高的地点。据历史记载，在第九世纪初期在它的地点上，曾经建造了一座三层七间的弥勒大阁，高九十五尺，里边有佛、菩萨、天王像七十二尊。但是在公元 845 年，由于佛教和道教在宫廷里斗争的结果，道教获胜，当时的皇帝下诏毁坏全国所有的佛教寺院，并且强迫数以几十万

1　斯坦因（1862—1943），英籍匈牙利人，考古学家。——作者注
2　今译伯希和（1878—1945），法国东方学家。——作者注

计的僧尼还俗。这座弥勒大阁在建成后仅仅三十多年，就在这样一次宗教政治斗争中被毁坏了。这个皇帝死了以后，他的皇叔，一个虔诚的佛教徒登位了，立即下诏废除禁止佛教的命令；许多被毁的佛教寺院，又重新建立起来。现存的佛光寺大殿，就是在这样的历史条件下重建的。但是它已经不是一座三层的大阁，而仅仅是一层的佛殿了。这个殿是当时在长安的一个妇人为了纪念在三十年前被杀掉的一个太监而建造的。这个妇女和太监的名字都写在大殿大梁的下面和大殿面前的一座经幢上。这些历史事实再一次说明宗教建筑也是和当时的政治经济的发展分不开的。在这一座建筑中，我们看到了从古代发展下来已经到了艺术上技术上高度成熟的一座木建筑。在这座建筑中，大量采用了中国传统的斗栱结构，充分发挥了这个结构部分的高度装饰性而取得了结构与装饰的统一。在内部，所有的大梁都是微微拱起的，中国所称做月梁的形式。这样微微拱起的梁既符合力学荷载的要求，再加上些少的艺术加工，就呈现了极其优美柔和而自力的形式。在这座殿里，同时还保存下来第九世纪中叶的三十几尊佛像、同时期的墨迹以及一小幅的壁画，再加上佛殿建筑的本身，唐朝的四种艺术就集中在这一座佛寺中保存下来。应该说，它是中国建筑遗产中最可珍贵的无价之宝。

山西五台县佛光寺大殿

遗憾的是，佛光寺的组群已经不是唐朝第九世纪原来的组群了。现在在大殿后还存在着一座第六或第七世纪的六角小砖塔；大殿的前右方，在山坡较低的地方，还存在着一座十三世纪的文殊殿。此外，佛光寺仅存的其他少数建筑都是十九世纪以后重建的，都是些规模既小，质量也不高的房屋，都是和尚居住和杂用的房屋。现在中华人民共和国文化部已经公布佛光寺大殿作为中国古代木建筑中第一个国家保护的重要的文物。解放以来，人民政府已经对这座大殿进行了妥善的修缮。

按照年代的顺序来说，其次最古的木建筑就是北京正东约九十公里蓟县的独乐寺。在这个组群里现在还保存着两座建筑；前面是一座结构精巧的山门，山门之内就是一座高大巍峨的观音阁。这两座建筑都是公元984年建筑的。观音阁是一座外表上两层实际上三层的木结构。它是环绕着一尊高约十六米的十一面观音的泥塑像建造起来的。因此，二层和三层的楼板，中央部分都留出一个空井，让这尊高大的塑像，由地面层穿过上面两层，树立在当中。这样在第二层，瞻拜者就可以达到观音的下垂的右手的高度；到第三层，他们就可以站在菩萨胸部的高度，抬起头来瞻仰观音菩萨慈祥的面孔和举起的左手，令人感到这一尊巨像，尽管那样的大，可是十分亲切。同时从地面上通过两层的楼井向上看，观者的像又是那样高大雄伟。在这一点上，当时的匠师在处理瞻拜者和菩萨像的关系上，应该说是非常成功的。

在结构上，这座三层大阁灵巧地运用了中国传统木结构的方法，那就是木材框架结构的方法，把一层层的框架叠架上去。第一层的框架，运用它的斗栱，构成了下层的屋檐，中层的斗栱构成了上层的平坐（挑台），上层的斗栱构成了整座建筑的上檐。在结构方法上，基本上就是把佛光寺大殿的框架三层重叠起来。在艺术风格上也保持了唐朝那一种雄厚的风格。

在十八世纪时，这个寺被当时的皇帝用做行宫，作为他长途旅行时休息之用。因此，原来的组群已经经过大规模的改建，所余的只是山门和观音阁两座古建筑了。

天津蓟县独乐寺观音阁内观音像

　　在中国现存较古的佛教寺院中，可以在河北正定隆兴寺和山西大同善化寺这两个组群中看到一些比较完整的形象。正定隆兴寺是公元971年开始建造的。由最前面的山门到最后面的大悲阁，原来一共有九座主要建筑。尽管今天其中已经有两座完全坍塌，主要的大悲阁也在严重损坏后，仅将残存部

河北正定隆兴寺千手观音铜像

分重修保留下来，改变了原来的面貌；但是还能够把原来组群的布局相当完整地保存下来。在这个组群中，大悲阁是最主要的建筑，阁内供养一尊巨大的千手观音铜立像。可惜原来环绕着这座铜像的阁本身已经毁坏得很厉害。

大悲阁的左右两侧各有一楼，楼阁并列，在构图效果上形成了整个组群的最高峰。大悲阁前面庭院的左右两侧，各有一座小楼，其中一座是转轮藏殿，整座小楼的设计就是为一个转轮藏而构成的。到现在为止，这个转轮藏是中国现存唯一第十世纪的真正可以转动的佛经的书架。与大悲阁相对在轴线上是一个十八世纪建造的戒坛。戒坛的前面有一座平面正方形，每面突出一个抱厦，从而形成了极其优美丰富的屋顶轮廓线的摩尼殿。这一座殿是十一世纪建造的，是这个组群中除戒坛外年代最晚的一座建筑。摩尼殿前面的大觉六师殿和它前面左右侧的钟楼鼓楼则不幸在不知什么时候毁坏了。

隆兴寺转轮藏殿内佛经架

　　山西大同善化寺是一个比较完整的辽金时代的组群。现在还保存看四座主要建筑和五座次要建筑；全部是由公元十一世纪中叶到十二世纪中叶这一个世纪之间建成的。这个组群规模不如正定隆兴寺那样深邃，但是庭院广阔，气魄雄伟，呈现很不相同的气氛。这个组群虽然年代相距不远，但是隆兴寺是在汉族统治之下建造的，而善化寺所在的大同当时是在东北民族契丹、女真统治下的。这两个组群所呈现的迥然不同的气氛，一个深邃而比较细致，一个广阔而比较豪放，很可能在一定程度上反映了当时南北不同民族的风格。

山西大同善化寺

　　可以附带提到大同华严寺的薄伽教藏。它是原来规模宏大的华严寺组群遗留下来的两座建筑之一，虽然它是其中较小的一座，可是作为一座1038年建成的佛教图书馆，它有特殊重要的意义。靠着这座图书馆内部左右和后面墙壁，是一排"U"字形排列的制作精巧的藏经的书橱壁藏。这个书橱最下层是须弥座，中层是有门的书橱主体，上面做成所谓"天宫楼阁"。这个"天宫楼阁"可以说是当时木建筑的一个精美准确的模型。整座壁藏则是中国现存最古的书橱。

　　在山西洪赵县的霍山，有两个蒙古统治时代建造的组群广胜寺。这两个组群是一个寺院的两部分，一部分在山上叫做上寺，一部分在山下叫做下寺。上寺和下寺由于地形的不同而呈现不同的轮廓线。上寺位置在霍山最南端的尾峰上，利用南北向的山脊作为寺的轴线。因此轴线就不是一根直线而随着山脊略有曲折。在组群的最南端，也就是在山末最南端的一个小山峰上建造了一座高大的琉璃塔。尽管这座琉璃塔是十五世纪建成的，却为十四世纪的整个组群起了画龙点睛的作用。下寺的规模比较小，可以说是上寺的附属组群。在这两个组群中，结构上大量地采用了蒙古统治时代所常用的圆木作结构，并且用了巨大的斜昂，构成类似近代的桁架的结构。这种结构只在蒙古统治时期短短的一百年间，昙花一现地使用过，在这以前和以后都没有看见。广胜寺原来藏有希世的珍本金版的藏经。在抗日战争时期，日本侵略者曾经企图抢劫这部藏经。现在人民政府国务院副总理薄一波当时为了保卫这部藏经，曾经率领八路军部队在寺的附近和日本侵略军展开了激烈的战斗，胜利地为祖国人民保卫住了这部珍贵的文化遗产。

山西洪洞广胜寺琉璃塔（飞虹塔）

十四世纪末叶以后，那就是说明、清两朝的佛寺，现在在中国保存下来的很多，只能按照不同的地区和当时不同的要求，举几个典型。

首先是所谓敕建的寺院，亦即皇帝下命令所建造的寺院。这种寺院一般地规模都很大，无论在什么地区，大多按照政府规定的规范（亦即北京的规范）设计建造。例如现在北京中国佛教协会所在的广济寺，就是一个很好的例子。这个寺位置在城市中心的热闹区，占用的土地面积在一定程度上受到限制，但是还是有完整的层层院落。山门面临热闹的大街，门内有一个广阔的可以停车马的前院。这种前院，在一个封建帝国的首都，是贵族和高级官吏、富有的商人等等，特别是他们的眷属，到寺里烧香礼佛所必需的。面临前院和山门相对的是一座天王殿，殿内有四尊天王像；他们不仅是东西南北四面天的保卫者，并且是寺院的保卫者。在天王殿的前面，在前院的两侧是钟楼和鼓楼。每天按照寺院生活的日程按时鸣钟击鼓。天王殿的后面，是寺内的主要建筑大雄宝殿。他的后面是圆通宝殿。前一座供奉的是三世佛，后一座供奉的是观音菩萨。最后是一座两层的藏经阁。在很长的一个时期内著名的佛牙就供奉在这座阁上。从天王殿一直到藏经阁的两旁是一系列的配殿和廊庑，把整个组群环绕起来，同时也把几个院落划分出来。由于地势比较局促，广济寺的庭院虽然不十分广阔，可是仍然开朗幽雅，十分适宜于修身养性，陶冶性灵。在这方面，建筑师的处理是十分成功的。在这个组群的右侧，另外还有几个院落，是方丈僧侣居住的地区，现在也是中国佛教协会会址所在。这个组群原来是十七世纪建造的，后来曾经部分烧毁，又经修复。在中华人民共和国成立以后，人民政府对广济寺又进行了一次大规模的重修，面貌已经焕然一新，成为中国佛教徒活动的主要中心了。

在北京郊外西山的碧云寺是敕建寺院的另一典型。由于自然环境不同，建筑处理的手法和市区佛寺的处理手法也就很不相同了。碧云寺所在的地点是北京西郊西山的一个风景点。这里有甘洌的泉水，有密茂的柏林，有起伏的山坡，有巉岩的山石。因此，碧云寺的殿堂廊庑的布局就必须结合地形，并且把这些泉水、岩石、树木组织到它的布局中来。沿着山坡在不同的高度上坐落一座座的殿堂以及不同标高的院落。在这个组群中可以突出地提到三点：一个是田字形的五百罗汉殿，这里边有五百座富有幽默感的罗汉像，把人带进了佛门那种自由自在的境界。罗汉堂的田字形平面部署尽管是一个很规则的平面，可是给人带来了一种迂回曲折、难以捉摸、无意中会遗漏了一部分，或是不自觉地又会重游一趟的那一种错觉。另一个突出点是组群的最高峰，汉白玉砌成金刚宝座塔。从远处望去，在密茂的丛林中，这座屹立的白石塔指出了寺的位置，把远处的游人或香客引导到山下山门所在，让人意外地发现呈现在眼前的这一座幽雅的佛寺。关于这座塔，在另一段中将比较详细地叙述，在这里就不必细谈了。另一个突出点，是以泉水为中心的庭园。在这里有明澈如镜的放生池，有涓涓流水，在密茂的松柏林下，可以消除任何人的一身火气，令人进入一个清凉的境界。总的说来，这个组群是在山林优美地区建造佛寺的一个典型。浙江杭州的灵隐寺，以及江西庐山很多著名的寺院，都有相同的效果。

中国南方地区，由于自然条件特别是气候原因，佛寺的建筑就和北方的特别是敕建的佛寺在部署上或是在风格上就有很大的区别。例如四川峨嵋山许多著名的寺院，都建造在坡度相当陡峭的山坡上。在这里气候比较温和而多雨，山上林木茂盛，因此我们所见到的是一个个沿着山坡一层比一层高，全部用木料建造的佛寺组群。由于天气比较温暖，所以寺庙的建筑就很少用雄厚的砖石墙而大量利用山上的木材作成板壁。院落本身也由于山地陡坡的限制而比较局促。但是，只要走出寺门，就是广阔无边的茂林，或是重叠起伏的山峦，或目极千里的远景，因此寺内局促的感觉也不妨碍着寺作为一个整体的开阔感了。峨嵋山下的报国寺、半山的万年寺、山顶的接引殿等都是属于这个类型。

在十四世纪末或十五世纪初，在中国佛寺的建筑中初次出现了发券的砖结构的殿堂，一般被称做无梁殿，例如山西太原永祚寺，山西五台山的显庆寺，江苏苏州的开元寺、南京的灵谷寺、宝华山等。这种的结构都是用一个纵主券和若干个横券相交，或是用若干个并列的横券而其间用若干次要的纵券相交贯通。这种发券的建筑在西方是很普通的，但在中国，虽然匠师们在建造陵墓和佛塔中已经运用了一千多年的发券，却是到十四、十五世纪之交才这样运用到地面可以居住或使用的结构上来。在外表形式的处理上，当时的工匠用砖模仿木结构的形式，砌出柱梁斗栱、檐椽等等。这种做法本来是砖塔上所常用的，把它用到殿堂上来，可以说又创造了佛教殿堂的一个新的类型。在太原永祚寺，除了大雄宝殿之外，还和东西配殿构成一个组群。一般说来，这种结构方法还是没有普遍地推广，实物还是比较少的。

山西太原永祚寺无梁大殿

有必要叙述一下满族的清朝（1644—1911年）时期中修建的一些喇嘛寺，如北京的雍和宫，承德的"外八庙"等。

喇嘛教是在元朝蒙古统治时期（十三世纪后半和十四世纪）由西藏传入汉族地区的，满清皇朝中，西藏和北京的中央政权的关系进一步的密切，西藏的统治者接受了中央政权封赐的达赖和班禅的称号。这种关系的进一步密切也在建筑上反映出来。在北京城的北面修建了东黄寺和西黄寺两个组群。东黄寺是达赖喇嘛到北京时的行宫，西黄寺则是给班禅喇嘛的。可惜在本世纪的前半，在反动统治和日本帝国主义侵略时期，这两个组群都被破坏无遗了。因此在北京，我们只能举雍和宫为例。

雍和宫是清朝第三代皇帝将他做王子时的王府施舍出来改建的，于1735年完成，是北京城内最大的喇嘛寺。庙前有巨大的广场和三个牌坊，山门以内中轴线上序列着六座主要建筑。这些建筑都是用传统的汉族手法建造的。其中法轮殿平面接近正方形，屋顶有三道平行的屋脊。中间的一脊较高，上面中央建一座"亭子"，前后两脊较低，各建两座"亭子"，形成了在下文将要叙述的金刚宝座塔的"五塔"形状，而这种塔却是在十五世纪由西藏传到北京的。

组群的最后一进是绥成殿，与左右并列的两阁各以飞桥相连。这种布局是中国建筑中比较罕见的。但其来源并不是西藏而是汉族的古老传统。

雍和宫最高大的建筑物是万福阁，阁内是一尊高达20米的弥勒佛像。

河北省承德是清朝皇帝避暑的地方，建有避暑山庄（离宫）。在避暑山庄的东北的丘陵地带，从1713年至1870年之间陆续建造了十一座大型喇嘛寺组群，其中八处至今还存在，称为"外八庙"。这些组群都建造在山坡上，背山面水，充分利用了地形，形成了丰富的轮廓线。在这些建筑中，有模仿新疆维吾尔族形式的，有完全西藏式的，也有以汉族形式为主而带有西藏风趣的。

河北承德外八庙西藏式建筑

上面只举出了少数突出的著名佛寺组群，但这并不意味着中国的佛教建筑仅仅就是这种大型佛寺。事实是，数以万计的佛寺，可能到十万以上的大大小小佛寺遍布全中国。大的如上所述，小的只有一个正殿两个配殿，和一般小住宅差不多。这些无数的佛寺中各有不同的地方风格，其中也有极优秀的作品。从佛寺的数字和分布上看来，也可以看到佛教对于中国人民生活的历史性影响。但在这里不能详细叙述了。

佛塔

在中国的佛教建筑中，佛塔是值得作为一个特殊的类型而加以阐述的。从笮融建造他的金盘重楼起，在将近两千年的长期间，凡是规模较大的寺院组群中，往往也包括一座或若干座塔。经过长期的发展，中国历代的匠师创作出许多不同的塔型，大量佛塔遍布全国，成为一份极其丰富的遗产。

前面已经说到，中国初期的佛塔都是木材建造的，但是由于木材本身容易焚毁，特别是佛塔本身的高度，再加上上面金属的塔刹，容易诱导落雷，所以木塔的寿命一般都是很短的。再加上香火失慎，或是战争的破坏，如何取得佛塔的永久性问题，早已受到古代的高僧信士和工匠们的注意了。

在公元520年，我们看到了对于这个问题的第一个答案，那就是河南嵩山嵩岳寺塔，中国现存最古的一座砖塔。在它以前及和它同时的木塔，平面都是四方形的，并且是一层层地加叠上去的。这座塔却一反传统形式，平面作十二角形，在一座很高的塔基上，加上一座很高的塔身，再上去就是十四层很密的檐。这种形式是和过去三百年来传统的木结构形式毫无相似之处的。虽然没有文献可证，但是我们可以大胆肯定地说它是模仿印度的一些塔型的。从这座塔上的许多雕饰部分看，例如以莲瓣为柱头和柱础的八角柱，以狮子为题做成的佛龛，火焰形的券面等，印度的装饰母题是非常明显的。但是更重要的是它创造了一座不怕雷火的永久性的佛塔。虽然在这以前五百年间，砖已经被相当普遍地用在建筑上，但是像这座塔这样全部用砖结构而且达到将近四十公尺的高度，它所反映的不仅仅是古代匠师在用砖的技术上极大的提高，而且反映砖的生产极大的发展。从这座塔上我们看到社会生活需要和思想意识提出的要求，就向建筑提出了新的课题。当生产力和匠师的技术达到一定水平的时候，就可以产生新的方法和形式来满足这种要求。在结构上，这座佛塔由顶到底内部是空的，是像今天我们砌一座烟囱那样砌上去的。内部的楼板和扶梯都是用木头建造的。从这一现象看，说明当时的匠师在技术上还受到了一定的局限。从艺术方面看，这座砖塔的轮廓线是异常优美流畅的。这条轮廓线正是几何学上的抛物线形。这不仅说明当时的匠师已经掌握了高水平的几何知识，而且在建造过程中能够准确地把它砌出来。从佛塔的发展史看来，嵩山嵩岳寺塔，如同佛光寺大雄宝殿在木结构的殿堂中那样，是一件很珍贵的遗产。

河南郑州嵩岳寺塔

从这个时候起，以后将近五百年的期间是一个木塔和砖塔并存的时期。例如北魏的洛阳、唐的长安，所有数量众多的塔，绝大部分都是木材建造的，但是砖塔的数量的比重在这五百年间，就逐渐增加；到了公元第十世纪以后，木塔就成为极其希罕的东西了。

伟大的唐朝（公元 618—906 年）给后代留下了相当数量的砖塔。在这些砖塔之中，有两种主要的类型：一种是像古代的木塔那样一层一层垒上去的，我们可以叫这一种做"多层塔"；另一种是像嵩岳寺塔那样，在一个高大的塔身上承托着多层密檐的，我们可以叫这一种做"密檐塔"。此外，还有一种次要的塔型，那就是作为和尚坟墓的单层的墓塔。令人注意的是，所有唐代的塔，除了一个例外，平面全部是正方形的。嵩岳寺塔十二角形的平面，在以后两千年间再也没有出现了。我们可以推测，这种四方形的平面是佛塔由诞生到成熟型的发展过程中，广大的善男信女在概念上已经接受了四方形的多层木塔作为塔的标准形式，因此佛塔的平面必须是四方的，否则它就不像一个塔了。而且在塔的表面处理上也必须把木结构的柱梁、斗栱表现出来，因此唐朝的多层砖塔例如西安的大雁塔（公元 701—704 年）、香积寺塔（公元 681 年）、兴教寺玄奘塔（公元 669 年）等都属于这个类型。显然，由于砖的材料本身以及用砖技术的限制，斗栱和檐椽部分是大大地简化了。另一类型，密檐塔在唐代也采用正方形的平面。这种塔一般的不用柱梁斗栱等表面装饰，完全以它们的轮廓线取得艺术效果。其中杰出的例子，有嵩山永泰寺和法王寺的两座塔，虽然准确年代无可考，但都是第八世纪的东西。这一塔型在中国相当普遍，远到西南云南的昆明、大理也有唐代的密檐砖塔。例如昆明的慧光寺塔、大理的崇圣寺塔，都是杰出的例子。但是最重要的应该说是西安荐福寺的小雁塔。它和慈恩寺的多层的大雁塔，已经成为西安城市轮廓线的不可缺少的构成因素了。

在唐代诸塔之中，我们应该特别提到慈恩寺的大雁塔。它是唐代高僧玄奘法师从印度回到中国以后，在翻译他由印度带回的经卷的时候，特别建造起来为保存印度带来的梵文原本用的。因此这座塔在中国的佛教史中就有特殊意义。

陕西西安大慈恩寺大雁塔

陕西西安香积寺善导塔

河南登封永泰寺塔

河南登封法王寺塔

在所有这些塔中，内部的楼板扶梯也同前一个时代一样，是用木材建造的。显然这已经成了一个问题，到了十世纪以后才得到了解决。在唐代的砌塔中，还有为数众多的高僧墓塔，除了极少数如玄奘塔那样是多层塔以外，全部都是单层正方形的小塔，其中许多是用石料建造的。例如山东长清灵岩寺的慧崇塔（第七世纪前半建造的）就是一个典型的例子。这种塔一般有两层重檐，顶上有砖或石制的刹，高度一般不超过四或五公尺。但是在唐代墓塔中，有一个孤例，那就是嵩山会善寺的净藏塔（公元745年）。它的平面是八角形的，表面上用砖砌出柱梁斗栱和门窗等。这座单层的小小的八角形砖塔，可以被认为是后来八角塔的始祖。

第十世纪中叶以后，砖塔已经成为绝大多数，木塔已经寥若晨星了。从这时候起，在佛塔的形式上和结构上都发生了巨大的变化。二百年以前净藏塔上一度出现的八角形平面，到这时候，突然变成了佛塔的标准平面形式了。这个平面形式的突然改变，原因何在，中国的佛教史家和建筑史家还没有找着令人满意的解释。这一现象是很值得研究的。在技术上，五百年来木楼板、木扶梯的问题也得到了解决。宋朝以后的塔再不是像烟囱那样砌上去了，而是在塔的内部用各种角度和相互交错的筒形券的方法，把内部的楼梯、楼板，塔内的龛室等同时砌成一个整体，消灭了过去五百年来外部用砖结构，内部用木结构的缺点。塔身更加坚固了。

第十世纪中叶以后，更发展出丰富多彩的佛塔类型；虽然基本上还是以多层塔和密檐塔两个类型为主，但是不同的地区还创造出不同的地方风格。而且兄弟民族对于塔的类型的创造也有不少的贡献。

在黄河、淮河流域，当时属于汉族的宋朝统治的地区，主要的是八角形的多层塔。这些塔一般地都没有模仿木结构的雕饰，仅有少数砌出斗栱模样。例如山东长清灵岩寺壁支塔，位置在泰山北部的风景区。虽然用斗栱承托塔檐，也用斗栱承托平坐，但总的说来，模仿木结构的部分仅此而已。这座塔的准确年代无可考，从形式上判断应当是十世纪末或是十一世纪初的建筑。

山东济南灵岩寺壁支塔（今辟支塔）

另一个例子是河北定县开元寺的砖塔，平面也是八角形，高十一层。它的内部如同灵岩寺塔一样，都是用筒形券把楼梯、走廊、龛室砌出来的。这座塔建于公元 1055 年，是这时期华北广大地区最典型的塔型。这座佛塔建造的动机是很有趣的。当时的定县正在汉人的宋地区和契丹人的辽地区的分界线上，多年来宋辽都在进行着继续不断或断而复起的战争。因此宋朝的汉族军官就利用开元寺建造了这样一座国境线上的佛塔，作为瞭望敌军形势的瞭望台。因此到今天当地的居民还叫这座塔做"料敌塔"。

河北定州开元寺料敌塔

与料敌塔约略同时的河南开封祐国寺塔（1041—1048 年），从建筑材料的发展上说，具有一定的历史地位。在这座瘦而高的十三层砖塔上，全部使用琉璃面砖。这些面砖一共有二十八种标准块。运用这些标准面砖可以砌出墙面、门窗、柱梁斗栱等等。这在材料技术方面在当时是一个伟大的创造。这些面砖是深赭色的，呈现铁锈的颜色，因此这座塔一般被叫做"铁塔"。

当然，这种面砖不是突然出现的，在这样运用以前，必然曾经经过相当的发展过程。在开封的繁塔（公元977年）上我们已经看到一座用标准面砖处理塔面装饰的砖塔。虽然在这里只用了一种模子压出佛像的面砖和做"花边"用的面砖。然而我们已经看到用标准面砖来处理砖塔外形的开始了。在这里应该附带指出，繁塔的平面是六角形的，是在八角形平面发展的同时一种派生的类型。河南济源延庆寺塔（1036年）也属于这一类型。

河南开封天清寺繁塔

与此同时，在长江流域，虽然同样在汉族统治之下，虽然佛塔的平面也都已经改用八角形，并且也是多层塔的形式，但是风格却迥然不同。在这一地区，特别是在长江下游一带，砖石塔在材料和结构方法的许可下，尽量地模仿木结构的形式。最早的例子，我们可以举杭州灵隐寺大雄宝殿前的所谓双塔。这对塔事实上是用石料雕出来的塔的模型，高九层，实际高度不过十米左右。这一对塔是公元960年建造的。塔身的八个角上都刻出圆柱，上面刻出梁、斗栱、檐、瓦等等，完全和木结构的形式一样。这是这个地区这一塔型最早的例子。

这一类型的塔，在长江下游还保存着不少。它们都是用砖砌成的，内部也用砖砌出楼梯、走廊、龛室等。无论外部内部墙面的处理，都用砖砌出木构的形式；不过屋檐椽和平坐部分往往也掺杂用些木料。砖砌部分全部抹灰，用彩色粉刷，给人的印象几乎同木结构没有差别。但是由于檐椽是木结构的，因此后代大多损坏。这种塔最典型的例子，就是苏州虎丘云岩寺塔。它的损坏后的形象也是最典型的。

苏州报恩寺塔、杭州六和塔和保俶塔都属于这一类型。但由于后代修理方法不同，就呈现了完全不同的三种形象。报恩寺塔是用后代（清朝）造檐的方式把檐补上的。因此可以说它最接近塔的原型，但是檐角飞翘比十世纪的制度翘得更高，所以乍看的形象是十七八世纪的风格多于十世纪的风格。六和塔本来是一座七层塔，在十九世纪末年，当时的善男信女，在原塔身之外给它罩上了一层木结构的外衣，便做成十三层的模样。因此它就呈现一种肥而矮，但处理上又很纤弱的不和谐的形象。保俶塔连斗栱部分都损坏掉了。在二十世纪二十年代修理的时候，就把一个类似八角柱型的塔身略加修补保存下来。因此，这三个塔虽然原来本是同一类型的，现在却变成三种完全不同的样子。

这一类型的塔保存得比较完整的是苏州罗汉院的双塔。这一对塔规模不大，高度由地到刹顶也不过二十米，斗栱和檐瓦都比较完整地保存下来，给我们留下了这类塔型比较完整的形象。罗汉院双塔是公元982年建成的。

江苏苏州罗汉院双塔

　　从第十世纪开始，北方的契丹族就逐步向南侵入，后来女真族又灭了契丹的统治者，先后建立了辽、金两朝，继续向南方扩展。到了十二世纪二十年代，这两个北方民族就已经占有了长江以北的半个中国，和汉族统治的宋朝把中国分成南北两半。在这些北方民族统治的地区，佛塔虽然也都采取了八角形平面，但风格又和南方的塔很不相同。

　　在这里有必要特别叙述一下中国现存的一座唯一的木塔。山西应县佛宫寺释迦塔，是 1056 年在契丹族统治之下建造的，由地面到刹尖高 66 米。塔高五层，加上上面四层每层下面的平坐暗层，实际上是一座九层累架的木框架结构，全部用传统的柱、梁、斗栱层层叠上而建成的。除了塔基和第一层的墙壁是用砖石以及顶上的刹是锻铁之外，全部都是木材。每一层的檐和平坐都由斗栱承托。由下而上，由于每层的高度逐减，每层的宽度也逐渐收缩，特别是由于八角形的平面，为内部梁尾的交叉点造成相当复杂的结构问题。

但是十一世纪中叶的伟大的不知名建筑师却运用了五十多种不同的斗栱圆满地解决了这一复杂问题。后代的香客献给这座塔的一块匾上写着"鬼斧神工"四个字来歌颂这座神妙的结构是丝毫没有夸大的。在九百年的长期间，这座金属刹木结构的佛塔竟得幸免于雷电的破坏，一直保存到今天。它的木结构的稳固性是经过长时间考验的。在国民党反动派统治时期的一次内战中，和在抗日期间，这座塔曾经受到一些轻微的损害。但在人民政府成立以后，这座塔立即受到保护。除了加固修缮外，并设置了避雷设施。它将作为中国匠师在木结构上辉煌成就的典范，在今后若干世纪内，屹立在这个山西北部的平原上。

山西应县佛宫寺释迦塔

除了这个唯一的木塔之外，这时期中国北方保存到今天的佛塔全部都是砖造的。1090年前后建造的河北涿县双塔，是模仿应县木塔的形式的砖塔。这两座塔外表的处理上全部用砖砌出柱、梁、斗栱、檐、椽，但是由于材料本身的限制，出檐就比较短促，整个轮廓线就是一个砖结构形式。此外，塔上每层八面中的四面所开的门是券门，因此，尽管它们是模仿木结构的，但是没有失去砖结构的特征。从应县木塔和涿县双塔的对比来看，我们可以明显地看到建筑材料对于建筑形式的影响。但另一方面也看到，材料的影响却没有影响到木塔和砖塔的共同风格。

在这时期，从现在河北省中部以北一直到辽宁、热河等地区出现了一个新的塔型，那就是平面八角形，忠实地模仿木结构的密檐塔。上面已经提到，中国现存最古的砖塔就是嵩山嵩岳寺等第六世纪前半的密檐塔。在唐代，密檐塔采用了四方形的平面，它们都是用叠涩出檐的，并且在唐代塔身上也没有砌出木结构的形式。但到了第十世纪，在这个契丹族统治的地区，匠师们却在八角平面上用木结构的柱梁和斗栱处理了塔身的外表；上面一层层的密檐，也全部用砖砌的斗栱承托，创造了一个崭新的塔型。1083年建造的北京天宁寺塔就是其中一个最杰出的典范。令人注意的事实是，在河北省中部以南，在这时期，在广大的中国土地上，在汉族统治的地区，并没有这种塔型。而在北方在契丹族统治地区却为数甚多。我们从这一现象可以得出结论说，这一塔型是契丹族对于中国建筑的一个伟大贡献。同样地，像涿县双塔那种形式的仿木结构多层塔也应该说是在契丹族统治下的匠师们的重要贡献。

涿县双塔的类型在后代建造不多，但是天宁寺塔的类型却成为后代中国北部塔型中一个最常见的样式。

此外，我们还有必要转回到更南方在汉族统治下的福建和四川看几个比较少见的例子。在福建泉州市的一对石塔，是在公元十三世纪三四十年代建造的。它们都是八角五层的塔，全部用石料构成，但是在石料的使用上不是传统的运用压砌的方法，而是把石料完全当做木材处理，用石头的柱、梁、斗栱、檐、椽等构成一座塔。按照近代技术科学对于材料力学的理解，这种结构是极不合理的。值得我们惊讶的是，七百年来，这两座塔依然屹立无恙，这是工程界一个罕见的现象。

福建泉州开元寺双塔

　　此外，在四川宜宾县的白塔（公元1102—1109年）和洛阳的白马寺塔（公元十二世纪后半），是两座保存了唐朝风格的正方形密檐砖塔。

　　从第十到十三世纪末年之间，中国的佛塔已经演变、发展、创造出许许多多多的类型。虽然基本上还是属于多层和密檐这两类，但是整体和细节的处理却是十分多样化的，不可能在这里详细介绍了。

　　十三世纪中叶以后，在汉族居住的地区出现了西藏式的瓶形塔。在这里我们再一次看见了外围民族对于以汉族为主的中国文化的贡献。特别值得指出的是西藏塔型是由蒙古族介绍到汉族地区来的。当时蒙古族在成吉思汗以及他的孙子忽必烈汗的领导下，正在企图征服全世界。忽必烈是个伟大的战略家和政治家，他自己是崇奉佛教的。在征服中国的过程中，他只进兵到长江以北，然后从中国的西北部征服了现在的青海和昌都地区，然后沿着长江东下，最后消灭了汉族统治的南宋，并且定都于现在的北京，命名为大都。他这种迂回战略，通过藏族地区，也就带来了藏族的文化和匠师，带来了喇嘛教。因此1271年在北京城里，在一座辽塔的旧基上出现了一座高度在70公尺以上的西藏瓶形塔。一直到今天，它还是北京城市轮廓线上一个极其突出的标志。从这以后，在中国全国各地出现了这一类型的塔。例如山西五台山塔院寺塔（1577年建）、北京北海公园白塔（1651年建），可以说都是北京这座白塔的子孙。这类塔型到了清朝，那就是十七世纪中叶以后，在中国各地出现的更多，在这方面也反映了当时的满族统治者对于汉族、蒙古族、藏族等民族的民族政策的一个方面。

北京妙应寺白塔

在一个曾经出家做和尚的农民的领导下，汉族人民经过长期间的战斗，在 1368 年把蒙古族的政权摧毁了。整个中国又回到汉族的统治之下，建立了明朝。1644 年，东北的满洲族又征服了汉族政权，1911 年中国又摧毁了满族政权，建立了一个共和国。在这三个朝代中，在全国各地新建了无数的佛寺和佛塔。中国现存的佛塔大部分是属于这个时期的。在传统的塔型方面，一般地说来没有什么特殊地创造，绝大部分的塔都属于多层这一类型。在这五百多年之间，木结构建筑的斗栱比例和屋檐的深度都相对的缩小了，木结构的这种倾向也在砖塔上反映出来。因此，在这个时期从比例上说，塔身的每一层和斗栱塔檐对比就显得高些；反过来斗栱塔檐就显得像塔身上一围周纤细的环带，在总的轮廓线上和十四世纪以前的塔，有很大的区别。例如山西太原永祚寺的双塔（十六世纪末期）就是典型的例子。此外，北京玉泉山塔（十八世纪）也是一个典范。

在八角密檐塔方面，虽然这期间建造的也为数不少，但大多数是不很大的高僧的墓塔。重要的例子只有一个，那就是北京八里庄慈寿寺塔。这个塔是 1578 年建成的，在形式上它完全模仿第十世纪末年的天宁寺塔，但是从建筑处理的细节上看却完全用的是明朝的制度。

山西洪赵县广胜寺的飞虹塔，值得作为一个突出的范例提出。前面我们已经提到河南开封第十世纪中叶的全部用赭色琉璃面砖的所谓铁塔。在这里我们第一次看见了一座在砖塔上大量镶砌彩色琉璃面砖作为建筑装饰的佛塔。这座八角形的塔共高十三层，高度在 40 米以上。每层塔身的柱、梁、斗栱、檐、椽等等都用琉璃砖瓦嵌砌。砖墙壁上也镶嵌了大量的琉璃佛像和装饰花纹，外观至为华丽。塔的轮廓线不是像其他的塔向上每层逐渐增加缩小的尺度而呈现曲线型，而是直线的，因此呈现一个八角锥体型，显得有一点生硬。塔内最下层供极大的释迦座像一尊，以上各层事实上是实心的，但内部有梯可达塔的上部。这座塔是在 1417 年兴建的，但琉璃面砖上多有公元 1515 年的标志。由此看来，这座塔由动工到完成可能经历了一个世纪的时间。

现在在北京颐和园、玉泉山和香山一带还有几座清朝（大约属于十八世纪）的琉璃塔，在使用琉璃方面就不是和砖壁并用，而是全部用琉璃的。其中颐和园和玉泉山的塔，都是很小的，只能说是一座大塔的模型。

在十五世纪后半，在中国的土地上又出现了一种新的塔型。这是藏族人民对于中国建筑的又一重要贡献。在十五世纪前半，西藏喇嘛班迪达来到北京，贡献了一尊金佛像。当时的皇帝为它建了一个寺。到1473年，皇帝下诏在寺内按照中印度的形式建了一座金刚宝座塔——北京正觉寺。在一个长方形的高台上，建立五座塔。这五座塔是正方形平面的密檐塔。我们推测，这座塔是模仿佛陀伽耶的部署而设计的。在云南昆明妙湛寺也有一座金刚宝座塔，比北京的这一座略早十年，从年代上说是中国现存最早的一座金刚宝座塔。昆明的这座塔比北京的这一座规模小得多，上面的五个塔都是西藏式的瓶形塔。从昆明这座塔上也可以看到这一塔型传入中国的来龙去脉了。

北京正觉寺金刚宝座塔

现存最大的一座金刚宝座塔在北京西山碧云寺，在上文已经提到。碧云寺塔上面不是五座而是七座塔，其中五座是密檐塔，两座是喇嘛式的瓶形塔，是1747年建成的。在1929年这座塔被改用为中国民族革命的先行者孙中山博士的衣冠塚。在满洲族统治期间，这一类型的塔还在许多地方建造起来。其中还应该提到北京黄寺的金刚宝座塔，是班禅三世的墓塔（1779年入寂），全部是用白色大理石砌成的，雕刻异常精美。由于金色宝顶和它下面垂下两片巨大的塔耳，因此呈现了非常特殊的形象，形成了它独有的风格。值得指出的是，在这一宝座上，正中主塔是一座喇嘛式瓶形塔，而四角的小塔却采用汉族传统的八角塔的形式，在比例上也相对地显得很小，从而更突出了主塔的重要性。

在这五百多年期间，在中国的土地上，还出现了另外一种塔，在形式上和佛塔没有区别，但它是一种非宗教的塔，也可以说是一种儒教的塔——假使我们也可以说儒教是一种宗教的话。它是在过去科举时代为了祈求本地的文人能够在国家考试中及第，作为一种能够发生巫术力量的纪念性建筑物而建造的。这种塔虽然不是佛教塔，但作为一个类型，它是以佛塔为蓝本而建造的。从这里也可以看到佛教以及佛教建筑对于中国人民生活的影响。

到了十九世纪以后，中国建造的佛塔是越来越少了。然而在1960年，在中华人民共和国成立了十年以后，在人民中国首都附近的西山灵光寺，又建起了一座新的佛塔。这座佛塔是由人民政府为了佛教徒们供奉著名的佛牙而建造的。在这里有必要追述一下这座塔的前身的命运。在灵光寺西面原来有一座辽朝建造的砖塔，但在1900年英、法、德、意、奥、俄、日、美八个帝国主义的侵略联军占领了当时大清帝国的首都北京，那座十一世纪的塔被毁坏了。残破的塔基在这个北京近郊的风景区供人凭吊，历六十年之久。现在全中国的佛教徒以无比兴奋的心情看到了这座新塔的涌现。塔的位置，距离残留的塔基约一百米。在形式上虽然还是参照原塔的形象，但是新中国的建筑师在佛教徒的建议下，采用了近代的钢筋混凝土结构，建成这座八角十三层，高15米的密檐塔。在内部空间的利用和文物的保存方法上都有了新的创造，是在传统的基础上革新、创造的一个很好的典型。塔顶上金光灿烂的塔刹是按照1957年赵朴初居士从锡兰得到的一座小铜塔的形式塑造的。在这座塔上体现了在中国共产党和人民政府的领导下伟大的信仰自由的宗教政策。它将作为一个辉煌灿烂的标志在今后几十个世纪中屹立在北京近郊的这个风景区里。可以附带提到，旧塔的残基也由人民政府很好地保存下来作为历史中两个时代的鲜明对比。

北京灵光寺佛牙塔

佛教建筑是我们一份珍贵的文化遗产

在中国人民过去两千年的历史中，佛教在他们的生活中发生了巨大的影响。在思想意识方面，许多佛教教义已经成为传统的中国哲学的一部分。在语言、文字、诗词、绘画、雕刻和日用工艺品中，到处都可以看到佛教的影响。这一深刻的广泛的影响更具体地从建筑中表现出来。从建筑的历史观点说来，我们应该感谢佛教给中国的建筑带来了一个新的类型。虽然说最早的佛寺是按照世俗建筑的形式，或者就是用世俗原有的建筑来满足佛教的宗教生活的需要的，但是反过来佛教建筑又给中国的世俗建筑提供了一些新的部署和处理方法。在两千年的发展过程中，佛教建筑和世俗建筑彼此影响，也促进了中国建筑的发展。另一方面，佛教建筑的出现，在古代的城市中，在很大的程度上改变了当时的城市面貌，丰富了当时人民的生活。在这一点上，不仅城市如此，在广大的中国土地上，在山林深处，在河流岸边乃至在广阔的原野上，佛寺不但丰富了中国的风景，不但给信徒提供了修养的环境，也给广大人民从文学家、诗人、画家，一直到简朴善良的农民，提供了幽雅的休息地方。佛教对于中国文化的贡献是巨大的。上面所提到的塔、寺更是一份丰富多彩极其可贵的遗产。像一颗颗灿烂宝石一样，它们点缀着中国的锦绣河山。无论在铁路上、公路上、水路上，我们都可以不时地看见处处突出的一个塔尖和在下面衬托着它的寺院殿堂，或是近处巍峨的高耸云霄的塔影。这些已经成为中国风景轮廓线上一个最突出的特征了。

在我们日常生活所用的家具、装饰等等小品中，我们也可以看到，由于佛教传入中国而带来的许多装饰纹样。

进入十九世纪以后，新建佛寺的活动就越来越少了，反映着佛教在中国已经逐渐衰退，原有的寺院已足够为数还是不少的佛教徒的宗教生活的要求。但是不少的寺院也逐渐颓圮被破坏了。1949 年中华人民共和国成立以后，人民政府坚决贯彻了中国共产党的宗教政策和民族政策，使宗教信仰自由得到了真正的保证；一个多世纪以来失修的寺塔，也由人民政府选择其中为佛教徒的宗教生活所需要的以及具有重大文化、历史、艺术价值的，予以史无前例的科学的、慎重的重修，使它们作为民族的珍贵遗产长久地屹立在人民自己的土地上。

今天中国人民正在建造他们新的城市和农村。中国的建筑师们得到了史无前例地发展他们的才能的机会，新的材料技术给他们提供了在创作上更大的可能性。他们在运用新材料、新技术的时候绝不会忘记一个民族的新建筑，作为一个民族文化的一部分，必须是从他们的旧文化、旧建筑的基础上发展而来的。在这个旧建筑的珍贵传统中，佛教以及佛教建筑也有很大的一份贡献。

曲阜孔庙 [1]

也许在人类历史中，从来没有一个知识分子像中国的孔丘（公元前551—前479年）那样长期地受到一个朝代接着一个朝代的封建统治阶级的尊崇。他认为"一只鸟能够挑选一棵树，而树不能挑选过往的鸟"，所以周游列国，想找一位能重用他的封建主来实现他的政治理想，但始终不得志。事实上，"树"能挑选鸟，却没有一棵"树"肯要这只姓孔名丘的"鸟"。他有时在旅途中绝了粮，有时狼狈到"累累若丧家之狗"，最后只得叹气说，"吾道不行矣！"但是为了"自见于后世"，他晚年坐下来写了一部《春秋》。也许他自己也没想到，他"自见于后世"的愿望达到了。正如汉朝的大史学家司马迁所说："春秋之义行，则天下乱臣贼子惧焉。"所以从汉朝起，历代的统治者就一朝胜过一朝地利用这"圣人之道"来麻痹人民，统治人民。尽管孔子生前是一个不得志的"布衣"，死后他的思想却统治了中国两千年。他的"社会地位"也逐步上升，到了唐朝就已被称为"大成至圣文宣王"，连他的后代子孙也靠了他的"余荫"，在汉朝就被封为"褒成侯"，后代又升一级做"衍圣公"。两千年世袭的贵族，也算是历史上仅有的现象了。这一切也都在孔庙建筑中反映出来。

今天全中国每一个过去的省城、府城、县城都必然还有一座规模宏大、红墙黄瓦的孔庙，而其中最大的一座，就在孔子的家乡——山东省曲阜，规模比首都北京的孔庙还大得多。在庙的东边，还有一座由大小几十个院子组

1　梁思成著，原载于《旅行家》1959年第9期。

成的"衍圣公府"。曲阜城北还有一片占地几百亩、树木葱幽、丛林密茂的孔家墓地——孔林。孔子以及他的七十几代嫡长子孙都埋葬在这里。

现在的孔庙是由孔子的小小的旧宅"发展"出来的。他死后,他的学生就把他的遗物——衣、冠、琴、车、书——保存在他的故居,作为"庙"。汉高祖刘邦就曾经在过曲阜时杀了一条牛祭祀孔子。西汉末年,孔子的后代受封为"褒成侯",还领到封地来奉祀孔子。到东汉末桓帝时(公元153年),第一次由国家为孔子建了庙。随着朝代岁月的递移,到了宋朝,孔庙就已发展成三百多间房的巨型庙宇。历代以来,孔庙曾经多次受到兵灾或雷火的破坏,但是统治者总是把它恢复重建起来,而且规模越来越大。到了明朝中叶(十六世纪初),孔庙在一次兵灾中毁了之后,统治者不但重建了庙堂,而且为了保护孔庙,干脆废弃了原在庙东的县城,而围绕着孔庙另建新城——"移县就庙"。在这个曲阜县城里,孔庙正门紧挨在县城南门里,庙的后墙就是县城北部,由南到北几乎把县城分割成为互相隔绝的东西两半。这就是今天的曲阜。孔庙的规模基本上是那时重建后留下来的。

自从萧何给汉高祖营建壮丽的未央宫,"以重天子之威"以后,统治阶级就学会了用建筑物来做政治工具。因为"夫子之道"是可以利用来维护封建制度的最有用的思想武器,所以每一个新的皇朝在建国之初,都必然隆重祭孔,大修庙堂,以阐"文治";在朝代衰末的时候,也常常重修孔庙,企图宣扬"圣教",扶危救亡。1935年,国民党政府就是企图这样做的最后一个,当然,蒋介石的"尊孔",并不能阻止中国人民的解放运动;当时的重修计划,也只是一纸空文而已。

由于封建统治阶级对于孔子的重视,连孔子的子孙也沾了光,除了庙东那座院落重重、花园幽深的"衍圣公府"外,解放前,在县境内还有大量的"祀田",历代的"衍圣公",也就成了一代一代的恶霸地主。曲阜县知县也必须是孔氏族人,而且必须由"衍圣公"推荐,"朝廷"才能任命。

孔子墓

除了孔庙的"发展"过程是一部很有意思的"历史纪录"外，现存的建筑物也可以看作中国近八百年来的"建筑标本陈列馆"。这个"陈列馆"一共占地将近十公顷，前后共有八"进"庭院，殿、堂、廊、庑，共六百二十余间，其中最古的是金朝（公元 1195 年）的一座碑亭，以后元、明、清、民国各朝代的建筑都有。

孔庙的八"进"庭院中，前面（即南面）三"进"庭院都是柏树林，每一进都有墙垣环绕，正中是穿过柏树林和重重的牌坊、门道的甬道。第三进以北才开始布置建筑物。这一部分用四个角楼标志出来，略似北京紫禁城，但具体而微。在中线上的是主要建筑组群，由奎文阁、大成门、大成殿、寝殿、圣迹殿和大成殿两侧的东庑和西庑组成。大成殿一组也用四个角楼标志着，略似北京故宫前三殿一组的意思。在中线组群两侧，东面是承圣殿、诗礼堂一组，西面是金丝堂、启圣殿一组。大成门之南，左右有碑亭十余座。此外还有些次要的组群。

奎文阁是一座两层楼的大阁，是孔庙的藏书楼，明朝弘治十七年（公元

1504年）所建。在它南面的中线上的几道门也大多是同年所建。大成殿一组，除杏坛和圣迹殿是明代建筑外，全是清雍正年间（公元1724—1730年）建造的。

山东曲阜孔庙奎文阁

今天到曲阜去参观孔庙的人，若由南面正门进去，在穿过了苍翠的古柏林和一系列的门堂之后，首先引起他兴趣的大概会是奎文阁前的同文门。这座门不大，也不开在什么围墙上，而是单独地立在奎文阁前面。它引人注意的不是它的石柱和四百五十多年的高龄，而是门内保存的许多汉魏碑石。其中如史晨、孔庙、张猛龙等碑，是老一辈临过碑帖练习书法的人所熟悉的。现在，人民政府又把散弃在附近地区的一些汉画像石集中到这里。原来在庙西双相圃（校阅射御的地方）的两个汉刻石人像也移到庙园内，立在一座新建的亭子里。今天的孔庙已经具备了一个小型汉代雕刻陈列馆的条件了。

奎文阁虽说是藏书楼，但过去是否真正藏过书，很成疑问。它是大成殿主要组群前面"序曲"的高峰，高大仅次于大成殿；下层四周回廊全部用石柱，是一座很雄伟的建筑物。

大成殿正中供奉孔子像，两侧配祀颜回、曾参、孟轲等"十二哲"。它是一座双层瓦檐的大殿，建立在双层白石台基上，是孔庙最主要的建筑物，重建于清初雍正年间雷火焚毁之后，1730 年落成。这座殿最引人注意的是它前廊的十根精雕蟠龙石柱。每根柱上雕出"双龙戏珠"，"降龙"由上蟠下来，头向上；"升龙"由下蟠上去，头向下。中间雕出宝珠，还有云焰环绕衬托。柱脚刻出石山，下面莲瓣柱础承托。这些蟠龙不是一般的浮雕，而是附在柱身上的圆雕。它在阳光闪烁下栩栩如生，是建筑与雕刻相辅相成的杰出的范例。大成门正中一对柱也用了同样的手法。殿两侧和后面的柱子是八角形石柱，也有精美的浅浮雕。相传大成殿原来的位置在现在殿前杏坛所在的地方，是 1018 年宋真宗时移建的。现存台基的"御路"雕刻是明代的遗物。

山东曲阜孔庙大成殿蟠龙柱

杏坛位置在大成殿前庭院正中，是一座亭子，相传是孔子讲学的地方。现存的建筑也是明弘治十七年所建。显然是清雍正年间经雷火灾后幸存下来的。大成殿后的寝殿是孔子夫人的殿。再后面的圣迹殿，明末万历年间（公元 1592 年）创建，现存的仍是原物，中有孔子周游列国的画石一百二十幅，其中有些出于名家手笔。

大成门前的十几座碑亭是金元以来各时代的遗物，其中最古的已有七百七十多年的历史。孔庙现存的大量碑石中，比较特殊的是元朝的蒙汉文对照的碑和一块明初洪武年间的语体文碑，都是语文史中可贵的资料。

1959 年，人民政府对这个辉煌的建筑组群进行修葺。这次重修，本质上不同于历史上的任何一次重修：过去是为了维护和挽救反动政权，而今天则是我们对于历史人物和对于具有历史艺术价值的文物给予应得的评定和保护。七月间，我来到了阔别二十四年的孔庙，看到工程已经顺利开始，工人的劳动热情都很高。特别引人注意的，是彩画工人中有些年轻的姑娘，高高地在檐下做油饰彩画工作，这是坚决主张重男轻女的孔丘所梦想不到的。

过去的"衍圣公府"已经成为人民的文物保管委员会办公的地方，科学研究人员正在整理、研究"府"中存下的历代档案，不久即可开放。

更令人兴奋的是，我上次来时，曲阜是一个颓垣败壁、秽垢不堪的落后县城，街上看到的，全是衣着褴褛、愁容满面的饥寒交迫的人。今天的曲阜，不但市容十分整洁，连人也变了，往来于街头巷尾的不论是胸佩校徽、迈着矫健步伐的学生，或是连唱带笑、蹦蹦跳跳的红领巾，以及徐步安详的老人，……都穿的干净齐整。城外农村里，也是一片繁荣景象，男的都穿着洁白的衬衫，青年妇女都穿着印花布的衣服，在麦粒堆积如山的晒场上愉快地劳动。

云冈石窟中所表现的北魏建筑 [1]

绪言

二十二年九月间，营造学社同人，趁着到大同测绘辽金遗建华严寺、善化寺等之便，决定附带到云冈去游览，考察数日。

云冈灵严石窟寺，为中国早期佛教史迹壮观。因天然的形势，在绵亘峭立的岩壁上，凿造龛像，建立寺宇，动伟大的工程，如《水经注》漯水条所述："……凿石开山，因岩结构，真容巨壮，世法所希，山堂水殿，烟寺相望，……"；又如《续高僧传》中所描写的"……面别镌像，穷诸巧丽，龛别异状，骇动人神……"；则这灵岩石窟更是后魏艺术之精华——中国美术史上一个极重要时期中难得的大宗实物遗证。

但是或因两个极简单的原因，这云冈石窟的雕刻，除掉其在宗教意义上，频受人民香火，偶遭帝王巡幸礼拜外，十数世纪来直到近三十余年前，在这讲究金石考古学术的中国里，却并未有人注意及之。

我们所疑心的几个简单的原因，第一个浅而易见的，自是地处边僻，交通不便。第二个原因，或是因为云冈石窟诸刻中，没有文字。窟外或崖壁上即使有，如《续高僧传》中所称之碑碣，却早已漫没不存痕迹，所以在这偏重碑拓文字的中国金石学界里，便引不起什么注意。第三个原因，是士大夫阶级好排斥异端，如朱彝尊的《云冈石佛记》，即其一例，宜其湮没千余年，

---

1 梁思成、林徽因、刘敦桢著，原载于《中国营造学社汇刊》1933年第4卷第3、4期。

不为通儒硕学所称道。

近人中，最早得见石窟，并且认识其在艺术史方面的价值和地位；发表文章；记载其雕饰形状；考据其兴造年代的；当推日人伊东[1]和新会陈援庵先生[2]，此后专家作有统系的调查和详细摄影的，有法人沙畹，（Chavannes）[3]，日人关野贞，小野诸人[4]，各人的论著均以这时期因佛教的传布，中国艺术固有的血脉中，忽然渗杂旺而有力的外来影响，为可重视。且西域所传入的影响，其根苗可远推至希腊古典的渊源，中间经过复杂的途径，迤逦波斯，蔓延印度，更推迁至西域诸族，又由南北两路健陀罗及西藏以达中国。这种不同文化的交流濡染，为历史上最有趣的现象，而云冈石刻便是这种现象，极明晰的实证之一种，自然也就是近代治史者所最珍视的材料了。

根据着云冈诸窟的雕饰花纹的母题（motif）及刻法，佛像的衣褶容貌及姿势，断定中国艺术约莫由这时期起，走入一个新的转变，是毫无问题的。以汉代遗刻中所表现的一切戆直古劲的人物车马花纹，与六朝以还的佛像饰纹，和浮雕的草叶、璎珞、飞仙等等相比较，则前后判然不同的倾向，一望而知。仅以刻法而论，前者单简冥顽，后者在质朴中，忽而柔和生动，更是相去悬殊。

但云冈雕刻中，"非中国"的表现甚多；或显明承袭希腊古典宗脉；或繁富的掺杂印度佛教艺术影响；其主要各派原素多是囫囵包并，不难历历辨认出来的。因此又与后魏迁洛以后所建伊阙石窟——即龙门——诸刻，稍不相同。以地点论，洛阳伊阙是中原文化中心所在；以时间论，魏帝迁洛时，距武州凿窟已经半世纪之久；此期中国本有艺术的风格，得到西域袭入的增益后，更是根深蒂固，一日千里，反将外来势力积渐融化，与本有的精神冶

1　伊东忠太：《北清建筑调查报告》。见建筑杂志第一八九号。伊东忠太：《支那建筑史》。——作者注

2　陈垣：《山西大同武州山石窟寺记》。——作者注

3　Edouard Chavannes: Misssion archeologique dans la chine Scptentrionale.——作者注

4　小野玄妙：《极东之三大艺术》。——作者注

于一炉。

云冈雕刻既然上与汉刻迥异，下与龙门较，又有很大差别，其在中国艺术史中，固自成一特种时期。近来中西人士对于云冈石刻更感兴趣，专诚到那里谒拜鉴赏的，便成为常事，摄影翻印，到处可以看到。同人等初意不过是来大同机会不易，顺便去灵岩开开眼界，瞻仰后魏艺术的重要表现；如果获得一些新的材料，则不妨图录笔记下来，作一种云冈研究补遗。

云冈石窟佛像示例

以前从搜集建筑实物史料方面，我们早就注意到云冈、龙门及天龙山等处石刻上"建筑的"（architectural）价值，所以造像之外，影片中所呈示的各种浮雕花纹及建筑部分（若门楣、栏杆、柱塔等等），均早已列入我们建筑实物史料的档库。这次来到云冈，我们得以亲目抚摩这些珍罕的建筑实物遗证，同行诸人，不约而同的第一转念，便是作一种关于云冈石窟"建筑的"

龙门石窟佛像示例

方面比较详尽的分类报告。

　　这"建筑的"方面有两种：一是洞本身的布置、构造及年代，与敦煌印度之差别等等，这个倒是比较简单的；一是洞中石刻上所表现的北魏建筑物及建筑部分，这后者却是个大大有意思的研究，也就是本篇所最注重处，亦所以命题者。然后我们当更讨论到云冈飞仙的雕刻，及石刻中所有的雕饰花纹的题材、式样等等，最后当在可能范围内，研究到窟前当时，历来及现在的附属木构部分，以结束本篇。

一　洞名

云冈诸窟，自来调查者各以主观命名，所根据的，多倚赖于传闻，以讹传讹，极不一致。如沙畹书中未将东部四洞列入，仅由中部算起；关野虽然将东部补入，却又遗漏中部西端三洞。至于伊东最早的调查，只限于中部诸洞，把东西二部全体遗漏，虽说时间短促，也未免遗漏太厉害了。

本文所以要先厘定各洞名称，俾下文说明，有所根据。兹依云冈地势分云冈为东、中、西三大部。每部自东向西，依次排号；小洞无关重要者从略。再将沙畹、关野、小野三人对于同一洞的编号及名称，分行列于底下，以作参考。

东部	沙畹命名	关野命名（附中国名称）	小野调查之名称
第一洞		No.1（东塔洞）	石鼓洞
第二洞		No.2（西塔洞）	寒泉洞
第三洞		No.3（隋大佛洞）	灵岩寺洞
第四洞		No.4	
中部			
第一洞	No.1	No.5（大佛洞）	阿弥陀佛洞
第二洞	No.2	No.6（大四面佛洞）	释迦佛洞
第三洞	No.3	No.7（西来第一佛洞）	准提阁菩萨洞
第四洞	No.4	No.8（佛籁洞）	佛籁洞
第五洞	No.5	No.9（释迦洞）	阿佛闪洞
第六洞	No.6	No.10（持钵佛洞）	毘庐佛洞
第七洞	No.7	No.11（四面佛洞）	接引佛洞

第八洞	No.8	No.12（椅像洞）	离垢地菩萨洞
第九洞	No.9	No.13（弥勒洞）	文殊菩萨洞

西部

第一洞	No.16	No.16（立佛洞）	接引佛洞
第二洞	No.17	No.17（弥勒三尊洞）	阿闪佛洞
第三洞	No.18	No.18（立三佛洞）	阿闪佛洞
第四洞	No.19	No.19（大佛三洞）	宝生佛洞
第五洞	No.20	No.20（大露佛）	白佛耶洞
第六洞		No.21（塔洞）	千佛洞

本文仅就建筑与装饰花纹方面研究，凡无重要价值的小洞，如中部西端三洞与西部东端二洞，均不列入，故篇中名称，与沙畹、关野两人的号数不合。此外云冈对岸西小山上，有相传造像工人所凿，自为功德的鲁班窑二小洞；和云冈西七里姑子庙地方，被川水冲毁，仅余石壁残像的尼寺石祇洹舍，均无关重要，不在本文范围以内。

二　洞的平面及其建造年代

云冈诸窟中，只是西部第一到第五洞，平面作椭圆形或杏仁形，与其他各洞不同。关野、常盘合著的《支那佛教史迹》第二集评解，引《魏书》兴光元年，与五缎大寺为太祖以下五帝铸铜像之例，疑此五洞亦为纪念太祖以下五帝而设，并疑《魏书·释老志》所言昙曜开窟五所，即此五洞，其时代在云冈诸洞中为最早。

考《魏书·释老志》卷百十四原文："……兴光元年秋，敕有司于五缎大寺内，为太祖以下五帝，铸释迦立像五，各长一丈六尺。……太安初，有师子国胡沙门邪奢遗多、浮陁难提等五人，奉佛像三到京都，皆云备历西城诸国，见佛影迹及肉髻，外国诸王相承，咸遣工匠摹写其容，莫能及难提所

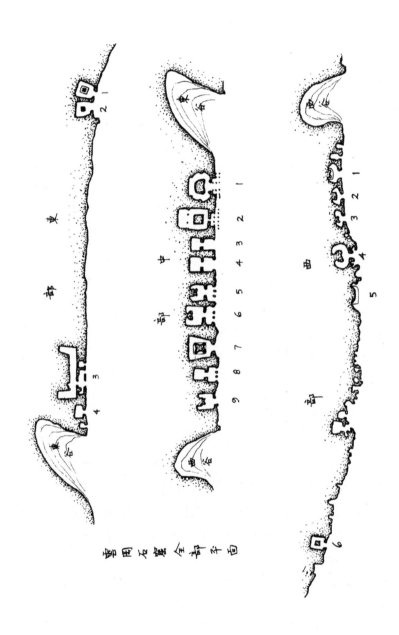

云冈石窟全部平面

造者。去十余步视之炳然，转近转微。又沙勒胡沙门赴京致佛钵，并画像迹。和平初，师贤卒，昙曜代之，更名沙门统。初昙曜以复法之明年，自中山被命赴京，值帝出，见于路，……帝后奉以师礼。昙曜白帝，于京城西武州塞，凿山石壁，开窟五所，镌建佛像各一，高者七十尺，次六十尺。雕饰奇伟，冠于一世。……"

所谓"复法之明年"，自是兴安二年（公元453年），魏文成帝即位的第二年，也就是太武帝崩后第二年。关于此节，有《续高僧传·昙曜传》中一段记载，年月非常清楚："先是太武皇帝太平真君七年，司徒崔皓令帝崇重道士寇谦之，拜为天师，珍敬老氏。虐刘释种，焚毁寺塔。至庚寅年（太平真君十一年），太武感疠疾，方始开悟。帝心既悔，诛夷崔氏。至壬辰年（太平真君十三年亦即安兴元年）太武云崩，子文成立，即起塔寺，搜访经典。毁法七载，三宝还兴；曜慨前陵废，欣今重复……"由太平真君七年毁法，到兴安元年"起塔寺""访经典"的时候，正是前后七年，故有所谓"毁法七载，三宝还兴"的话；那么无疑的"复法之明年"，即是兴安二年了。

所可疑的只是：（一）到底昙曜是否在"复法之明年"见了文成帝便去开窟，还是到了"和平初，师贤卒"他做了沙门统之后，才"白帝于京城西……开窟五所？"这里前后就有八年的差别，因魏文成帝于兴安二年后改号兴光，一年后又改太安，太安共五年，才改号和平的。（二）《释老志》文中"后帝奉以师礼，曜白帝于京城西……"这里"后"字，亦颇蹊跷。到底这时候，距昙曜初见文成帝时候有多久？见文成帝之年固为兴安二年，他禀明要开窟之年（即使不待他做了沙门统）也可在此后两三年、三四年之中，帝奉以师礼之后！

总而言之，我们所知道的只是昙曜于兴安二年（公元453年）入京见文成帝，到和平初年（公元460年）做了沙门统。至于武州塞五窟，到底是在这八年中的哪一年兴造的，则不能断定了。

《释老志》关于开窟事，和兴光元年铸像事的中间，又记载那一节太安初师子国（锡兰）胡沙门难提等奉像到京都事，并且有很恭维难提摹写佛容技术的话。这个令人颇疑心与石窟镌像，有相当瓜葛。即不武断的说，难提与石窟巨像，有直接关系，因难提造像之佳，"视之炳然……"，而猜测他所摹写的一派佛容，必然大大的影响当时佛像的容貌，或是极合理的。云冈诸刻虽多健陀罗影响，而西部五洞巨像的容貌衣褶，却带极浓厚的中印度气味的。

至于《释老志》，"昙曜开窟五所"的窟，或即是云冈西部的五洞，此说由云冈石窟的平面方面看起来，我们觉得更可以置信。（一）因为它们的平面配置，自成一统系，且自左至右五洞，适相联贯。（二）此五洞皆有本尊像及胁持，面貌最富异国情调，与他洞佛像大异。（三）洞内壁面列无数小龛小佛，雕刻甚浅，没有释迦事迹图。塔与装饰花纹亦甚少，和中部诸洞不同。（四）洞的平面由不规则的形体，进为有规则之方形或长方形，乃工作自然之进展与要求。因这五洞平面的不规则，故断定其开凿年代必最早。

《支那佛教史迹》第二集评解中，又谓中部第一洞为孝文帝纪念其父献文帝所造，其时代仅次于西部五大洞。因为此洞平面前部，虽有长方形之外室，后部仍为不规则之形体，乃过渡时代最佳之例。这种说法，固甚动听，但文献上无佐证，实不能定谳。

中部第三洞，有太和十三年铭刻；第七洞窗东侧，有太和十九年铭刻及洞内东壁曾由叶恭绰先生发现之太和七年铭刻。文中有"邑义信士女等五十四人……共相劝合为国兴福，敬造石庙形像九十五区及诸菩萨，愿以此福……"等等。其他中部各洞全无考。但就佛容及零星雕刻作风而论，中部偏东诸洞，仍富于异国情调。偏西诸洞，虽洞内因石质风化过甚，形像多经后世修葺，原有精神完全失掉，而洞外崖壁上的刻像，石质较坚硬，刀法伶俐可观，佛貌又每每微长，口角含笑，衣褶流畅精美，渐类龙门诸像。已是较晚期的作风无疑。和平初年到太和七年，已是二十三年，实在不能不算是一个相当的距离。且由第七洞更偏西去的诸洞，由形势论，当是更晚的增辟，年代当又在太和七年后若干年了。

西部五大洞之外，西边无数龛洞（多已在崖面成浅龛）以作风论，大体较后于中部偏东四洞，而又较古于中部偏西诸洞。但亦偶有例外，如西部第六洞的洞口东侧，有太和十九年铭刻，与其东侧小洞，有延昌年间的铭刻。

我们认为最希奇的是东部未竣工的第三洞。此洞又名灵岩，传为昙曜的译经楼，规模之大，为云冈各洞之最。虽未竣工，但可看出内部佛像之后，原计划似预备凿通，俾可绕行佛后的。外部更在洞顶崖上，凿出独立的塔一对，塔后石壁上，又有小洞一排，为他洞所无。以事实论，颇疑此洞因孝文帝南迁洛阳，在龙门另营石窟，平城（即大同）日就衰落，故此洞工作，半途中辍，但确否尚须考证。以作风论，关野、常盘谓第三洞佛像在北魏与唐之间，疑为隋炀帝纪念其父文帝所建。新海中川合著之《云冈石窟》竟直称为初唐遗物。这两说未免过于武断。事实上，隋唐皆都长安、洛阳，决无于云冈造大窟之理，史上亦无此先例。且即根据作风来察这东部大洞的三尊巨像的时代，也颇有疑难之处。

我们前边所称，早期异国情调的佛像，面容为肥圆的；其衣纹细薄，贴附于像身，（所谓湿褶纹者）；佛体呆板，僵硬，且权衡短促；与他像修长微笑的容貌，斜肩而长身，质实垂重的衣裾褶纹，相较起来，显然有大区别。现在这里的三像，事实上虽可信其为云冈最晚的工程，但像貌、衣褶、权衡，反与前者，所谓异国神情者，同出一辙，骤反后期风格。

不过在刀法方面观察起来，这三像的各样刻工，又与前面两派不同，独成一格。这点在背光和头饰的上面，尤其显著。

这三像的背光上火焰，极其回绕柔和之能事，与西部古劲挺强者大有差别；胁侍菩萨的头饰则繁富精致，（ornate），花纹更柔圆近于唐代气味（论者定其为初唐遗物，或即为此）。佛容上，耳、鼻、手的外廓刻法，亦肥圆避免锐角，项颈上三纹堆叠，更类他处隋代雕像特征。

这样看来，这三像岂为早期所具规模，至后（迁洛前）才去雕饰的，一种特殊情况下遗留的作品？不然，岂太和以后某时期中云冈造像之风暂敛，至孝文帝迁都以前，镌建东部这大洞时，刻像的手法乃大变，一反中部风格，倒去摹仿西部五大洞巨像的神气？再不然，即是兴造此洞时，在佛像方面，有指定的印度佛像作模型镌刻。关于这点，文献上既苦无材料帮同消解这种种哑谜。东部未竣工的大洞兴造年代，与佛像雕刻时期，到底若何，怕仍成为疑问，不是从前论断者所见得的那么简单"洞未完竣而辍工"。近年偏西次洞又遭凿毁一角，东部这三洞，灾故又何多？

现在就平面及雕刻诸点论，我们可约略的说：西部五大洞建筑年代最早，中部偏东诸大洞次之，西部偏西诸洞又次之，中部偏西各洞及崖壁外大龛再次之。东部在雕刻细工上，则无疑的在最后。

离云冈全部稍远，有最偏东的两塔洞，塔居洞中心，注重于建筑形式方面，瓦檐、斗栱及支柱，均极清晰显明，佛像反模糊无甚特长，年代当与中部诸大洞前后相若；尤其是释迦事迹图，宛似中部第二洞中所有。

就塔洞论，洞中央之塔柱雕大尊佛像者较早，雕楼阁者次之。详下文解释。

三 石窟的源流问题

石窟的制作受佛教之启迪，毫无疑问，但印度 Ajanta 诸窟之平面，比较复杂，且纵穴其深，内有支提塔，有柱廊，非我国所有。据 Von Le Coq 在新疆所调查者，其平面以一室为最普通，亦有二室者。室为方形，较印度之窟简单，但是诸窟的前面用走廊连贯，骤然看去，多数的独立的小窟团结一气，颇觉复杂，这种布置，似乎在中国窟与印度窟之间。

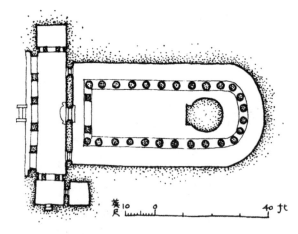

印度 Ajanta 石窟平面示意图

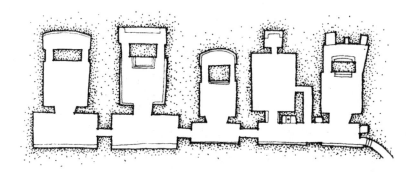

新疆 Kumtura 石窟平面示意图

　　敦煌诸窟，伯希和书中没有平面图，不得知其详。就像片推测，有二室联结的。有塔柱，四面雕佛像的。室的平面，也是以方形和长方形居多。疑与新疆石窟是属于一个系统，只因没有走廊联络，故更为简单。

　　云冈中部诸洞，大半都是前后两间。室内以方形和长方形为最普通。当然受敦煌及西域的影响较多，受印度的影响较少。所不可解者，昙曜最初所造的西部五大窟，何以独作椭圆形、杏仁形，其后中部诸洞，始与敦煌等处一致？岂此五洞出自昙曜及其工师独创的意匠？抑或受了敦煌西城以外的影响？在全国石窟尚未经精密调查的今日，这个问题又只得悬起待考了。

四　石刻中所表现的建筑形式

（一）塔

　　云冈石窟所表现的塔分两种：一种是塔柱，另一种便是壁面上浮雕的塔。

　　（甲）塔柱是个立体实质的石柱，四面镂着佛像，最初塔柱是模仿印度石窟中的支提塔，纯然为信仰之对象。这种塔柱立在中央，为的是僧众可以绕行柱的周围，礼赞供养。伯希和敦煌图录中认为北凉建造的第一百十一洞，就有塔柱，每面皆琢佛像。云冈东部第四洞及中部第二洞、第七洞，也都是如此琢像在四面的，其受敦煌影响，当没有疑问。所宜注意之点，则是由支提塔变成四面雕像的塔柱，中间或尚有其过渡形式，未经认识，恐怕仍有待于专家的追求。

稍晚的塔柱，中间佛像缩小，柱全体成小楼阁式的塔，每面镂刻着檐柱、斗栱，当中刻门拱形（有时每面三间或五间）浮雕佛像，即坐在门拱里面。虽然因为连着洞顶，塔本身没有顶部，但底下各层，实可作当时木塔极好的模型。

与云冈石窟同时或更前的木构建筑，我们固未得见，但魏书中有许多建立多层浮图的记载，且《洛阳伽蓝记》中所描写的木塔，如熙平元年（公元516年）胡太后所建之永宁寺九层浮图，距云冈开始造窟仅五十余年，木塔营建之术，则已臻极高程度，可见半世纪前，三五层木塔，必已甚普通。至于木造楼阁的历史，根据史料，更无疑的已有相当年代；如后汉书陶谦传，

云冈石窟东部第一洞二层塔柱

说"笮融大起浮屠寺，上累金盘，下为重楼"。而汉刻中，重楼之外，陶质冥器中，且有极类塔形的三层小阁，每上一层面阔且递减。故我们可以相信云冈塔柱，或浮雕上的层塔，必定是本着当时的木塔而镌刻的，决非臆造的形式。因此云冈石刻塔，也就可以说是当时木塔的石仿模型了。

　　属于这种的云冈独立塔柱，共有五处，平面皆方形（《伽蓝记》中木塔亦谓"有四面"）列表如下：

东部第一洞	二层	每层一间
东部第二洞	三层	每层三间
中部东山谷中塔洞	五层？	每层？间
西部第六洞	五层	每层五间
中部第二洞（中间四大佛像四角四塔柱）	九层	每层三间

云冈石窟东部第二洞三层塔柱

云冈石窟西部第六洞五层塔柱（今第三十九窟）

　　上列五例，以西部第六洞的塔柱为最大，保存最好。塔下原有台基，惜大部残毁不能辨认。上边五层重叠的阁，面阔与高度成递减式，即上层面阔同高度，比下层每次减少，使外观安稳隽秀。这个是中国木塔重要特征之一，不意频频见于北魏石窟雕刻上，可见当时木塔主要形式已是如此，只是平面，似尚限于方形。

　　日本奈良法隆寺，藉高丽东渡僧人监造，建于隋炀帝大业三年（公元607年），间接传中国六朝建筑形制。虽较熙平元年永宁寺塔晚几一世纪，但因远在外境，形制上亦必守旧，不能如文化中区的迅速精进。法隆寺塔共五层，平面亦是方形；建筑方面已精美成熟，外表玲珑开展。推想在中国本土，先此百余年时，当已有相当可观的木塔建筑无疑。

日本奈良法隆寺五重塔

　　至于建筑主要各部，在塔柱上亦皆镌刻完备，每层的阁所分各间，用八角柱区隔，中雕龛拱，及像（龛有圆拱五边拱两种间杂而用）。柱上部放坐斗，载额枋，额枋上不见平板枋。斗栱仅柱上用一斗三升；补间用"人字栱"；檐椽只一层，断面作圆形，椽到阁的四隅作斜列状，有时檐角亦微微翘起。椽与上部的瓦陇间隔，则上下一致。最上层因须支撑洞的天顶，所以并无似浮雕上所刻的刹柱相轮等等。除此之外，所表现各部，都是北魏木塔难得的参考物。

　　又东部第一洞第二洞的塔柱，每层四隅皆有柱，现仅第二洞的尚存一部分。柱断面为方形，微去四角。旧时还有栏杆围绕，可惜全已毁坏。第一洞廊上的天花作方格式，还可以辨识。

中部第二洞的四小塔柱，位于刻大像的塔柱上层四隅。平面亦方形。阁共九层，向上递减至第六层。下六层四隅，有凌空支立的方柱。这四个塔柱因平面小，故檐下比较简单，无一斗三升的斗栱、人字栱及额枋。柱是直接支于檐下，上有大坐斗，如同多立克式柱头（Dori corder）；更有意思的就是檐下每龛门拱上，左右两旁有伸出两卷瓣的栱头，与奈良法隆寺金堂上"云肘木"（即云形栱）或玉虫厨子柱上的"受肘木"极其相似，惟底下为墙，且无柱故亦无坐斗。

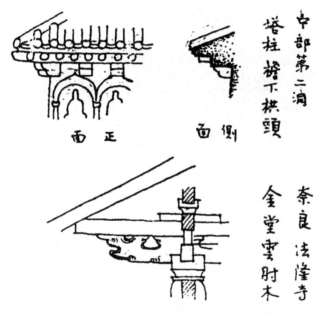

云冈石窟栱头与奈良法隆寺云肘木示意图

这几个多层的北魏塔型，又有个共有的现象，值得注意的，便是底下一层檐部，直接托住上层的阁，中间没有平坐。此点即奈良法隆寺五层塔亦如是。阁前虽有勾阑，却非后来的平坐，因其并不伸出阁外，另用斗栱承托着。

（乙）浮雕的塔，遍见各洞，种类亦最多。除上层无相轮，仅刻忍冬草纹的，疑为浮雕柱的一种外（伊东因其上有忍冬草，称此种作哥林特式柱Corinthian order）其余列表如下：

一层塔——（一）上圆下方，有相轮五重。

见中部第二洞上层，及中部第九洞。

（二）方形，见中部第九洞。

三层塔——平面方形，每层间数不同。

（一）见中部第七洞，第一层一间，第二层二间，第三层一间，塔下有方座，脊有合角鸱尾，刹上具相轮五重及宝珠。

（二）见中部第八第九洞，每层均一间。

（三）见西部第六洞，第一层二间，第二、三层各一间，每层脊有合角鸱尾。

（四）见西部第二洞，第一、二层各一间，第三层二间。

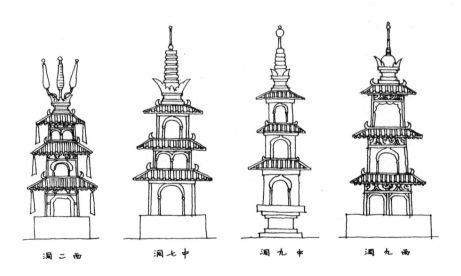

洞二西　　　洞七中　　　洞九中　　　洞九西

云冈石窟浮雕三层塔四种

五层塔——平面方形
　　（一）见东部第二洞，此塔有侧脚。
　　（二）见中部第二洞有台基，各层面阔，高度，均向上递减。
　　（三）见中部第七洞。
七层塔——平面方形。
　　见中部第七洞塔下有台座，无枭混及莲瓣。每层之角悬幡，刹上具
　　相轮五层及宝珠。

云冈石窟中部第七洞
浮雕七层塔

以上（甲）（乙）两种的塔，虽表现方法稍不同，但所表示的建筑式样，除圆顶塔一种外，全是中国"楼阁式塔"建筑的实例。现在可以综合它们的特征，列成以下各条。

（一）平面全限于方形一种，多边形尚不见。

（二）塔的层数，只有东部第一洞有个偶数的，余全是奇数，与后代同。

（三）各层面阔和高度，向上递减，亦与后代一致。

（四）塔下台基没有曲线枭混和莲瓣，颇像敦煌石窟的佛座，疑当时还没有像宋代须弥座的繁缛雕饰。但是后代的枭混曲线，似乎由这种直线枭混演变出来的。

（五）塔的屋檐皆直檐（但浮雕中殿宇的前檐，有数处已明显的上翘），无里角法，故亦无仔角梁老角梁之结构。

（六）椽子仅一层，但已有斜列的翼角椽子。

（七）东部第二窟之五层塔浮雕，柱上端向内倾斜，大概是后世侧脚之开始。

（八）塔顶之形状：东部第二洞浮雕五层塔，下有方座。其露盘极像日本奈良法隆寺五重塔，其上忍冬草雕饰，如日本的受花，再上有覆钵，覆钵

上刹柱饰，相轮五重顶，冠宝珠。可见法隆寺刹上诸物，俱传自我国。分别
只在法隆寺塔刹的覆钵，在受花下，云冈的却居受花上。云冈刹上没有水烟，
与日本的亦稍不同。相轮之外廓，上小下大（东部第二洞浮雕），中段稍向
外膨出。东部第一洞与中部第二洞之浮雕塔，一塔三刹，关野谓为"三宝"
之表征，其制为近世所没有。总之根本全个刹，即是一个窣堵坡（stupa）。

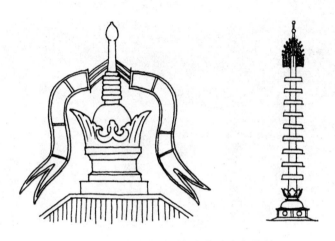

云冈东部第二洞浮雕塔刹与奈良法隆寺塔刹

（九）中国楼阁向上递减，顶上加一个窣堵坡，便为中国式的木塔。所
以塔虽是佛教象征意义最重的建筑物，传到中土却中国化了，变成这中印合
璧的规模，而在全个结构及外观上中国成分，实又占得多。如果《后汉书·陶
谦传》所记载的，不是虚伪，此种木塔，在东汉末期，恐怕已经布下种子了？

（二）殿宇

壁上浮雕殿宇共有两种，一种是刻成殿宇正面模型，用每两柱间的空隙，
镌刻较深佛龛而居像；另一种则是浅刻释迦事迹图中所表现的建筑物。这两
种殿宇的规模，虽甚简单，但建筑部分，固颇清晰可观，和浮雕诸塔同样，

有许多可供参考的价值，如同檐柱、额枋、斗栱、房基、栏杆、阶级，等等。不过前一种既为佛龛的外饰，有时竟不是十分忠实的建筑模型，檐下瓦上，多增加非结构的花鸟，后者因在事迹图中，故只是单间的极简单的建筑物，所以两种均不足代表当时的宫室全部的规矩。它们所供给的有价值的实证，故仍在几个建筑部分上。（详下文）

云冈石窟中部第八洞东壁浮雕佛殿（今第十二窟前室东壁）

（三）洞口柱廊

洞口因石质风化太甚，残破不堪，石刻建筑结构，多已不能辨认。但中部诸洞有前后两室者，前室多作柱廊，形式类希腊神庙前之茵安提斯（inantis）柱廊之布置。廊作长方形，面阔约倍于进深，前面门口加两根独立大支柱，分全面阔为三间。这种布置，亦见于山西天龙山石窟，惟在比例上，天龙山的廊较为低小，形状极近于木构的支柱及阑额。云冈柱廊柱身则高大无伦。廊内开敞，刻几层主要佛龛。惜外面其余建筑部分，均风化不稍留痕迹，无法考其原状。

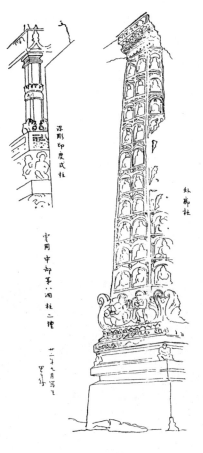

云冈中部第八洞柱二种

五　石刻中所见建筑部分

（一）柱

　　柱的平面虽说有八角形、方形两种，但方形的，亦皆微去四角，而八角形的，亦非正八角形，只是所去四角稍多，"斜边"几乎等于"正边"而已。

柱础见于中部第八洞的，也作八角形，颇像宋式所谓櫍。柱身下大上小，但未有 entasis 及卷杀。柱面常有浅刻的花纹，或满琢小佛龛。柱上皆有坐斗，斗下有皿板，与法隆寺同。

柱部分显然得外国影响的，散见各处：如（一）中部第八洞入口的两侧有二大柱，柱下承以台座，略如希腊古典的 pedestal，疑是受健陀罗的影响。（二）中部第八洞柱廊内墙东南转角处，有一八角短柱立于勾栏上面；柱头略像方形小须弥座，柱中段绕以莲瓣雕饰，柱脚下又有忍冬草叶，由四角承托上来。这个柱的外形，极似印度式样，虽然柱头柱身及柱脚的雕饰，严格的全不本着印度花纹。（三）各种希腊柱头，中部第八洞有"爱奥尼亚"式柱头（Ionic order），极似 Temple of Neandria 柱头。散见于东部第一洞，中部三、

云冈石窟中部第八洞（今第十窟）爱奥尼亚式柱

四，等洞的，有哥林特式柱头，但全极简单，不能与希腊正规的 order 相比；且云冈的柱头乃忍冬草大叶，远不如希腊 acanthus 叶的复杂。（四）东部第四洞有人形柱，但极粗糙，且大部已毁。（五）中部第二洞龛栱下，有小短柱支托，则又完全作波斯形式，且中部第八洞壁面上，亦有兽形栱与波斯兽形柱头相同。（六）中部某部浮雕柱头，见于印度古石刻。

希腊古 Ionic 式柱头

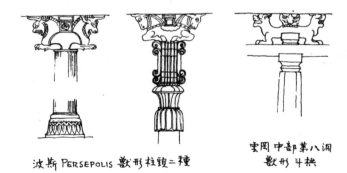

波斯式兽形柱头

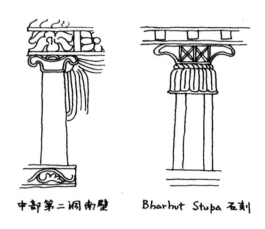

中部第二洞南壁   Bharhut Stupa 石刻

印度"元宝式"柱头

（二）阑额

阑额载于坐斗内，没有平板枋，额亦仅有一层。坐斗与阑额中间有细长替木，见中部第五、第八洞内壁上浮雕的正面殿宇。阑额之上又有坐斗，但较阑额下，柱头坐斗小很多，而与其所承托的斗栱上三个升子斗，大小略同。斗栱承柱头枋，枋则又直接承于椽子底下。

（三）斗栱

柱头铺作一斗三升放在柱头上之阑额上，栱身颇高，无栱瓣，与天龙山的例不同。升有皿板。

补间，铺作有人字形栱，有皿板，人字之斜边作直线，或尚存古法。

中部第八洞壁面佛龛上的殿宇正面，其柱头铺作的斗栱，外形略似一斗三升，而实际乃刻两兽背面屈膝状，如波斯柱头。

（四）屋顶

一切屋顶全表现四注式，无歇山，硬山，挑山等。屋角或上翘，或不翘，无子角梁老角梁之表现。

椽子皆一层，间隔较瓦轮稍密，瓦皆筒瓦。屋脊的装饰，正脊两端用鸱尾，中央及角脊用凤凰形装饰，尚保留汉石刻中所示的式样。正脊偶以三角形之火焰与凤凰，间杂用之，其数不一，非如近代，仅于正脊中央放置宝瓶。见中部第五第六第八等洞。

（五）门与拱

门皆方首。中部第五洞门上有斗栱檐椽，似模仿木造门罩的结构。

拱门多见于壁龛。计可分两种：圆拱及五边拱。圆拱的内周（introdus）多刻作龙形，两龙头在拱开始处。外周（extrodus）作宝珠形。拱面多雕趺坐的佛像。这种拱见于敦煌石窟，及印度古石刻，其印度的来源，甚为明显。所谓五边拱者，即方门抹去上两角；这种拱也许是中国固有。我国古代未有发券方法以前，有圭门圭窦之称；依字义解释，圭者尖首之谓，宜如△形，进一步在上面加一边而成⬠，也是演绎程序中可能的事。在敦煌无这种拱龛，但壁画中所画中国式城门，却是这种形式，至少可以证明云冈的五边拱，不是从西域传来的。后世宋代之城门，元之居庸关，都是用这种拱。云冈的五边拱，拱面都分为若干方格，格内多雕飞天；拱下或垂幔帐，或悬璎珞，做佛像的边框。间有少数佛龛，不用拱门，而用垂幛的。

（六）栏干及踏步

踏步只见于中部第二洞佛迹图内殿宇之前，大都一组置于阶基正中，未见两组三组之例。阶基上的栏干，刻作直棂，到踏步处并沿踏步两侧斜下。踏步栏干下端，没有抱鼓石，与南京栖霞山舍利塔雕刻符合。

中部第五洞有万字栏干[1]，与日本法隆寺勾栏一致。这种栏干是六朝唐宋间最普通的做法，图画见于敦煌壁画中；在蓟县独乐寺，应县佛宫寺塔上则都有实物留存至今。

（七）藻井

石窟顶部，多刻作藻井，这无疑的也是按照当时木构在石上模仿的。藻井多用"支条"分格，但也有不分格的。藻井装饰的母题，以飞仙及莲花为

1　此处指勾片栏杆，纹样由拐棍与直棍组成，而明清以后的万字栏杆，其纹样为卍字纹。

主，或单用一种，或两者参杂并用。龙也有用在藻井上的，但不多见。

藻井之分划，依室的形状，颇不一律，较之后世齐整的方格，趣味丰富得多。斗八之制，亦见于此。

窟顶都是平的，敦煌与天龙山之△形天顶，不见于云冈，是值得注意的。

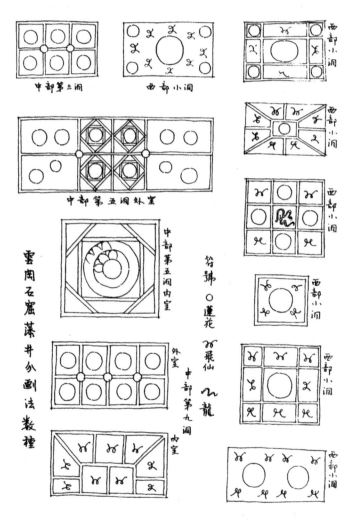

云冈石窟藻井分划示意图

六　石刻的飞仙

洞内外壁画与藻井及佛后背光上，多刻有飞仙，作盘翔飞舞的姿势，窈窕活泼，手中或承日月宝珠，或持乐器，有如基督教艺术中的安琪儿。飞仙的式样虽然甚多，大约可分两种，一种是着印度湿摺的衣裳而露脚的；一种是着短裳曳长裙而不露脚，裙末在脚下缠绕后，复张开飘扬的。两者相较，前者多肥笨而不自然，后者轻灵飘逸，极能表出乘风羽化的韵致，尤其是那开展的裙裾及肩臂上所披的飘带，生动有力，迎风飞舞，给人以回翔浮荡的印象。

飞仙的一种

拱面飞天

从要考研飞仙的来源方面来观察它们，则我们不能不先以汉代石刻中与飞仙相似的神话人物，和印度佛教艺术中的飞仙，两相较比着看。结果极明显的，看出云冈的露脚，肥笨作跳跃状的飞仙，是本着印度的飞仙摹仿出来的无疑，完全与印度飞仙同一趣味。而那后者，长裙飘逸的，有一些并着两腿，望一边曳着腰身，裙末翘起，颇似人鱼，与汉刻中鱼尾托云的神话人物，则又显然同一根源。后者这种屈一膝作猛进姿势的，加以更飘散的裙裾，多脱去人鱼形状，更进一步，成为最生动灵敏的飞仙，我们疑心它们在云冈飞仙雕刻程序中，必为最后最成熟的作品。

天龙山石窟飞仙中之佳丽者，则是本着云冈这种长裙飞舞的，但更增富其衣褶，如腰部的散褶及裤带。肩上飘带，在天龙山的，亦更加曲折回绕，而飞翔姿势，亦愈柔和浪漫。每个飞仙加上衣带彩云，在布置上，常有成一圆形图案者。

曳长裙而不露脚的飞仙，在印度西域佛教艺术中俱无其例，殆亦可注意之点。且此种飞仙的服装，与唐代陶俑美人甚似，疑是直接写真当代女人服装。

云冈石窟第十窟明窗顶部

飞仙两臂的伸屈，颇多姿态；手中所持乐器亦颇多种类，计所见有如下各件：

鼓 □ 状，以带系于项上，腰鼓、笛笙、琵琶、筝，（类外国 harp）但无铗。其他则常有持日、月、宝珠，及散花者。

总之飞仙的容貌仪态亦如佛像，有带浓重的异国色彩者，有后期表现中国神情美感者。前者身躯肥胖，权衡短促，服装简单，上身几全袒露，下裳则作印度式短裙，缠结于两腿间，粗陋丑俗。后者体态修长，风致娴雅，短衣长裙，衣褶简而有韵，肩带长而回绕，飘忽自如，的确能达到超尘的理想。

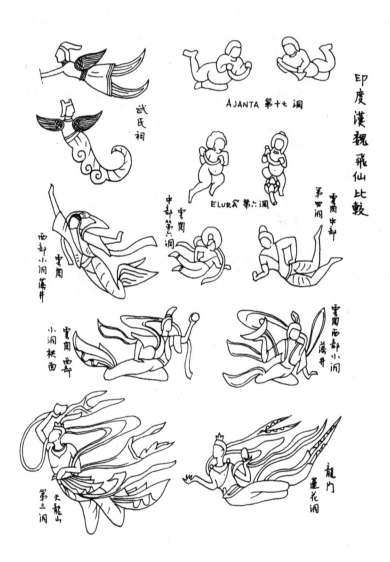

印度汉魏飞仙比较

七 云冈石刻中装饰花纹及彩色

云冈石刻中的装饰花纹种类奇多，而十之八九为外国传入的母题及表现。其中所示种种饰纹，全为希腊的来源，经波斯及健陀罗而输入者，尤其是回折的卷草，根本为西方花样之主干，而不见于中国周汉各饰纹中。但自此以后，竟成为中国花样之最普通者，虽经若干变化，其主要左右分枝回旋的原则，仍始终固定不改。

希腊所谓 acanthus 叶，本来颇复杂，云冈所见则比较简单；日人称为忍冬草，以后中国所有卷草、西番草、西番莲者，则全本源于回折的 acanthus 花纹。

图中所示的"连环纹"，其原则是每一环自成一组，与他组交结处，中间空隙，再填入小花样；初望之颇似汉时中国固有的绳纹，但绳纹的原则，与此大不相同，因绳纹多为两根盘结不断；以绳纹复杂交结的本身，作图案母题，不多藉力于其他花样。而此种以三叶花为主的连环纹，则多见于波斯希腊雕饰。

佛教艺术中所最常见的莲瓣，最初无疑根源于希腊水草叶，而又演变成为莲瓣者。但云冈石刻中所呈示的水草叶，则仍为希腊的本来面目，当是由健陀罗直接输入的装饰。同时佛座上所见的莲瓣，则当是从中印度随佛教所来，重要的宗教饰纹，其来历却又起源于希腊水草叶者。中国佛教艺术积渐发达，莲瓣因为带着象征意义，亦更兴盛，种种变化及应用，叠出不穷，而水草叶则几绝无仅有，不再出现了。

其他饰纹如璎珞（beads）、花绳（garlands）及束苇（reeds）等，均为由健陀罗传入的希腊装饰无疑。但尖齿形之幕沿装饰，则绝非希腊式样，而与波斯锯齿饰或有关系。真正万字纹未见于云冈石刻中，偶有万字勾栏，其回纹与希腊万字，却绝不相同。水波纹亦偶见，当为中国固有影响。

以兽形为母题之雕饰，共有龙、凤、金翅鸟（Caruda）、螭首、正面饕餮、狮子，这些除金翅鸟为中印度传入，狮子带着波斯色彩外，其余皆可说是中

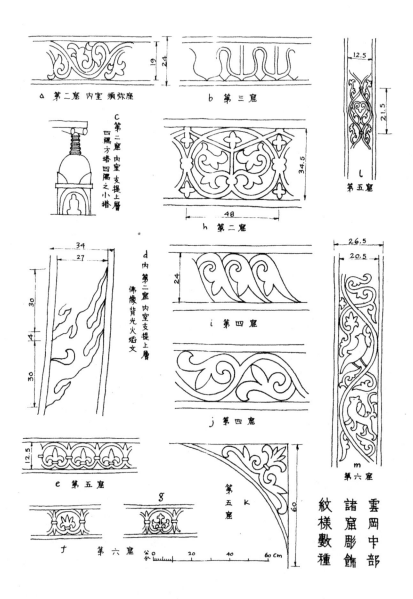

云冈石窟中部雕饰纹样数种

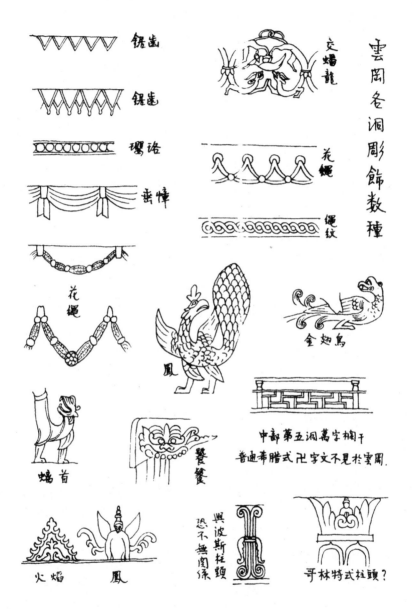

云冈石窟各洞雕饰数种

国本有的式样，而在刻法上略受西域影响的。

汉石刻砖纹及铜器上所表现的中国固有雕纹，种类不多，最主要的如雷纹、斜线纹、斜方格、斜方万字纹、直线或曲线的水波纹、绳纹、锯齿、乳、箭头叶、半圆弧纹等，此外则多倚赖以鸟兽人物为母题的装饰，如青龙、白虎、饕餮、凤凰、朱雀及枝柯交纽的树、成列的人物车马及打猎时奔窜的犬鹿兔豕等等。

对汉代或更早的遗物有相当认识者，见到云冈石刻的雕饰，实不能不惊诧北魏时期由外传入崭新花样的数量及势力！盖在花纹方面，西域所传入的式样，实可谓喧宾夺主，从此成为十数世纪以来，中国雕饰的主要渊源。继后唐宋及后代一切装饰花绞，均无疑义的、无例外的，由此展进演化而成。

色彩方面最难讨论，因石窟中所施彩画，全是经过后世的重修，伧俗得很。外壁悬崖小洞，因其残缺，大概停止修葺较早，所以现时所留色彩痕迹，当是较古的遗制，但恐怕绝不会是北魏原来面目。佛像多用朱，背光绿地；凸起花纹用红或青或绿。像身有无数小穴，或为后代施色时用以钉布布箔以涂丹青的。

八　窟前的附属建筑

论到石窟寺附属殿宇部分，我们得先承认，无论今日的石窟寺木构部分所给予我们的印象为若何，其布置及结构的规模为若何，欲因此而推断千四百余年前初建时的规制，及历后逐渐增辟建造的程序，是个不可能的事。不过距开窟仅四五十年的文献，如《水经注》里边的记载，应当算是我们考据的最可靠材料，不得不先依其文句，细释而检讨点事实，来作参考。

《水经注》㶟水条里，虽无什么详细的描写，但原文简约清晰，亦非夸大之词。"凿石开山，因岩结构。真容巨壮，世法所希。山堂水殿，烟寺相望。林渊锦镜，缀目新眺。"关于云冈巨构，仅这四句简单的描述而已。这四句中，首次末三段，句句既是个真实情形的简说。至今除却河流干涸，床沙已见外，这描写仍与事实相符，可见其中第三句"山堂水殿，烟寺相望"当也是即景说事。不过这句意义，亦可作两种解说。一个是：山和堂，水和殿，烟和寺，各各对望着，照此解释，则无疑的有"堂""殿"和"寺"的建筑存在，且所给的印象，是这些建筑物与自然相照对峙，必有相当壮丽，在云冈全景中，占据重要的位置的。

第二种解说，则是疑心上段"山堂水殿"句，为含着诗意的比喻，称颂自然形势的描写。简单说便是：据山为堂（已是事实），因水为殿的比喻式，描写"山而堂，水而殿"的意思，因为就形势看山崖临水，前面地方颇近迫，如果重视自然方面，则此说倒也逼切写真，但如此则建筑部分已是全景毫末，仅剩烟寺相望的"寺"，而这寺到底有多少是木造工程，则又不可得而知了。

《水经注》里这几段文字所以给我们附属木构殿宇的印象，明显的当然是在第三句上，但严格说第一句里的"因岩结构"，却亦负有相当责任的。观现今清制的木构，殿阁，尤其是由侧面看去，实令人感到"因岩结构"描写得恰当真切之至。这"结构"两字，实有不止限于山岩方面，而有注重于木造的意义蕴在里面。

现在云冈的石佛寺木建殿宇，只限于中部第一、第二、第三，三大洞前面，山门及关帝庙在第二洞中线上。第一洞第三洞，遂成全寺东西偏院的两阁，而各有其两厢配殿。因岩之天然形势，东西两阁的结构、高度、布置均不同。第二洞洞前正殿高阁共四层，内中留井，周围如廊，沿梯上达于顶层，可平视佛颜。第一洞同之。第三洞则仅三层（洞中佛像亦较小许多），每层有楼廊通第二洞。但因二洞三洞南北位置之不相同，使楼廊微作曲折，颇增加趣味。此外则第一洞西，有洞门通崖后，洞上有小廊阁。第二洞后崖上，有斗尖亭阁，在全寺的最高处。这些木建殿阁厢庑，依附岩前，左右关连，前后引申，成为一组；绿瓦巍峨，点缀于断崖林木间，遥望颇壮丽，但此寺已是云冈石崖一带现在惟一的木构部分，且完全为清代结构，不见前朝痕迹。近来即此清制楼阁，亦已开始残破，盖断崖前风雨侵凌，固剧于平原各地，木建损毁当亦较速。

关于清以前各时期中云冈木建部分到底若何，在《雍正朔平府志》中记载左云县云冈堡石佛寺古迹一段中，有若干可注意的之点。

《府志》里讲"……规制甚宏，寺原十所；一曰同升，二曰灵光，三曰镇国，四曰护国，五曰崇福，六曰童子，七曰能仁，八曰华岩，九曰天宫，十曰兜率。其中有元载所造石佛二十龛，石窟千孔，佛像万尊。由隋唐历宋元，楼阁层凌，树木翁郁俨然为一方胜概。……"这里的"寺原十所"的寺，因为明言数目，当然不是指洞而讲。"石佛二十龛"亦与现存诸洞数目相符。惟"元载所造"的"元"，令人颇不解。《雍正通志》同样句，却又稍稍不同，而曰"内有元时石佛二十龛"。这两处恐皆为"元魏时"所误。这十寺既不是以洞为单位计算的，则疑是以其他木构殿宇为单位而命名者。且"楼阁层凌，树木翁郁"，当时木构不止现今所余三座，亦恰如当日树木翁郁，与今之秃树枯干，荒凉景象，相形之下，不能同日而语了。

所谓"由隋唐历宋元"之说，当然只是极普通的述其历代相沿下来的意思。以地理论，大同朔平不属于宋，而是辽金地盘，但在时间上固无分别。且在雍正修府志时，辽金建筑本可仍然存在的。大同一城之内，辽金木建，至今尚存七八座之多。佛教盛时，如云冈这样重要的宗教中心，亦必有多少建设。所以《府志》中所写的"楼阁层凌"，或许还是辽金前后的遗建，至少我们由这《府志》里，只知道其山最高处曰云冈，冈上建飞阁三重，阁前有世祖章皇帝（顺治）御书"西来第一山"五字及康熙三十五年西征回銮幸寺赐匾额，而未知其他建造工程。而现今所存之殿阁，则又为乾嘉以后的建筑。

在实物方面，可作参考的材料的，有如下各点：

一、龙门石窟崖前，并无木建庙宇。

二、天龙山有一部分有清代木建，另有一部则有石刻门洞；楣、额、支柱，极为整齐。

三、敦煌石窟前面多有木廊，见于伯希和敦煌图录中。前年关于第一百三十洞前廊的年代问题，有伯希和先生与思成通信讨论，登载本刊三卷四期，证明其建造年代为宋太平兴国五年的实物。第一百二十窟 A 的年代是宋开宝九年，较第一百三十洞又早四年。

四、云冈西部诸大洞，石质部分已天然剥削过半，地下沙石填高至佛膝或佛腰，洞前布置，石刻或木建，盖早已湮没不可考。

五、云冈中部第五至第九洞，尚留石刻门洞及支柱的遗痕，约略可辨当时整齐的布置。这几洞岂是与天龙山石刻门洞同一方法，不借力于木造的规制的。

六、云冈东部第三洞及中部第四洞崖面石上，均见排列的若干栓眼，即凿刻的小方孔，殆为安置木建上的椽子的位置。察其均整排列及每层距离，当推断其为与木构有关系的证据之一。

七、因云冈悬崖的形势，崖上高原与崖下河流的关系，原上的雨水沿崖而下，佛龛壁面不免频频被水冲毁。崖石崩坏堆积崖下，日久填高，底下原积的残碑断片，反倒受上面沙积的保护，或许有若干仍完整的安眠在地下，甘心作埋没英雄，这理至显，不料我们竟意外的得到一点对于这信心的实证。在我们游览云冈时，正遇中部石佛寺旁边，兴建云冈别墅之盛举，大动土木之后，建筑地上，放着初出土的一对石质柱础，式样奇古，刻法质朴，绝非近代物。不过孤证难成立，云冈岩前建筑问题，惟有等候于将来有程序的科学发掘了。

九　结论

总观以上各项的观察所及，云冈石刻上所表现的建筑、佛像、飞仙及装饰花纹，给我们以下的结论。

云冈石窟所表现的建筑式样，大部为中国固有的方式，并未受外来多少影响，不但如此，且使外来物同化于中国，塔即其例。印度窣堵坡方式，本大异于中国本来所有的建筑，及来到中国，当时仅在楼阁顶上，占一象征及装饰的部分，成为塔刹。至于希腊古典柱头如ĝonid order等虽然偶见，其实只成装饰上偶然变化的点缀，并无影响可说。惟有印度的圆拱（外周作宝珠形的），还比较的重要，但亦只是建筑部分的形式而已。如中部第八洞门廊大柱底下的高 pedestal，本亦是西欧古典建筑的特征之一，既已传入中土，本可发达传布，影响及于中国柱础。孰知事实并不如是，隋唐以及后代柱础，均保守石质覆盆等扁圆形式，虽然偶有稍高的筒形插图，亦未见多用于后世。后来中国的种种基座，则恐全是由台基及须弥座演化出来的，与此种 pedestal 并无多少关系。

云冈别墅建筑时出土莲瓣柱础

在结构原则上，云冈石刻中的中国建筑，确是明显表示其应用构架原则的。构架上主要部分，如支柱、阑额、斗栱、椽、瓦、檐、脊等，一一均应用如后代；其形式且均为后代同样部分的初型无疑。所以可以证明，在结构的根本原则及形式上，中国建筑二千年来保持其独立性，不曾被外来影响所动摇。所谓受印度、希腊影响者，实仅限于装饰、雕刻两方面的。

佛像雕刻，本不是本篇注意所在，故亦不曾详细作比较研究而讨论之。但可就其最浅见的趣味派别及刀法，略为提到。佛像的容貌衣褶，在云冈一区中，有三种最明显的派别。

第一种是带着浓重的中印度色彩的，比较呆板僵定，刻法呈示在摹仿方面的努力。佳者虽勇毅有劲，但缺乏任何韵趣；弱者则颇多伧丑。引人兴趣者，单是其古远的年代，而不是美术的本身。

第二种佛容修长，衣褶质实而流畅。弱者质朴庄严；佳者含笑超尘，美有余韵，气魄纯厚，精神栩栩，感人以超人的定，超神的动；艺术之最高成绩，荟萃于一痕一纹之间，任何刀削雕琢，平畅流丽，全不带烟火气。这种创造，纯为汉族本其固有美感趣味，在宗教艺术方面的发展。其精神与汉刻密切关联，与中印度佛像，反疏隔不同旨趣。

飞仙雕刻亦如佛像，有上面所述两大派别；一为摹仿，以印度像为模型；一为创造，综合摹仿所得经验，与汉族固有趣味及审美倾向，作新的尝试。

这两种时期距离并不甚远，可见汉族艺术家并未奴隶于摹仿，而印度健陀罗刻像雕纹的影响，只作了汉族艺术家发挥天才的引火线。

云冈佛像还有一种，只是东部第三洞三巨像一例。这种佛像雕刻艺术，在精神方面乃大大退步，在技艺方面则加增谙熟繁巧，讲求柔和的曲线，圆滑的表面。这倾向是时代的，还是主刻者个人的，却难断定了。

装饰花纹在云冈所见，中外杂陈，但是外来者，数量超过原有者甚多。观察后代中国所熟见的装饰花纹，则此种外来的影响势力范围极广。殷周秦汉金石上的花纹，始终不能与之抗衡。

云冈石窟乃西域印度佛教艺术大规模侵入中国的实证。但观其结果，在建筑上并未动摇中国基本结构。在雕刻上只强烈的触动了中国雕刻艺术的新创造，——其精神、气魄、格调，根本保持着中国固有的。而最后却在装饰花纹上，输给中国以大量的新题材、新变化、新刻法，散布流传直至今日，的确是个值得注意的现象。

敦煌壁画中所见的中国古代建筑 [1]

　　敦煌文物研究所在北京举行的展览是目前爱国主义教育中一个重要的环节。通过这个展览，通过敦煌辉煌的艺术遗产，我们从形象方面看到了的不只是我们的祖先在一段一千年的长时期间在艺术方面伟大惊人的成就，而且看到了古代社会文化的许多方面。敦煌的壁面还告诉了我们，中华文化之形成是由许多民族共同努力创造的果实；在那里，我们看到了许多今天中国的少数民族的祖先对于中华文化的不容否认、不可磨灭的贡献。敦煌的壁画还告诉了我们，在当时，这些壁画是服务于广大人民的（虽然是为当时广大人民的宗教迷信），而且是人民的匠师们所绘画的——敦煌的壁画没有个别画师的署名；在题材方面，若不是天真地表现一个理想的净土，就是忠实地描画出生活的现实，再不然是坦率地装饰一片墙壁上主题间留下的空隙。敦煌壁画中找不出强调个人，脱离群众，以抒写文人胸襟为主的山水画。在敦煌窟壁上劳动的画师们都是熟悉人民的生活的、大众化的艺术家。通过他们的线条和彩色，他们把千年前社会生活的各方面的状态，以及他们许多的幻想，都最忠实地——虽然通过宗教题材——给我们保存下来。敦煌千佛洞的壁画不唯是伟大的艺术遗产，而且是中国文化史中一份无比珍贵、无比丰富的资料宝藏。关于北魏至宋元一千年间的生活习惯，如舟车、农作、服装、舞乐等等方面；绘画中和装饰图案中的传统，如布局、取材、线条、设色等等的作风和演变方面；建筑的类型、布局、结构、雕饰、彩画方面，都可由敦煌

---

[1]　梁思成著作，原载于《文物参考资料》1951 年第 2 卷第 5 期。

石窟取得无限量的珍贵资料。

中国建筑属于中唐以前的实物，现存的绝大部分都是砖石佛塔。我们对于木构的殿堂房舍的知识十分贫乏，最古的只到五台山佛光寺八五七年建造的正殿一个孤例[1]，而敦煌壁画中却有从北魏至元数以千计的，或大或小的，各型各类各式各样的建筑图，无异为中国建筑史填补了空白的一章。它们是次于实物的最好的、最忠实的、最可贵的资料。不但如此，更重要的是这些壁画说明了：在从印度经由西域输入的佛教思想普遍的浪潮下，中国全国各地的劳动人民中的工艺和建筑的匠师们，在佛教艺术初兴、全盛，以至渐渐衰落的一千年间，从没有被外来的样式所诱惑、所动摇，而是富有自信心的运用他们的智巧，灵活的应用富于适应性的中国自己的建筑体系来适合于新的需求。伟大的建筑匠师们，在这一千年间，从本国的技术知识、艺术传统所创造出来的辉煌成绩，更证明了中国建筑的优越特点。许多灿烂成绩，在中原一千年间，时起时伏、断断续续的无数战争中，在自然界的侵蚀中，在几次"毁法""灭法"的反宗教禁令中，乃至在后世"信男善女"的重修重建中，已几乎全部毁灭，只余绝少数的鳞爪片段。若是没有敦煌壁画中这么忠实的建筑图样，则我们现在绝难对于那时期间的建筑得到任何全貌的，即使只是外表的认识。敦煌壁画给了我们充分的资料，不但充实了我们得自云冈、天龙山、响堂山等石窟的对于魏、齐、隋建筑的一知半解，且衔接着更古更少的汉晋诸阙和墓室给我们补充资料；下面也正好与我们所知的唐末宋初实物可以互相参证；供给我们一系列建筑式样在演变过程中的实例。它们填补了中国建筑史中重要的一章，它们为我们对中国建筑传统的知识接上一个不可缺少的环节。

所长常书鸿先生命作者撰稿介绍敦煌的建筑。作者兴奋地接受了这任务，等到执笔在手，才感觉到自己的鲁莽，太不量力，没有估计到我所缺乏的条

1　梁思成作此文时（1951年初），佛光寺是唯一已发现的唐代木构建筑，之后才发现五台县南禅寺大殿等其他唐代木构建筑。

件。现在只好努力做一次抛砖的尝试。

我们所已经知道的中国建筑的主要特征

在讨论敦煌所见的建筑之先，我必须先简略地叙述一下中国建筑传统的特征。

至迟在公元前一千四五百年，中国建筑已肯定地形成了它的独特的系统。在个别建筑物的结构上，它是由三个主要部分组成的，即台基、屋身和屋顶。台基多用砖石砌成，但亦偶用木构。屋身立在台基之上，先立木柱，柱上安置梁和枋以承屋顶。屋顶多覆以瓦，但最初是用茅葺的。在较大较重要的建筑物中，柱与梁相交接处多用斗栱为过渡部分。屋身的立柱及梁枋构成房屋的骨架，承托上面的重量；柱与柱之间，可按需要条件，或砌墙壁，或装门窗，或完全开敞（如凉亭），灵活的分配。

至于一所住宅、官署、宫殿或寺院，都是由若干座个别的主要建筑物，如殿堂、厅舍、楼阁等，配合上附属建筑物，如厢耳、廊庑、院门、围墙等，周绕联系，中留空地为庭院，或若干相连的庭院。

这种庭院最初的形成无疑地是以保卫为主要目的的。这同一目的的表现由一所住宅贯彻到一整个城邑。随着政治组织的发展，在城邑之内，统治阶级能用军队或"警察"的武力镇压人民，实行所谓"法治"，于是在城邑之内，庭院的防御性逐渐减少，只藉以隔别内外，区划公私（敦煌壁画为这发展的步骤提供了演变中的例证）。例如汉代的未央宫、建章宫等，本身就是一个城，内分若干庭院；至宋以后，"宫"已缩小，相当于小组的庭院，位于皇宫之内，本身不必再有自己的防御设备了。北京的紫禁城，内分若干的"宫"，就是宋以后宫内有宫的一个沿革例子。在其他古代文化中，也都曾有过防御性的庭院，如在埃及、巴比伦、希腊、罗马就都有过。但在中国，我们掌握了庭院部署的优点，扬弃了它的防御性的布置，而保留它的美丽廊庑内心的宁静，能供给居住者庭内"户外生活"的特长，保存利用至今。

数千年来，中国建筑的平面部署，除去少数因情形特殊而产生的例外外，莫不这样以若干座木构骨架的建筑物联系而成庭院。这个中国建筑的最基本特征同样的应用于宗教建筑和非宗教建筑。我们由于敦煌壁画得见佛教初期时情形，可以确说宗教的和非宗教的建筑在中国自始就没有根本的区别。究其所以，大概有两个主要原因。第一是因为功用使然。佛教不像基督教或回教，很少有经常数十百人集体祈祷或听讲的仪式。佛教是供养佛像的，是佛的"住宅"，这与古希腊罗马的神庙相似。其次是因为最初的佛寺是由官署或住宅改建的。汉朝的官署多称"寺"。传说佛教初入中国后第一所佛寺是白马寺，因西域白马驮经来，初止鸿胪寺，遂将官署的鸿胪寺改名而成宗教的白马寺。以后为佛教用的建筑都称寺，就是袭用了汉代官署之名。《洛阳伽蓝记》所载：建中寺"本是阉官司空刘腾宅。……以前厅为佛殿，后堂为讲室"；"愿会寺，中书舍人王翊拾宅所立也"等捨宅建寺的记载，不胜枚举。佛寺、官署与住宅的建筑，在佛教初入时基本上没有区别，可以互相通用；一直到今天，大致仍然如此。

几件关于魏唐木构建筑形象的重要参考资料

我们对于唐末五代以上木构建筑形象方面的知识是异常贫乏的。最古的图像只有春秋铜器上极少见的一些图画。到了汉代，亦仅赖现存不多的石阙、石室和出土的明器、漆器。晋、魏、齐、隋，主要是靠云冈、天龙山、南北响堂山诸石窟的窟檐和浮雕，和朝鲜汉江流域的几处陵墓，如所谓"天王地神冢""双楹冢"等。到了唐代，砖塔虽渐多，但是如云冈、天龙山、响堂诸山的窟檐却没有了，所赖主要史料就是敦煌壁画。壁画之外，仅有一座公元857年的佛殿和少数散见的资料可供参考，作比较研究之用。

敦煌壁画中，建筑是最常见题材之一种，因建筑物最常用作变相和各种故事画的背景。在中唐以后最典型的净土变中，背景多由辉煌华丽的楼阁亭台组成。在较早的壁画，如魏隋诸窟狭长横幅的故事画，以及中唐以后净土变两旁的小方格里的故事画中，所画建筑较为简单，但大多是描画当时生活与建筑的关系的，供给我们另一方面可贵的资料。

与敦煌这类较简单的建筑可作比较的最好的一例是美国波士顿美术馆藏物，洛阳出土的北魏宁懋墓石室。按宁懋墓志，这石室是公元529年所建。在石室的四面墙上，都刻出木构架的形状，上有筒瓦屋顶；墙面内外都有阴刻的"壁画"，亦有同样式的房屋。檐下有显著的人字形斗栱。这些特征都与敦煌壁画所见简单建筑物极为相似。

洛阳北魏宁懋墓石室

属于盛唐时代的一件罕贵参考资料是西安慈恩寺大雁塔西面门楣石上阴刻的佛殿图。图中柱、枋、斗栱、台基、椽檐、屋瓦，以及两侧的迴廊，都用极精确的线条画出。大雁塔建于唐武则天长安年间（公元701—704年）以门楣石在工程上难以移动的位置和图中所画佛殿的样式来推测（与后代建筑和日本奈良时代的实物相比较），门楣石当是八世纪初原物。由这幅图中，我们可以得到比敦煌大多数变相图又早约二百年的比较研究资料。

唐末木构实物，我们所知只有一处。1937年6月，中国营造学社的一个调查队，是以第六一窟的"五台山图"作为"旅行指南"，在南台外豆村附近"发现"了至今仍是国内已知的唯一的唐朝木建筑——佛光寺（图签称"大佛光之寺"）的正殿。在那里，我们不唯找到了一座唐代木构，而且殿内还有唐代的塑像、壁画和题字。唐代的书、画、塑、建，四种艺术，汇粹一殿，据作者所知，至今还是仅此一例。当时我们研究佛光寺、敦煌壁画是我们比较对照的主要资料；现在返过来以敦煌为主题，则佛光寺正殿又是我们不可缺少的对照资料了。

在"发现"佛光寺唐代佛殿以前，我们对于唐代及以前木构建筑在形象方面的认识，除去日本现存几处飞鸟时代（公元552—645年）、奈良时代（公元645—784年）、平安前期（公元784—950年）模仿隋唐式的建筑外，唯一的资料就是敦煌壁画。自从国内佛光寺佛殿之"发现"，我们才确实的得到了一个唐末罕贵的实例；但是因为它只是一座屹立在后世改变了的建筑环境中孤独的佛殿，它虽使我们看见了唐代大木结构和细节处理的手法，而要了解唐代建筑形象的全貌，则还得依赖敦煌壁画所供给的丰富资料。更因为佛光寺正殿建于公元857年，与敦煌最大多数的净土变相属于同一时代，我们把它与壁画中所描画的建筑对照，可以知道画中建筑物是忠实描写，才得以证明壁画中资料之重要和可靠的程度。

四川大足县北崖佛湾公元895年顷的唐末阿弥陀净土变摩崖大龛以及乐山、夹江等县千佛崖所见许多较小的净土变摩崖龛也是与敦煌壁画及其建筑可作比较研究的宝贵资料。在这些龛中，我们看见了与敦煌壁画变相图完全相同的布局。在佛像背后，都表现出殿阁廊庑的背景，前面则有层层栏杆。这种石刻上"立体化"的壁画，因为表现了同一题材的立体，便可做研究敦煌壁画中建筑物的极好参考。

文献中的唐代建筑类型

其次可供参考的资料是古籍中的记载。从资料比较丰富的，如张彦远《历代名画记》、段成式《酉阳杂俎·寺塔记》、郭若虚《图画见闻志》等书，我们也可以得到许多关于唐代佛寺和壁画与建筑关系的资料。由这三部书中，我们可以找到的建筑类型颇多，如院、殿、堂、塔、阁、楼、中三门、廊等。这些类型的建筑的形象，由敦煌壁画中可以清楚地看见。我们也得以知道，这一切的建筑物都可以有，而且大多有壁画。画的位置，不唯在墙壁上，简直是无处不可以画；题材也非常广泛，如门外两边、殿内、廊下、殿窗间、塔内、门扇上、叉手下、柱上、檐额，及至障日版、钩栏，都可以画。题材则有佛、菩萨，各种的净土变、本行变、神鬼、山水、水族、孔雀、龙、凤、辟邪，乃至如尉迟乙僧在长安奉恩寺所画的"本国（于阗）王及诸亲族次"，洛阳昭成寺杨廷光所画的"西域图记"等。由此得知，在古代建筑中，不唯普遍的饰以壁画，而且壁画的位置和题材都是没有限制的。

上述各项形象的和文字的资料，都是我们研究敦煌壁画中，所描画的建筑，和若干窟外残存的窟檐的重要旁证。

此外无数辽、宋、金、元的建筑和宋《营造法式》一书都是我们所要用作比较的后代资料。

敦煌壁画中所见的建筑类型和建造情形

前面三节所提到的都是在敦煌以外我们对于中国建筑传统所能得到的知识，现在让我们集中注意到敦煌所能供给我们的资料上，看看我们可以得到的认识有一些什么，它们又都有桌的价值。

从敦煌壁画中所见的建筑图中，在庭院之部署方面、建筑类型方面和建造情形方面可得如下的各种：

甲、院的部署

中国建筑的特征不仅在个别建筑物的结构和样式，同等重要的特征也在它的平面配置。上文已说过，以若干建筑物周绕而成庭院是中国建筑的特征，即中国建筑平面配置的特征。这种庭院大多有一道中轴线（大多南北向），主要建筑安置在此线上，左右以次要建筑物对称均齐的配置。直至今日，中国的建筑，大至北京明清故宫，乃至整个的北京城，小至一所住宅，都还保持着这特征。

敦煌第六十一窟左方第四画上部所画大伽蓝，共三院；中央一院较大，左右各一院较小，每院各有自己的院墙围护。第一四六窟和第二〇五窟也有相似的画；虽然也是三院，但不个别自立四面围墙，而在中央大院两旁各附加三面围墙而成两个附属的庭院。

位置在这类庭院中央的是主要的殿堂。庭院四周绕以迴廊；廊的外柱间为墙堵，所以迴廊同时又是院的外墙。在正面外墙的正中是一层、二层的门或门楼，一间或三间。正殿之后也有类似门或后殿一类的建筑物，与前面门相称。正殿前左右迴廊之中，有时亦有左右两门，亦多作两层楼。外墙的四角多有两层的角楼。一般的庭院四角建楼的布置，至少在形式上还保存着古代防御性的遗风。但这种部署在宋元以后已甚少，仅曲阜孔庙和沈阳北陵尚保存此式。

第六十一窟"五台山图"有伽蓝约六十余处，绝大多数都是同样的配置；其中"南台之顶"，正殿之前，左有三重塔，右有重楼。与日本奈良的法隆寺（公元七世纪）的平面配置极相似。日本的建筑史家认为这种配置是南朝的特征，非北方所有，我们在此有了强有力的反证，证明这种配置在北方也同样的使用。

至于平民住宅平面的配置，在许多变相图两侧的小画幅中可以窥见。其中所表现的虽然多是宫殿或住宅的片段，一角或一部分，院内往往画住者的日常生活，其配置基本上与佛寺院落的分配大略相似。

在各种变相图中，中央部分所画的建筑背景也是正殿居中，其后多有后殿，两侧有廊，廊又折而向前，左右有重层的楼阁，就是上述各庭院的内部景象。这种布局的画，在数十幅以上，应是当时宫殿或佛寺最通常的配置，所以有如此普遍的表现。

在印度阿占陀窟寺壁画中所见布局，多以尘世生活为主，而在背景中高处有佛陀或菩萨出现，与敦煌以佛像堂皇中坐者相反。汉画像石中很多以西王母居中，坐在楼阁之内，左右双阙对峙，乃至夹以树木的画面，与敦煌净土变相基本上是同样的布局，使我们不能不想到敦煌壁画的净土原来还是王母瑶池的嫡系子孙。其实他们都只是人间宏丽的宫殿的缩影而已。

乙、个别建筑物的类型

如殿堂、层楼、角楼、门、阙、廊、塔、台、墙、城墙、桥等。

（一）殿堂 佛殿、正殿、厅堂都归这类。殿堂是围墙以内主要或次要的建筑物。平面多作长方形，较长的一面多半是三间或五间。变相图中中央主要的殿堂多数不画墙壁。偶有画墙的，则墙只在左右两端，而在中间前面当心间开门，次间开窗，与现在一般的办法相似。在旁边次要的图中所画较小的房舍，墙的使用则较多见。魏隋诸窟所见殿堂房舍，无论在结构上或形式上，都与洛阳宁懋石室极相似。

（二）层楼 汉画像石和出土的汉明器已使我们知道中国多层楼屋源始之古远。敦煌壁画中，层楼已成了典型的建筑物。无论正殿、配殿、中三门，乃至迴廊，角楼都有两层乃至三层的。层楼的每层都是由中国建筑的基本三部分——台基、屋身、屋顶——垒叠而成的：上层的台基采取了"平坐"的形式，除最上一层的屋顶外，各层的屋顶都采取了"腰檐"的形式；每层平坐的周围都绕以栏杆。城门上也有层楼，以城门为基，其上层与层楼的上层完全相同。

壁画中最特别的重楼是第六一窟右壁如来净土变佛像背后的八角二层楼。楼的台基平面和屋檐平面都由许多弧线构成。所有的柱、枋、屋脊、檐口等无不是曲线。整座建筑物中，除去栏杆的望柱和蜀柱外，仿佛没有一条直线。屋角翘起，与敦煌所有的建筑不同。屋檐之下似用幔帐张护。这座奇特的建筑物可能是用中国的传统木构架，求其取得印度窣堵坡的形式。这个奇异的结构，一方面可以表示古代匠师对于传统坚决的自信心，大胆的运用无穷的智巧来处理新问题，一方面也可以见出中国传统木构架的高度适应性。这种建筑结构因其通常不被采用，可以证明它只是一种尝试。效果并不令人满意。

（三）**角楼**　在庭院围墙的四角和城墙的四角都有角楼。庭院的角楼与一般的层楼形制完全相同。城墙的角楼以城墙为基，上层与层楼的上层完全一样。

（四）**大门**　壁画中建筑的大门，即《历代名画记》所称中三门、三门，或大三门，与今日中国建筑中的大门一样，占着同样的位置，而成一座主要的建筑物。大门的平面也是长方形，面宽一至三间，在纵中线的柱间安设门扇。大门也有砖石的台基，有石阶或斜道可以升降，有些且绕以栏杆。大门也有两层的，由《历代名画记》"兴唐寺三门楼下吴（道子）画神"一类的记载和日本奈良法隆寺中门实物可以证明。

（五）**阙**　在敦煌北魏诸窟中，阙是常见的画题，如二五四窟，主要建筑之旁，有状似阙的建筑物，二五四窟壁上有阙形的壁龛。阙身之旁，还有子阙。两阙之间，架有屋檐。阙是汉代宫殿、庙宇、陵墓前路旁分立的成对建筑物，是汉画像石中所常见。实物则有山东、四川、西康[1]十余处汉墓和崖墓摩崖存在。但两阙之间没有屋檐，合乎"阙者阙也"之义。与敦煌所见略异。到了隋唐以后，阙的原有类型已不复见于中国建筑中。在南京齐梁诸陵中，阙的位置让给了神道石柱，后来可能化身为华表，如天安门前所见；它已由建筑物变为建筑性的雕刻品。它另一方向之发展，就成为后世的牌楼。敦煌所见是很好的一个过渡样式的例证。而在壁画中可以看出，阙在北魏的领域内还是常见的类型。

（六）**廊**　廊在中国建筑群之组成中几乎是不可缺少的构成单位。它的位置与结构，充足的光线使它成为最理想的"画廊"，因此无数名师都在廊上画壁，提高了廊在建筑群中的地位。由建筑的观点上，廊是狭长的联系性

1　西康，中国旧省名，1955 年撤销。

莫高窟二五四窟（魏）阙形壁龛

建筑，也用木构架，上面覆以屋顶；向外的一面，柱与柱之间做墙，间亦开窗；向里一面则完全开敞着。廊多沿着建筑群的最外围的里面，由一座主要建筑物到另一座建筑物之间联系着周绕一圈，所以廊的外墙往往就是建筑群的外墙。它是雨雪天的交通道。在举行隆重仪式时，它也是最理想的排列仪仗侍卫的地方。后来许多寺庙在庙会节日时，它又是摊贩市场，如宋代汴梁（开封）的大相国寺便是。

（七）塔　古代建筑实物中，现存最多的是佛塔。它是古建筑研究中材料最丰富的类型。塔的观念虽然是纯粹由印度输入的，但在中国建筑中，它却是一个在中国原有的基础上，结合外来因素，适合存在条件而创造出来的民族形式建筑的最卓越的实例。

关于佛塔最早的文献，当推《后汉书·陶谦传》中丹阳郡人笮融"大起浮图，上累金盘，下为重楼"的记载（《三国志·吴志·刘繇传》略同）。"重楼"是汉明器中所常见，被称为"望仙楼""捕鸟塔"一类的平面方形的多层木构建筑，"金盘"就是印度窣堵坡上的刹，所以它是基本上以中国原有的"重楼"加上印度输入的"金盘"结合而成的。由敦煌壁画中和日本现存的许多实例中可以证明。

为了使塔能长久存在，砖石就渐渐代替了木材而成为后世建塔的主要材料。从塔本身的性质和对于它能长久屹立的要求上说，这种材料之更改是发展的、进步的。所以现存的佛塔几乎全部是砖造或石造的。其中有少数以砖石为主，而加以木檐木廊，如苏州虎丘塔、罗汉院双塔、杭州六和塔、保俶塔和已坍塌了的雷峰塔等宋塔都属于这类。也有下半几层是砖造而上半几层是木造的，唯一的实例是河北正定县天宁寺的宋代"木塔"。国内现存全部木构的佛塔仅有察哈尔应县[1]佛宫寺的辽代木塔一处。然而砖石塔在外表形式上仍多模仿木塔形式，所以我们必须先了解木塔。

敦煌壁画中所见的佛塔，可分为下列六种：木塔有单层木塔和多层木塔；砖石塔有窣堵坡式塔、单层砖石塔和多层砖石塔，还有砖石合用塔。至于后世常见的密檐塔（如北京天宁寺塔）则不见于敦煌壁画中。

（甲）单层木塔　壁画中很多四方或八角或圆形的单层木建筑，或平面等边多角或圆形的小殿，即建筑术语所谓"中心式"建筑。这些建筑顶上都有刹，再证以现存若干单层塔（详下文），所以将它们归于塔类。七十六窟壁画中有三座这种单层方形木塔，形式略似北京故宫中和殿，也似随处可见的无数方亭。台基多作成须弥座，前有阶，上有栏杆。方塔每面（图中只见一面）三间，当心间稍阔，开门；次间稍窄，开窗。柱上有斗栱。檐椽两重。屋顶是"四角攒尖"，尖上立刹；刹顶有链四道，系于四角。二三七号窟所见，不画门窗，内画如来、多宝二佛并肩坐，须弥座亦画彩画。

第六十一窟"五台山图"中，大法华之寺则有单层八角木塔，台基、栏

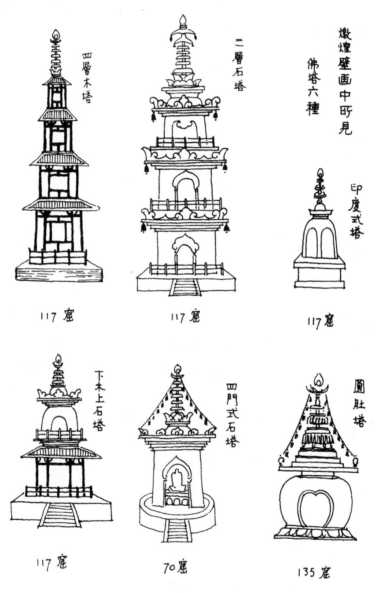

四層木塔

二層石塔

燉煌壁畫中所見

佛塔六種

印度式塔

117窟

117窟

117窟

下木上石塔

四門式石塔

圓肚塔

117窟

70窟

135窟

敦煌壁画中所见佛塔类型

杆、刹、链都与四角的相同，但平面八角八面，每面一间，四正面开门，四斜面开窗（图中只见一正面两斜面）。这种单层八角塔也常常出现于走廊瓦顶上（也许是不准确的透视所引起的错觉，实际所画可能是表示由廊后露出）或走廊转角处。日本法隆寺东院木构的梦殿（公元739年）与壁画中所见者几乎完全相同。河南嵩山会善寺净藏禅师墓塔（公元745年）虽是砖造，但外表砌出柱、枋、斗栱，亦可作此类型的参考。

壁画中也有平面圆形的单层木构，大致与八角的相似，但枋额和檐边线皆作圆形。屋顶无垂脊，刹上亦有链子垂系檐边。由天坛皇穹宇（公元1539年）可以对于此类型的形状得到约略的印象。

（乙）多层木塔　壁画中所见木塔颇多，层数由四层至六、七层不等，而以四层为最多见；这一点与后世习惯用奇数为层数的习惯颇有出入。木塔平面都是方形，每面三间，立在砖造或石造的台基上。第一层中间开门，次间开窗，向上每层的高度与宽度递减，仅在中间开窗。塔之全部就是将若干层单层木塔垒叠而成，有些每层有平坐和栏杆，但亦有很多没有的。日本现存奈良时代若干木塔，与壁画中所见者极相似。《洛阳伽蓝记》所记的永宁寺北魏胡太后塔就是关于这一类型最好的文献。

（丙）窣堵坡式塔　佛塔的起源本是墓塔。第一四六窟画中墓塔一座，周围绕以极矮的围墙，正面敞阙无门。塔身作半圆球形，立在扁平的塔基上，颇似印度山齐（Sanchi）大塔。这是印度原有的塔型，在壁画中虽有，但比较少见。较常见的一式则改变了印度的半圆球形原状，将塔身加高如钟形，而且将塔上的刹在比例上加大。佛教由印度输入中国，到了西陲的敦煌，而窣堵坡已如此罕见，而在现存实物中，除五台山佛光寺所谓"刘知远墓"一处大概是唐末或五代的孤例外，更未发现任何实例，实在是可异的现象。佛教虽在中国思想界引起了划时代的变化，但在建筑样式和结构方面，它的影响则极为微渺。建筑是在实践中累积起来的劳动经验，任何变化必需由存在的物质条件和基础上发展，不会凭空而有所改变，由此可以得到最有力的证明。

（丁）单层砖石塔　平面正方形，立在正方或圆的台基上，四面都有券门，券面作火焰形，门内有佛像。檐部用叠涩出檐——即每层砖或石较下一层挑出少许而成檐。檐边及四角有"山花蕉叶"——即翘起的叶形雕饰。顶上有半圆球形的"覆钵"，钵上立刹。自刹有链下垂，系于四角。现存实物中历代砖石的单层塔颇多，其中大多是墓塔。最大最古的一座是山东历城县神通寺所谓"四门塔"（公元544年）[1]。这一类型见于壁画中者甚多。

（戊）多层砖石塔　壁画中有将单层砖石塔垒叠而成的多层砖石塔。上几层都有平坐和栏杆，每层檐角且有铃。近似这类型的实物颇多，而完全相同的实例则还未曾见过。例如长安慈恩寺大雁塔（公元701—704年）、兴教寺玄奘塔（公元669年）都近似这类型，但外表都用砖砌作柱、枋、斗栱形状。

（己）木石混合塔　壁画中有下层是木构而上层是窣堵坡的混合结构。按形状推测，像是以高身的窣堵坡，在下部的周围建造木廊，而在上面将窣堵坡露出者。国内现存实物中则无此例。

敦煌壁画中所见的佛塔，除去单层木构的"梦殿"式一例外，平面没有八角形的。国内现存佛塔，唐及以前者（除净藏禅师墓塔一孤例外）也没有八角形的；自辽宋以后，八角形才成了佛塔的标准平面。由壁画中更可以证明八角塔是第十世纪中叶以后的产物。

（八）台　壁画中有一种高耸的建筑类型，下部或以砖石包砌成极高的台基，如一座孤立的城楼；或在普通台基上，立木柱为高基，上作平坐，平坐上建殿堂。因未能确定它的名称，姑暂称之曰台。按壁画所见重楼，下层柱上都有檐，檐瓦以上再安平坐。但这一类型的台，则下层柱上无檐，而直接安设平坐，周有栏杆，因而使人推测，台下不作居住之用。美国华盛顿付理尔美术馆[2]所藏赃物，从平原省磁县[3]南响堂山石窟盗去的隋代石刻，有与

1　梁思成作此文时，根据塔内造像铭文，暂推定建塔时间为东魏武定二年（公元544年）。后来此塔修缮时，发现石刻铭文，证明建塔时间为隋大业七年（公元611年）。

2　即佛利尔美术馆（Freer Gallery of Art）。

3　今河北磁县。平原省，中国旧省名，1952年撤销。

敦煌莫高窟二一七窟（1）台

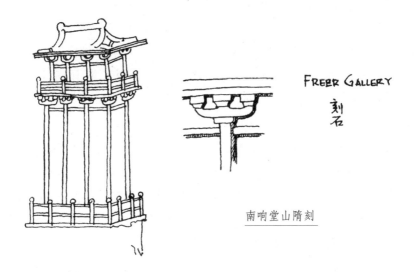

FREER GALLERY
刻石

南响堂山隋刻

此同样的木平坐台。

由古籍中得知，台是中国古代极通常的建筑类型，但后世已少见。由敦煌壁画中这种常见的类型推测，古代的台也许就是这样，或者其中一种是这样的。至如北京的团城、河北安平县圣姑庙（公元1309年），都在高台上建立成组的建筑群，也许也是台之另一种。

（九）围墙　上文已叙述过迴廊是兼作围墙之用的，多因廊柱木构架而造墙，壁画中也有砖砌的围墙，但较少见。若干住宅前，用木栅做围墙的也见于壁画中。

（十）城　中国古代的城邑虽至明代才普遍用砖包砌城墙，但由敦煌壁画中认识，用砖包砌的城在唐以前已有。壁画中所见的城很多，多是方形，在两面或正中有城门楼。壁画中所画建筑物，比例大多忠实，唯有城墙，显然有特别强调高度的倾向，以致城门极为高狭。楼基内外都比城墙略厚，下大上小，收分显著。楼基上安平坐斗栱，上建楼身。楼身大多广五间，深三间。平坐周围有栏杆围绕。柱上檐下都有斗栱，屋顶多用歇山（即九脊）顶。城门洞狭而高，不发券而成梯形。不久以前拆毁的泰安岱庙金代大门尚作此式。城门亦有不作梯形，亦不发券，而用木过梁的。梁分上下二层，两层之间用斗栱一朵，如四川彭山县许多汉崖墓门上所见。至于城门门扇上的门钉、铺首、角叶都与今天所用者相同。城墙上亦多有腰墙和垛口。至如后世常见的瓮城和敌台，则不见于壁画中。

角楼是壁画中所画每一座城角所必有。壁画中寺院的围墙都必有角楼，城墙更必如此。由此可见，在平面配置上，由一个院落以至一座城邑，基本原则是一样而且一贯的。这还显示着古代防御性的遗制。现存明清墙角楼、平面多作曲尺形，随着城墙转角。敦煌壁画所见则比较简单，结构与上文所述城门楼相同而比城门楼略为矮小。

壁画中最奇特的一座城是第二一七窟所见。这座城显然是西域景色。城门和城内的房屋显然都是发券构成的，由各城门和城内房屋的半圆形顶以及房屋两面的券门可以看出。

（十一）桥　壁画中多处发现，全是木造，桥面微微拱起，两旁护以栏杆。这种桥在日本今日仍极常见。

六一窟桥　　　　　　　　　　　四四五窟"修建图"

丙、施工的情形

四四五窟北壁盛唐的"修建图"[1]描绘了一座尚未完工的重楼，使我们得见唐代建造情形和方法。这座楼已接近完成。立在砖砌的台基上的两层楼身，木构骨架已树立好，而且墙壁也已做完。台基每面都有台阶；柱上有简单的斗栱；上层四周有平坐，周围绕以栏杆。这都是已完工的部分。然而工程尚在继续进行，七个工人还在工作，地上还放着许多木料和瓦。下层的檐正在准备铺瓦，四个泥瓦工正在向檐上输送材料；两人运泥，地面的一人将泥兜子系在绳上，檐上的一人向上收绳提上去；另两人运瓦，一人爬上梯子递砖上去，一人在檐上接收。其余三个工人，两人在檐上，一人在地上，正在将木料运上去，上层梁架已安置妥当，但还未安椽子。这梁架是壁画中楼

1　1951 年，以"修建图"为题在"敦煌文物展览会"上展出，后经敦煌文物研究所进一步考证，实为"弥勒下生经变"中"拆屋图"。

阁所用最典型的歇山顶的梁架。图中可以看出四角的角梁,大角梁的后尾交代在平梁梁头上;大角梁前段上面安着仔角梁,微微向上翘起,与今日做法完全相同。与后世不同之点在平梁以上的处理方法。由汉朱鲔石室、日本法隆寺迴廊,以至佛光寺大殿,我们都看见平梁之上安放作人字形对倚的"叉手",与平梁合成三角形的构架。至五代前后,三角形之内出现了直立的"侏儒柱",其后侏儒柱逐渐加大,叉手日渐缩小,至明初而叉手完全消失,只用侏儒柱。此图中所见,既非侏儒柱,亦非叉手,却是一个驼峰,峰上安置一个斗,以承托脊檩。但是驼峰事实上是一个实心的叉手,由常见魏隋以及中唐的人字形补间斗栱之逐步演变成以驼峰承托补间斗栱的程序中可以证明。这里用驼峰而不用叉手,大约是因为建筑物太小之故。

二九六窟隋代壁画中有一幅建筑施工图:六个只穿短裤的工人正在修建一座砖塔。在台基上已筑起了一层塔身;两个工人在上面正开始筑第二层;其余四人则在向上运砖。

二九六窟建塔图

这两幅都是极罕贵的图画。通过它们,我们在千余年后的今天,对于当时建筑工人劳动的情形以及施工的方法程序还可以得到一个活生生的印象。

敦煌窟檐的建筑

敦煌四百余窟室，差不多窟外都曾有木构的檐廊。现存者虽寥寥无几，但由每个窟门崖上的洞看来，很可以想见当时每窟一檐廊，而以悬空的阁道相连属的盛况。

在印度，如阿占陀、卡尔里、埃罗拉等地最古的佛教石窟；在新疆，佛教由印度传入中国的路线上，如库车、吐鲁蕃和其他地区的石窟；在内地如云冈、天龙山、响堂山诸石窟都有窟檐。那些地方的窟檐都是从山崖石凿出的，他们都将当时当地的建筑忠实地在石崖上雕出。我们须特别提出的是中原的几处。其中最大最古的云冈石窟（公元 450—500年间），向外一面虽然已风化侵蚀，内部却尚完整。如中部第五、第六、第八窟[1]窟檐都是三间两柱；柱作八角形，下有须弥座，上有大斗。又如第八窟内前室东西两壁上的三间殿形龛，也可藉作对照，而得到窟檐原状的印象。天龙山齐隋诸窟的檐廊都极忠实而且准确地雕出当时柱枋斗栱。齐窟用八角柱，隋窟有用圆柱的。其上崖壁有横列的小圆孔，是檐椽的遗迹。天龙山的窟檐是最纯粹的中国式的。响堂山的窟檐基本上是中国样式，柱、枋、斗栱俱全。上面更有刻出的檐，椽子和筒瓦都精确地雕出。可是柱则完全是印度样式的八角束莲柱。柱头有覆莲瓣；柱脚有仰莲瓣；柱中有由联珠箍环发出的仰覆莲瓣；柱础是一个坐狮，将柱子承驮在背上。

我们所知道的由印度到中原一切佛窟的廊檐都是即就崖石雕出的，而敦煌的窟檐则全部木构，安插在崖石上。因为敦煌鸣沙山的石质是含有卵石的水成岩，松软之中，夹杂着坚硬的卵石，不宜于雕刻。因此，敦煌的窟檐必须木构，加在崖面。附带可以在此一说：以同一原因，窟内的造像都是泥塑，壁上也不似其他诸窟之用浮雕，而用壁画。假使敦煌石质坚硬，适于雕刻，

---

1 此处指旧的云冈洞窟编号，见前文《云冈石窟中所表现的北魏建筑》中"云冈石窟全部平面"图。

则这数以千计，时间亘延千年的壁画可能不会产生；这几座木檐也不存在。由今日看来，千佛洞地址之选择实在是我们绘画史上的大幸事。

由敦煌仅存的唐末五代宋初的几处窟檐上，我们看见了梁架结构之灵活应用。在削壁上的窟檐以窟为"殿身"，窟檐倚着崖壁，如"腰檐"的做法。窟檐仅有一列檐柱，柱上的梁尾则插到崖石里去。屋顶则倚在崖边成"一面坡"顶。窟口外削壁上不便另作台基，故凿崖为平台，檐柱就立在、卧在崖石上的地栿上，由崖壁更出挑梁以承阁道，在高处联系窟与窟间的交通。在这些窟檐中我们看见了大木的实例，门、窗、墙壁和彩画。在大木结构的基本方法上，我们并没有看到什么特殊的做法，它们仍保持着纯粹的中国传统。门窗和墙壁的做法，都先在两柱之间安置横木（上下槛）、直木（左右立颊），将门或窗的位置留出，其余的面积——上槛之上、下槛之下、左颊之左、右颊之右的面积——则做成墙壁，与壁画中所见者完全相同。

一九六号窟外残存的檐廊可能是敦煌窟檐中最古的一个。以窟的年代推测，檐可能与窟同属晚唐。这处窟檐现在仅存柱、枋和门窗的槛框；上部檐顶已荡然无存，只余下部的木构骨架。

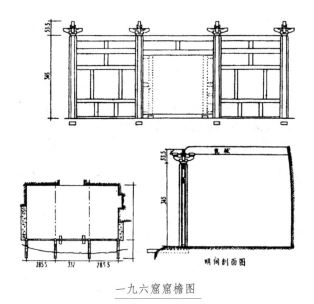

一九六窟窟檐图

四二七窟、四三七窟、四四四窟、四三一窟诸窟都有比较完整的窟檐。这几处窟檐都建于宋初。根据梁下的题字，四二七窟檐建于宋开宝三年（公元970年）。四四四窟檐建于开宝九年（公元976年）；四三一窟檐建于太平兴国五年（公元980年）；四三七窟檐，由形制推测，也是这期间所建。

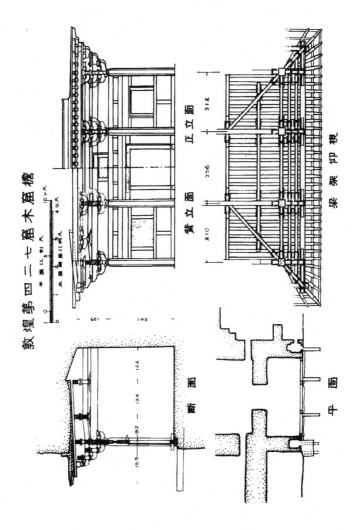

四二七窟木窟檐平面及内立面图

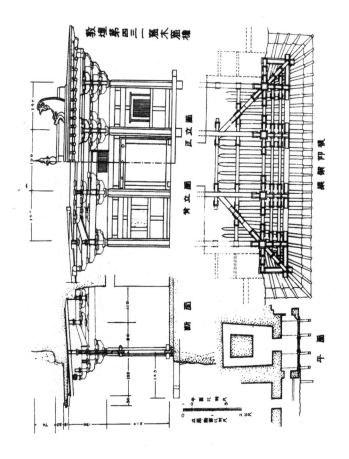

四三一窟木窟檐图

以上五处窟檐都广三间，用四柱；深一间，用椽两架。檐廊立在窟门之外，每柱上都有斗栱；斗栱上用梁（乳栿）一道，梁尾插窟外石壁。檐廊前面当心间开门，两次间开窗。多数都有彩画。窟檐之前，更在崖边凿孔安插挑梁，敷设悬空的阁道，由一窟通到旁边的窟。

除去五台山佛光寺正殿（公元857年）外，这几处窟檐是国内现存最古的木构建筑。我们认为他们无比罕贵是理之当然。

分析壁画中建筑物和窟檐的结构手法

中国建筑虽然数千年来从来没有改换木构骨架的基本结构方法，但在长期的发展过程中，无论在主要的大木结构方面，局部"名件"的处理方面和雕饰彩画方面，每一个时代都有它自己的作风或特相。

自从佛光寺正殿之发现，我们得以从晚唐公元 857 年以后至今约一千一百年的期间，除去最初的约一百三十年外，每隔二三十年，至少就有一座木构建筑的实例，使我们对于这期间大木结构和"名件"处理的手法有了相当的认识。但对于公元 857 年以前的木构建筑，因没有任何实物存在，全赖敦煌壁画中忠实的描写，才使我们对于古代木构的外表形象上的认识，向上更推回约四百年，而且还可约略窥见内部结构的片段。

所以现在再就壁画和窟檐所见，便可以将建筑物的各部分逐件作如下的分析：

（一）**台基**　壁画中的建筑物几乎没有例外地都有台基。一般的房舍乃至楼屋的台基大多用朴素的砖包砌。较为华丽的殿堂楼阁的台基则雕饰繁富：最下层是覆莲瓣的龟脚，龟脚上立矮柱。上安压栏石，将台基陡面分为方格，格内饰以团花。这种台基在形制上介乎汉画像石和汉石阙实物所见的台基与希腊、印度式的须弥座之间，而基本上是中国原有的做法。若干石塔（白色、不画砖缝纹）则用石台基，多做成叠涩须弥座或莲瓣须弥座，"希腊印度"作风较为浓厚。台基平面多随上面建筑物平面的轮廓，但亦有方塔而用圆基的。台基在适当的部位多有台阶或坡道（礓磜或辇道）与地面联系。沿着台基的四周敷设散水砖，一如今日的做法。

临水建筑的台基往往就是水边的泊岸，做法与台基相同，亦有用矮柱将陡面分为方格的。更有在水中立柱，上安斗栱梁枋，上面铺板的。临水的一面，上面更用栏杆围护。

（二）**柱** 壁画中的柱显得十分修长，大雁塔门楣石也如此，可能是绘画中强调高度，减少柱在画幅中的阻碍使然。由佛光寺正殿，一九六号窟檐，以及宋诸窟檐的柱看来，唐宋实物的柱，在比例上，柱高都是等于柱径的十倍，这是木柱最合理的比例。壁画中的柱则高有至柱径之十六七倍者，显然与实况颇有出入。

壁画中的柱都是圆柱，而窟檐的柱一律都是八角柱。历代实物中如四川彭山县汉崖墓、云冈窟壁的三间殿和窟门的石柱（公元450—500年）、天龙山齐隋诸石窟（公元六世纪末，七世纪初）、嵩山嵩岳寺塔（公元520年）、嵩山会善寺净藏墓塔（公元745年）等都用八角柱，以后则圆柱成为典型；至北宋末年，嵩山少林寺初祖庵（公元1125年）的八角柱已成了罕见的例外。敦煌窟檐之一律用八角柱，也许还保存着中原的"古风"。

窟檐的柱另一特征就是上下同样粗细，不"卷杀"（即上小下大，轮廓成缓和的曲线）如他处元以前实物，也不如明清的"收分"（上小下大，轮廓是直线）。在上述的古例中，彭山崖墓和云冈所见是有显著的收分的。嵩岳寺塔和净藏墓塔则上下同大，不收不杀，与窟檐柱相同。柱头部分则急剧地卷杀削小，其卷杀的轮廓不似通常所见那样圆和，而是棱角分明地折角斜收。

关于柱础，壁画中有素覆盆与覆莲两种。窟檐柱则立在地栿上，放在崖石上，不另做柱础。

敦煌壁画中所见两种柱础

（三）阑额及枋　壁画及大雁塔门楣石所见，阑额（即柱头与柱头之间左右联系的枋，清代称额枋）都是双层的。阑额很小，上下两层之间有短柱联系。在窟檐实物中，阑额的断面竟比斗栱上的"材"还小（详下文），其他所有唐宋实例中，阑额都大于材，到元明清为尤甚，所以这个罕有的特征是值得我们注意的（下文分析斗栱时当再阐述此点）。窟檐也用双层阑额，如壁画中所见，但在佛光寺正殿以及辽宋金元实例中，则以断面较大的单层阑额为最典型。明清以后，则又复用双层，但上下两层大小不同，称"大额枋""小额枋"；大小额枋之间用"垫板"填塞，与唐代作风完全异趣。

（四）斗栱　斗栱是中国建筑构架中，在柱头上用斗形的木块"斗"和臂形的横木"栱"交叠而成的一组结构单位，把上面平置的梁或枋上的荷载逐渐集中而转递到直立的柱上的过渡部分。它是中国建筑体系所独具的特征，它的肇源古远，到汉代的陵墓建筑中已臻成熟而成为必具的部分。它的发展，由简到繁，逐渐发挥它结构的功能，又逐渐沦落而至过分强调其装饰性的长期赓继的过程是中国建筑数千年沿革中认识各时代特征时最显著的"指时针"。所以我们在研究敦煌壁画和窟檐时，斗栱是一个重要的题目。

铺作分类　"铺作"是宋《营造法式》中专指一朵斗栱由几件何种的斗和栱如何配合而成一朵的专门名称。由壁画中我们可以看见四至五类的铺作："一斗三升"铺作，用一个大斗，上面安一道横栱（泥道栱），栱上又安三个小斗，以承托檐檩，直接位置在柱头上；用在两柱间阑额上的人字形"补间铺作"（即不在柱头上而在一间中间的铺作）。以上两种用于较小的房屋上。由柱头大斗上用一层或两层栱向外挑出（华栱），上面更挑出一层至三层斜向下出尖如鸟喙的昂；和与此同式但不在柱头上而经由人字形栱或驼峰或一根简单的矮柱放在阑额上的补间铺作。这种出昂的斗栱只用于较大的殿堂。在平坐下所用的铺作，可能只用华栱向外挑出而不用昂，但在壁画中所见者稍欠清晰。

与壁画可作比较的另一幅画就是大雁塔门楣石。这石上斗栱画得十分清楚。在柱头上横着用一层横栱（泥道栱）一层枋（柱头枋），上面再用一横栱一横枋。向外则挑出华栱两层，逐层向外加长，第二层头上安横栱（令栱）

一道，以承挑檐檩。补间用人字形铺作，其上再用矮柱。

至于实物，则净藏禅师墓塔柱头用一斗三升，补间用人字形铺作。与壁画中所见小建筑完全相同。佛光寺正殿柱头用挑出两栱两昂（双杪双下昂）的铺作，补间铺作则仅挑出两栱（双杪）。

敦煌窟檐中，一九六号窟檐已残破难以看出原有的铺作。四二七窟和四三一窟窟檐则都挑出三层华栱（三杪），下两层栱头下都安横栱，上面各承一横枋；第三层栱头不用栱，而用替木（只有下半的栱）承托挑檐檩。华栱的后尾，第一层向后挑出；第二层就是伸插到崖壁里的梁（乳栿），事实上是将梁头做成第二层华栱；第三层后尾弯曲斜向上，交搭在乳栿上所承托的二梁（剳牵）上；其交搭处也用斗栱联系。斗栱的高度约为柱高之五分之二，通高之三分之一。此外，北魏的二五四窟内壁上也有简单的木斗栱以承窟顶雕出的檩。

材与栔　"材"是断面与栱的断面的高度和宽度相等的木材的通称，至迟自公元1100年《营造法式》刊行以后，它即已确定为中国建筑的一个度量单位——权衡比例的单位。"栔"是上下两层枋之间或栱与栱之间因用斗垫托而留出的空隙的高度。建筑物中每一部分的权衡比例都是以材及栔或材的分数而定的。例如柱径是一材一栔，梁高两材等。栱的长度也与材有一定的比例。

这两座檐窟中，用材并不标准化。无论是栱或枋，越往上则越小。材的高与宽之比也不如后世之定为三与二，而略有出入。佛光寺正殿以及中原其他辽宋木构在这一点上已一律标准化，而敦煌窟檐则如此"自由"，是别处所未曾见的。因为材之不标准化，所以栔的大小亦随同发生变化了。因此，作者不拟在此作进一步的比较分析以赘读者。

斗和栱　斗和栱的详细样式，在壁画中虽无法看出，在窟檐中则得到又一种罕有的实例。现存汉魏唐辽宋金元实物的斗的下半，上大下小的斜收部分，即《营造法式》称为"㪻"的部分，其面莫不微凹，即所谓"颛"，颛面是微弯入的。一九六窟窟檐的斗㪻就是如此做法。明清两代的㪻则一律不颛，㪻的斜面是平的。四二七、四三一等宋初窟檐的斗，㪻面既不颛，又不平，而是上半段急促的斜收，下半段垂直；也可以说不用曲面颛而用两个钝角相交的平面代替了颛。也就是说，颛面线不是继续的曲线而是折角的直线。二五四窟内北魏的斗也用此法，但不甚显著。这种"卷杀"的方法在我们已知的所有实例中都没有见过。

窟檐的栱也表现了同样硬朗的作风。在一九六窟、二五四窟和他处所见任何时代的栱头，都用三"瓣"至五"瓣"或用不分瓣的曲线，卷杀成流畅缓和的抛物线形，但敦煌宋初诸窟檐的栱头则一律只用两瓣卷杀，棱角分明，与斗欹的折角卷杀表现了一致的格调。

昂　窟檐没有用昂。壁画变相图中，中间的大殿莫不用昂，只能看出昂的层数，双昂三昂不等。昂嘴用平面斜杀至尖，昂面不如宋中叶以后的微颛，这种做法与唐辽宋初实物所见相同。

（五）梁　在少数变相图中，可以看见由檐柱到内柱上的乳栿和由角檐柱到内角柱上的角栿。"修建图"中约略可以看出大梁。窟檐中的梁主要的是乳栿和它上面的劄牵。乳栿的梁头（外端）都斫割成第二层挑出的华栱，因而梁同斗栱便构成为不可分离、互相结合的结构部分；梁与柱交接点的剪力藉第一层栱而减小。劄牵之下也用斗、栱和驼峰将荷载传递到乳栿上，这些过渡的斗栱同时也与上面承托屋椽的檩子交结成为不可分离的结构。角柱上第二层角栱的后尾就成为角栿，其后尾与乳栿相交。

在"修建图"中，梁上用简单的梯形驼峰，上安大斗以承脊檩。据我们所知，宋以后实物都在最上一层梁（平梁）上树立侏儒柱（清代称金瓜柱）以承脊檩。宋元在侏儒柱的两旁用斜倚的叉手支撑。汉魏隋唐则不用侏儒柱而只用巨大的叉手互相倚撑，如汉朱鲔石室、朝鲜平安南道顺川郡北仓面的"天王地神冢"（公元五世纪）、日本奈良法隆寺迴廊（公元六世纪）乃至佛光寺正殿（公元857年）都不用侏儒柱而只用叉手。辽及宋初结构中侏儒柱已出现，却甚矮小，是名实相称的侏儒，叉手仍甚大。以后叉手逐渐瘦小，而侏儒柱逐渐长大，终于在元明之际完全夺取了叉手的地位，使它在建筑中绝迹。因此，我们往往可以由一座建筑中侏儒柱和叉手的大小有无而推定其约略年代。至于驼峰，它原是缩小而实心的叉手，使用驼峰就是使用叉手。

"修建图"中所见正表示出那座重楼是一座不很大的建筑物。

（六）檐椽 壁画中所有建筑物都在檐下画出椽子，并且大多画出两层。其中比较清楚的并可以看出下层是圆椽，上层（飞椽）是方椽，飞椽且卷杀使外端较小。靠近屋角处，椽子的方向且逐渐斜展成"翼角"，如今日的做法。大雁塔门楣石上所见尤为清楚。

窟檐椽子翼角斜展。椽子出檐长度（自柱中线至椽头）为柱高之半以上，通高之三分之一强。如此深阔出檐是宋以前的特征，呈现豪放的风格；宋以后逐渐减浅，至清代的檐已呈紧促之状。

（七）屋顶 壁画中所见屋顶有四阿（清代称庑殿）、歇山（九脊）及攒尖三种，而以歇山为最多。此外尚有迴廊上长列的屋顶。后世常见的硬山或悬山顶，在壁画中没有见到。但由汉墓石室的结构上和明器中，我们已肯定地知道后两种屋顶自古已有。

一个长久令人不解的是檐角翘飞的问题。在汉石阙和明器上，在云冈窟壁三间殿上，在大雁塔门楣石和敦煌壁画中，檐口线都是直的。但日本法隆寺、唐招提寺金堂（公元759年唐僧鉴真建）、佛光寺正殿（公元857年）和四川大足摩崖净土变（公元895年前后）的檐角都是翘起的。由"修建图"和四三一窟檐实物看，大角梁上有仔角梁，仔角梁微翘起。敦煌壁画檐口何以不翘起，颇令人不解？以所画其他部分的忠实性推论，绝不是画师的疏忽（而且不能人人都疏忽），所以令人推想直线檐口可能是当时当地的特征。若然，则翘起的仔角梁又完全失去结构意义了。

瓦 壁画所见屋顶都用瓦铺盖，所用是筒瓦；大雁塔门楣石中描画尤为清晰。琉璃瓦在唐时已少量使用。至于窟檐是否用瓦盖顶，很难确定；现状仅用灰背墁抹。

关于屋顶瓦饰，壁画表现颇为清楚。脊上和脊端施用雕饰，由汉至今两千余年，基本上没有大改变。正脊和垂脊都适当地把屋顶上最易开始渗漏的线上予以掩盖并加以强调，使脊瓦的重量足以保持本身固定的位置。在正脊与垂脊的相交点上，即正脊的两端，用鸱尾着重地指出；垂脊的下端也予以适当的结束。

　　按宋《营造法式》的规定，脊是用瓦叠垒而成的，明清以后才肯定地有分段预制的脊件（在目前我们所已调查的实物中，还未能得到足够的资料，以肯定预制的脊瓦件出现的年代）。壁画中隐约可见分段的线条，假使唐末五代已有此做法，则《营造法式》中何以竟只字未提，颇令人疑惑不解。

　　辽宋以后实物的鸱尾已变成鸱吻，下半作成龙头，张嘴衔脊。壁画中所见则尚是尾状有鳍的，名实相符的鸱尾；P十八窟所见最为清晰，大雁塔门楣石所见亦大致相同。四三一窟檐尚有倚崖塑造的正脊和鸱吻，它的轮廓虽尚保持唐式，但下部已张嘴衔脊，上端亦作鱼尾形，样式至为特殊，是我们所见唯一孤例。

十八窟壁画中所见鸱尾

　　壁画殿堂正脊当中，多有莲蕾形或火焰形的宝珠，窟檐所见亦同。

　　壁画中的垂脊大多用短圆柱予以结束，柱头作莲蕾形，与正脊中的宝珠互相呼应。

　　塔顶的攒尖垂脊聚集点上立刹，大多数先做须弥座，座边缘及角上出山花蕉叶，中置覆钵，钵上立刹杆，上置相轮（宝盘）三层或五层。刹尖则有仰月和宝珠。在仰月之下，有链垂系檐角，链上挂着许多的铃（铎）。

（八）门窗及墙 因为木构架的性质，门、窗和墙都是就两柱间的空档处理，予以堵塞或开敞的办法。上文已经讨论过，门、窗和墙的做法都先在两柱间安横木和直木，按需要留出大小适当的空档则用墙壁堵塞，或留作门或窗。

在不留门窗的地位，则两柱间完全用墙堵塞。按壁画所见，墙可能是用竹蓐成木条抹灰的（但敦煌没有竹）。窟檐左右两角柱与崖壁间则用土砖墙。

在窟檐中，做门的方法是在两柱之间，地栿之上，先安木门砧，即承托门轴的木块，其上安门槛。门槛与阑额之间，按门的宽度，树立左右门颊。门额（窟檐所见亦即下层阑额）上有两小长方孔，是原来穿插门簪的孔。原有的门簪和依赖门簪而得固定在门额背面以接受门轴上端的鸡栖木，都已失去。这一切做法都与今日通用的完全相同。

门额之上，门颊之左右，在表面上更突出九十度弧面的线道一条，弧面向里，作为门的外周线，是他处所罕见的做法。

窟檐的门扇都已不存在。在壁画中只有少数将门扇画出，如二一七窟砖台下的门扇，则有门钉、铺首（并环）和角叶的表示。

窟檐左右次间开窗的做法，则在阑额之下少许和距地面上约 80 厘米处安窗额及腰串（即窗的上下槛），窗额与腰串之间树立左右立颊，留出约方 55 厘米的方窗。窗孔内用垂直平行的方棂竖立（方棂棱角向前，棂面斜向），即所谓直棂窗。窗额之上及腰串之下，当中立心柱（矮柱）一根，以与阑额及地栿联系。壁画中所见窗大都如此；许多实物中，直至今日西南各省的房屋中，这还是一种最常见的做法。

（九）栏杆 净土变相中台基、平坐和台阶的周缘都有栏杆，大多数都在最下层卧放地栿；转角处立望柱；望柱之间，每隔若干距离立蜀柱一根，其上半收杀。在蜀柱之中段横安盆唇，蜀柱顶上承托寻杖。盆唇与地栿之间，用 L 字纹互相勾搭，做成所谓"勾片栏杆"，这是元明以后所不复用，而在自南北朝至五代宋初的五六百年间所最常用的栏杆纹样。从云冈石窟以至蓟县独乐寺观音阁（公元 984 年）、大同华严寺薄伽教藏内的壁藏（公元 1038 年）都有此式。但壁画中望柱头上和蜀柱与寻杖相接处，都有宝珠，所有横直料

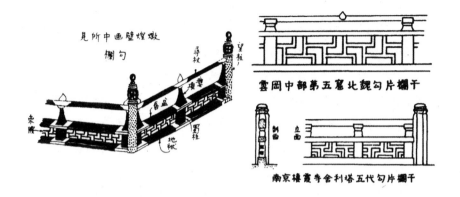

敦煌壁画中栏杆与北魏、五代栏杆形式

相接处都画作浅色，可能是表示用铜片包镶的样式，都是后世所未见。

（十）窟檐的彩画　窟檐的彩画是作者认为窟檐中最可珍贵的部分。

油饰彩画本是利用保护木材而使用的涂料，加以处理而取得装饰效果的。它是建筑物抵御自然界破坏力的"第一道防线"，是建筑物中首先损坏的部分。因此，我们对于年代较古的木构的知识，以彩画方面为最贫乏。

古代的彩画，使我们能得到清楚的认识，给予我们明确印象的，最古只到明中叶（公元 1444 年）所建的北京智化寺。更古的虽有一些辽代建筑，如辽宁义县奉国寺大殿（公元 1020 年建）、山西大同华严寺薄伽教藏（公元 1038 年建），然而前者则已黝暗失色，后者又经后世重装乃至部分窜改，不能给我们以原来的印象。即使如宋《营造法式》（公元 1100 年初次刊印）那样相当精确的术书，也因原图仅用墨线注明颜色，再经后世流传本辗转抄摹走样，难以制成准确的图式。罕贵的敦煌窟檐却为我们保存下宋初的彩丽，也使我们的知识由十五世纪中叶推上了五百年。敦煌以壁画引起我们的爱好；彩画也正是"壁画"之一种，值得我们深切的注意。

概括的说，窟檐的彩画，木构部分以朱红为主，而在结构的重要关键上用以青绿为主的图案，使各构材在结构上的机能适当地得到强调。

柱头上和柱的中段以束莲花纹为饰。在云冈石窟（公元五世纪后半），平原省磁县响堂山石窟（公元六世纪末），以及若干佛塔上，如五台山佛光寺祖师塔（公元六世纪）等，都有浮雕的束莲，这是健陀罗输入的影响，在木建筑实物中所见不多，窟檐彩画所见是唯一的例子。这"束莲"并非真正的莲瓣，而是以一道连珠的红环，夹以青绿的边线，上下两面伸出以青绿为缘，红色为心的瓣。在柱头上，则连珠在顶，只有下面出瓣，成为所谓"覆莲"的柱头花纹。后代虽有普遍彩画的柱，但没有这样在中腰画彩画的；而柱头则多改用"束锦"——一个织锦纹的箍子。

这同一个束莲纹彩画也用于门额、窗额和立颊的中段和次间下层的阑额、窗额和腰串与柱交接处。

柱头主要的阑额以连珠压边，内面全部画斜角棱纹。棱纹以整个棱形的左右尖角衔接，上下钝角至边，成"一整二破"的布局。居中的整棱以青地红心和粉地绿心者相间，两侧的半棱则以绿地粉心和粉地青心者相对。这整个图案与《营造法式》至明清两朝在阑额两端先面箍头，再将内部分为几段，并以青绿为主要颜色的作风完全异趣。

当心间门以上的阑额与柱头枋之间的小窗则在红地上画相错的绿色红心棱形花；小窗的上额（即柱头枋在小窗上的一段）则画龟文锦，以青色宽线画六方格，"一整二破"，以粉色为地，以绿心的红花和绿心的青花相间排列。

斗栱上的彩画亦极别致。今日常见的明清以后彩画多以青绿色和墨线沿着斗和栱的轮廓用平行线饰画。窟檐所见则大致以绿色的斗和红地杂色花的栱相配合；但第一层横栱（泥道栱）上的两斗和三层挑出的华栱的狭面则以白色为主。全部主要的色调是红色，略似《营造法式》所谓"解绿结华装"的样式。

栱面均以红色为地。泥道栱面，沿着栱的上下两缘，用青绿两色的边，而各伸出四片卷叶的奇特花纹相对；一半上青下绿，对面一半上绿下青。其余的栱面则在红地上以半个团窠的杂色花上下相错。三层华栱（挑出的栱）的狭面（向前的面）则在白色地上，在卷杀的部分用赭色画一"工"字纹。

绿色的斗一律用单纯的绿色，没有边缘。白色的斗则在白色上密布的红色麻点。

　　第二层横栱（慢栱）以上的一道柱头枋则上下缘用红色宽边，中间白地，而用宽的红色分为细长横格，呈现似上下两层横材中间以矮柱间格的形状。

　　所有木构材之间的壁面一律为白粉墙，因年代久远，已成醇熟的淡土黄色，与木材上的红白青绿成了极和谐的反衬。

　　窟檐内部的梁架椽檩也都有彩画。沿着梁身棱角的边缘有边线，边线以内所画疑似宋所称的海石榴华。椽子两端及中腰，如柱一样，画束莲。颜色亦以红为主，青绿为花。椽与椽间望板上画卷草或佛像。

　　窟檐的彩画所引起我们的反应，首先是惊奇之感。因为它与明清以后所常见的，在阑额以上以青绿为主，以下差不多单纯地用红色的系统和风格完全异趣。这里由地栿至檐下，则是一贯地以红色为主，而在结构重点上用青绿花饰，并且这是窟檐彩画的主要特征。

　　我们对于彩画的认识，如上文所说，自明中叶以上即极为贫乏。实物既少，且经窜改，文献不足征，幸喜敦煌窟檐，使我们的知识向上推远了五百年。在这一点上，窟檐彩画是重要无比的。

　　敦煌壁画中未能将建筑彩画详细表现出来，大多只能表现木构部分的红色和粉墙的白色。但如一四六窟则相当清晰。柱的中上段，阑额和柱头枋上、栱上，都在红地上画彩画。补间铺作下的驼峰主要是青绿色。昂嘴上面白色。椽子及檐口的连檐和瓦口板红色［这些颜色是在照相中按深（红）浅（青绿）推测的］。与窟檐所见也大概是一致的。

结论

　　通过敦煌壁画和窟檐，我们得以对于由北魏至宋初五个世纪期间的社会文化一个极重要的方面——居住的情形——得到了一个相当明确的印象。因实物不复存在，假使没有这些壁画，我们对于当时的建筑将无从认识，即使实物存在，我们仍难以知道当时如何使用这些房屋。壁画虽只是当时建筑的缩影，它却附带的描写了当时的生活状况。

在这些壁画中，我们认识了十余种建筑类型；我们看出了建筑组群的平面配置；我们更清楚的看到了当时建筑的结构特征和各构材之相互关系及其处理的手法；因此我们认识了当时建筑的主要作风和格调。我们还看见了正在施工中的建筑过程中之一些阶段。这是多么难得的资料！

由窟檐的实例上，我们一方面看到了传统的木构骨架的保持，另一方面却看到了极为罕贵的细节的运用，尤其是斗栱的特殊手法。更为难得的是当时的彩画的作风。

这些壁画和扇檐告诉我们：中国建筑所具有最优良的本质就是它的高度适应性。我们建筑的两个主要特征，骨架结构法，和以若干个别建筑物联合组成的庭院部署，都是可以作任何巧妙的配合而能接受灵活处理的。古代的匠师们掌握了这两种优点而尽量发挥了使用，而画师们又把它给我们描画下来。尤其重要的是，这些壁画告诉了我们，古代匠师对于自己的建筑传统的信心，虽在与外来文化思想接触的最前线，他们在五百年的长期间，始终以主人翁的态度迎接外来的"宾客"。既没有失掉自主的能动性，也没有畏缩保守，即使如塔那样全新的观念，以那样肯定的形式传入中国，但是中国建筑匠师竟能应用中国的民族形式，来处理这个宗教建筑的新类型，而为中国人民创造了民族化、大众化的各种奇塔耸立在中国的土地上。这是我们的祖先给我们留下的特别卓越而有意义的榜样，这是对于今日中国的建筑师们——他们的子孙——的一种挑战。

近百年来，帝国主义的侵略者以喧宾夺主的态度，在我国的城镇乃至村落中，以建筑的体形为我们留下了许多显著的创痕，把他们的民族手法思想体系强迫着我们放弃我们原有的文化传统和民族工艺。无论是建筑师或人民大众，在对于建筑的思想，到今天便积下了不少帝国主义的毒素，正待我们坚决的来肃清。我们过去屈服于他们的暴力，接受了他们的建筑体系来代替自己的，因此我们传统的中国建筑有一些被毁坏了，有一些停留在不适用的技术中而不得提高。我们今天要问自己：我们有没有肃清这些遗毒的自信心？我们能否在不断改变中的生活方式和材料技术的条件下，再从民族传统的老基础上发展出我们的新建筑来？这个问题是严重的，它是我文化建设的考验，只靠少数技术人员是不可能达到这目的的。全中国要住房子的要用房子的人民——即全中国的每一个人——也必须向这方面努力，他们必需要求建筑师们，且督促着建筑师们，在行动上，在有体有形的建筑物上，发扬我们爱国主义的精神。中国人民的新文学、新美术、新音乐、新舞蹈，早已摆脱了资本主义帝国主义的羁绊，正踏上蓬勃的发展的新的道路，我们的建筑更不能因为这任务的艰巨而自甘落后。让我们立刻反抗建筑思想上崇洋恐洋的迫害，解放自己，来肃清那些余毒，急起直追，与文学、美术、音乐、舞蹈并肩前进！

　　最后，作者愿借这机会向在沙漠中艰苦工作的敦煌文物研究所同志们致无限的敬意！

我们的首都 [1]

中山堂

我们的首都是这样多方面的伟大和可爱，每次我们都可以从不同的事物来介绍和说明它，来了解和认识它。我们的首都是一个最富于文物建筑的名城；从文物建筑来介绍它，可以更深刻地感到它的伟大与罕贵。下面这个镜头就是我要在这里首先介绍的一个对象。

它是中山公园内的中山堂。你可能已在这里开过会，或因游览中山公园而认识了它；你也可能是没有来过首都而希望来的人，愿意对北京有个初步的了解。让我来介绍一下吧，这是一个愉快的任务。

这个殿堂的确不是一个寻常的建筑物；就是在这个满是文物建筑的北京城里，它也是极其罕贵的一个。因为它是这个古老的城中最老的一座木构大殿，它的年龄已有五百三十岁了。它是十五世纪二十年代的建筑，是明朝永乐由南京重回北京建都时所造的许多建筑物之一，也是明初工艺最旺盛的时代里，我们可尊敬的无名工匠们所创造的、保存到今天的一个实物。

这个殿堂过去不是帝王的宫殿，也不是佛寺的经堂；它是执行中国最原始宗教中祭祀仪节而设的坛庙中的"享殿"。中山公园过去是"社稷坛"，就是祭土地和五谷之神的地方。

凡是坛庙都用柏树林围绕，所以环境优美，成为现代公园的极好基础。

1　林徽因所作，连载于《新观察》1952 年第 1 ~ 11 期。

社稷坛全部包括中央一广场，场内一方坛，场四面有短墙和棂星门；短墙之外，三面为神道，北面为享殿和寝殿；它们的外围又有红围墙和美丽的券洞门。正南有井亭，外围古柏参天。

中山堂的外表是个典型的大殿。白石镶嵌的台基和三道石阶，朱漆合抱的并列立柱，精致的门窗，青绿彩画的阑额，由于综错木材所组成的"斗栱"和檐椽等所造成的建筑装饰，加上黄琉璃瓦巍然耸起，微曲的坡顶，都可说是典型的、但也正是完整而美好的结构。它比例的稳重，尺度的恰当，也恰如它的作用和它的环境所需要的。它的内部不用天花顶棚，而将梁架斗栱结构全部外露，即所谓"露明造"的格式。我们仰头望去，就可以看见每一块结构的构材处理得有如装饰画那样美丽，同时又组成了巧妙的图案。当然，传统的青绿彩绘也更使它灿烂而华贵。但是明初遗物的特征是木材的优良（每柱必是整料，且以楠木为主），和匠工砍削榫卯的准确，这些都不是在外表上显著之点，而是属于它内在的品质的。

北京中山公园中山堂

中国劳动人民所创造的这样一座优美的、雄伟的建筑物，过去只供封建帝王愚民之用，现在回到了人民的手里，它的效能，充分地被人民使用了。1949 年 8 月，北京市第一届人民代表会议，就是在这里召开的。两年多来，这里开过各种会议百余次。这大殿是多么恰当地用作各种工作会议和报告的大礼堂！而更巧的是同社稷坛遥遥相对的太庙，也已用作首都劳动人民的文化宫了。

北京市劳动人民文化宫

北京市劳动人民文化宫是首都人民所熟悉的地方。它在天安门的左侧，同天安门右侧的中山公园正相对称。它所占的面积很大，南面和天安门在一条线上，北面背临着紫禁城前的护城河，西面由故宫前的东千步廊起，东面到故宫的东墙根止，东西宽度恰是紫禁城的一半。这里是四百零八年以前（明嘉靖二十三年，1544 年）劳动人民所辛苦建造起来的一所规模宏大的庙宇。它主要是由三座大殿、三进庭院所组成；此外，环绕着它的四周的，是一片蓊郁古劲的柏树林。

这里过去称做"太庙"，只是沉寂地供着一些死人牌位和一年举行几次皇族的祭祖大典的地方。解放以后，1950 年国际劳动节，这里的大门上挂上了毛主席亲笔题的匾额——"北京市劳动人民文化宫"，它便活跃起来了。在这里面所进行的各种文化娱乐活动经常受到首都劳动人民的热烈欢迎，以至于这里林荫下的庭院和大殿里经常挤满了人，假日和举行各种展览会的时候，等待入门的行列有时一直排到天安门前。

在这里，各种文化娱乐活动是在一个特别美丽的环境中进行的。这个环境的特点有二：

一、它是故宫中工料特殊精美而在四百多年中又丝毫未被伤毁的一个完整的建筑组群。

北京太庙大殿

　　二、它的平面布局是在祖国的建筑体系中，在处理空间的方法上最卓越的例子之一。不但是它的内部布局爽朗而紧凑，在虚实起伏之间，构成一个整体，并且它还是故宫体系总布局的一个组成部分，同天安门、端门和午门有一定的关系。如果我们从高处下瞰，就可以看出文化宫是以一个广庭为核心，四面建筑物环抱，北面是建筑的重点。它不单是一座单独的殿堂，而是前后三殿：中殿与后殿都各有它的两厢配殿和前院；前殿特别雄大，有两重屋檐，三层石基，左右两厢是很长的廊庑，像两臂伸出抱拢着前面广庭。南面的建筑很简单，就是入口的大门。在这全组建筑物之外，环绕着两重有琉璃瓦饰的红墙，两圈红墙之间，是一周苍翠的老柏树林。南面的树林是特别大的一片，造成浓荫，和北头建筑物的重点恰相呼应。它们所留出的主要空间就是那个可容万人以上的广庭，配合着两面的廊子。这样的一种空间处理，是非常适合于户外的集体活动的。这也是我们祖国建筑的优良传统之一。这种布局与中山公园中社稷坛部分完全不同，但在比重上又恰是对称的。如果说社稷坛是一个四条神道由中心向外展开的坛（仅在北面有两座不高的殿堂），文化宫则是一个由四面殿堂廊屋围拢来的庙。这两组建筑物以端门前庭为锁钥，和午门、天安门是有机地联系着的。在文化宫里，如果我们由下往上看，不但可以看到北面重檐的正殿巍然而起，并且可以看到午门上的五凤楼一角正成了它的西北面背景，早晚云霞，金瓦翚飞，气魄的雄伟，给人极深刻的印象。

故宫三大殿

北京城里的故宫中间，巍然崛起的三座大宫殿是整个故宫的重点，"紫禁城"内建筑的核心。以整个故宫来说，那样庄严宏伟的气魄；那样富于组织性，又富于图画美的体形风格；那样处理空间的艺术；那样的工程技术，外表轮廓，和平面布局之间的统一的整体，无可否认的，它是全世界建筑艺术的绝品，它是一组伟大的建筑杰作，它也是人类劳动创造史中放出异彩的奇迹之一。我们有充足的理由，为我们这"世界第一"而骄傲。

三大殿的前面有两段作为序幕的布局，是值得注意的。第一段，由天安门，经端门到午门，两旁长列的"千步廊"是个严肃的开端。第二段在午门与太和门之间的小广场，更是一个美丽的前奏。这里一道弧形的金水河，和河上五道白石桥，在黄瓦红墙的气氛中，北望太和门的雄劲，这个环境适当地给三殿做了心理准备。

太和、中和、保和三座殿是前后排列着同立在一个庞大而崇高的工字形白石殿基上面的。这种台基过去称"殿陛"，共高二丈，分三层，每层有刻石栏杆围绕，台上列铜鼎等。台前石阶三列，左右各一列，路上都有雕镂隐起的龙凤花纹。这样大尺度的一组建筑物，是用更宏大尺度的庭院围绕起来的。广庭气魄之大是无法形容的。庭院四周有廊屋，太和与保和两殿的左右还有对称的楼阁和翼门，四角有小角楼。这样的布局是我国特有的传统，常见于美丽的唐宋壁画中。

北京故宫三大殿

　　三殿中，太和殿最大，也是全国最大的一个木构大殿。横阔十一间，进深五间，外有廊柱一列，全个殿内外立着八十四根大柱。殿顶是重檐的"庑殿式"，瓦顶，全部用黄色的琉璃瓦，光泽灿烂，同蓝色天空相辉映。底下彩画的横额和斗栱，朱漆柱，金琐窗，同白石阶基也作了强烈的对比。这个殿建于康熙三十六年（1697年），已有二百五十五岁，而结构整严完好如初。内部渗金盘龙柱和上部梁枋藻井上的彩画虽稍剥落，但仍然华美动人。

　　中和殿在工字基台的中心，平面为正方形，宋元工字殿当中的"柱廊"竟蜕变而成了今天的亭子形的方殿。屋顶是单檐"攒尖顶"，上端用渗金圆顶为结束。此殿是清初顺治三年的原物，比太和殿又早五十余年。

　　保和殿立在工字形殿基的北端，东西阔九间，每间尺度又都小于太和殿，上面是"歇山式"殿顶，它是明万历的"建极殿"原物，未经破坏或重建的。至今上面童柱上还留有"建极殿"标识。它是三殿中年寿最老的，已有三百三十七年的历史。

　　三大殿中的两殿，一前一后，中间夹着略为低小的单位所造成的格局，是它美妙的特点。要用文字形容三殿是不可能的，而同时因环境之大，摄影镜头很难把握这三殿全部的雄姿。深刻的印象，必须亲自进到那动人的环境中，才能体会得到。

北海公园

在二百多万人口的城市中，尤其是在布局谨严，街道引直，建筑物主要都左右对称的北京城中，会有像北海这样一处水阔天空、风景如画的环境，据在城市的心脏地带，实在令人料想不到，使人惊喜。初次走过横亘在北海和中海之间的金鳌玉蝀桥的时候，望见隔水的景物，真像一幅画面，给人的印象尤为深刻。耸立在水心的琼华岛，山巅白塔，林间楼台，受晨光或夕阳的渲染，景象非凡特殊，湖岸石桥上的游人或水面小船，处处也都像在画中。池沼园林是近代城市的肺腑，藉以调节气候，美化环境，休息精神；北海风景区对全市人民的健康所起的作用是无法衡量的。北海在艺术和历史方面的价值都是很突出的，但更可贵的还是在它今天回到了人民手里，成为人民的公园。

北京北海公园琼华岛白塔

我们重视北海的历史，因为它也就是北京城历史重要的一段。它是今天的北京城的发源地。远在辽代（十一世纪初），琼华岛的地址就是一个著名的台，传说是"萧太后台"；到了金朝（十二世纪中），统治者在这里奢侈地为自己建造郊外离宫：凿大池，改台为岛，移北宋名石筑山，山巅建美丽的大殿。元忽必烈攻破中都，曾住在这里。元建都时，废中都旧城，选择了这离宫地址作为他的新城，大都皇宫的核心，称北海和中海为太液池。元的三个宫分立在两岸，水中前有"瀛洲圆殿"，就是今天的团城，北面有桥通"万岁山"，就是今天的琼华岛。岛立太液池中，气势雄壮，山巅广寒殿居高临下，可以远望西山，俯瞰全城，是忽必烈的主要宫殿，也是全城最突出的重点。明毁元三宫，建造今天的故宫以后，北海和中海的地位便不同了，也不那样重要了。统治者把两海改为游宴的庭园，称作"内苑"。广寒殿废而不用，明万历时坍塌。清初开辟南海，增修许多庭园建筑，北海北岸和东岸都有个别幽静的单位。北海面貌最显著的改变是在 1651 年，琼华岛广寒殿旧址上，建造了今天所见的西藏式白塔。岛正南半山殿堂也改为佛寺，由石阶直升上去，遥对团城。这个景象到今天已保持整整三百年了。

北海布局的艺术手法是继承宫苑创造幻想仙境的传统，所以它以琼华岛仙山楼阁的姿态为主：上面是台殿亭馆；中间有岩洞石室；北面游廊环抱，廊外有白石栏楯，长达三百米；中间漪澜堂，上起轩楼为远帆楼，和北岸的五龙亭隔水遥望，互见缥缈，是本着想象的仙山景物而安排的。湖心本植莲花，其间有画舫来去。北岸佛寺之外，还作小西天，又受有佛教画的影响。其他如桥亭堤岸，多少是模拟山水画意。北海的布局是有着丰富的艺术传统的。它的曲折有趣、多变化的景物，也就是它最得游人喜爱的因素。同时更因为它的水面宏阔，林岸较深，尺度大，气魄大，最适合于现代青年假期中的一切活动：划船、滑冰、登高远眺，北海都有最好的条件。

天坛

天坛在北京外城正中线的东边，占地差不多四千亩，围绕着有两重红色围墙。墙内茂密参天的老柏树，远望是一片苍郁的绿荫。由这树林中高高耸出深蓝色伞形的琉璃瓦顶，它是三重檐子的圆形大殿的上部，尖端上闪耀着涂金宝顶。这是祖国一个特殊的建筑物，世界闻名的天坛祈年殿。由南方到北京来的火车，进入北京城后，车上的人都可以从车窗中见到这个景物。它是许多人对北京文物建筑最先的一个印象。

天坛是过去封建主每年祭天和祈祷丰年的地方，封建的愚民政策和迷信的产物；但它也是过去辛勤的劳动人民用血汗和智慧所创造出来的一种特殊美丽的建筑类型，今天有着无比的艺术和历史价值。

天坛的全部建筑分成简单的两组，安置在平舒开朗的环境中，外周用深深的树林围护着。南面一组主要是祭天的大坛，称做"圜丘"，和一座不大的圆殿，称"皇穹宇"。北面一组就是祈年殿和它的后殿——皇乾殿、东西配殿和前面的祈年门。这两组相距约六百米，有一条白石大道相联。两组之外，重要的附属建筑只有向东的"齐宫"一处。外面两周的围墙，在平面上南边一半是方的，北边一半是半圆形的。这是根据古代"天圆地方"的说法而建筑的。

圜丘是祭天的大坛，平面正圆，全部白石砌成；分三层，高约一丈六尺；最上一层直径九丈，中层十五丈，底层二十一丈。每层有石栏杆绕着，三层栏板共合成三百六十块，象征"周天三百六十度"。各层四面都有九步台阶。这座坛全部尺寸和数目都用一、三、五、七、九的"天数"或它们的倍数，是最典型的封建迷信结合的要求。但在这种苛刻条件下，智慧的劳动人民却在造形方面创造出一个艺术杰作。这座洁白如雪、重叠三层的圆坛，周围环绕着玲珑像花边般的石刻栏杆，形体是这样地美丽，它永远是个可珍贵的建筑物，点缀在祖国的地面上。

圜丘北面棂星门外是皇穹宇。这座单檐的小圆殿的作用是存放神位木牌（祭天时"请"到圜丘上面受祭，祭完送回）。最特殊的是它外面周绕的围墙，平面作成圆形，只在南面开门。墙面是精美的磨砖对缝，所以靠墙内任何一点，向墙上低声细语，他人把耳朵靠近其他任何一点，都可以清晰听到。人们都喜欢在这里做这种"声学游戏"。

北京天坛圜丘

　　祈年殿是祈谷的地方，是个圆形大殿，三重蓝色琉璃瓦檐，最上一层上安金顶。殿的建筑用内外两周的柱，每周十二根，里面更立四根"龙井柱"。圆周十二间都安格扇门，没有墙壁，庄严中呈显玲珑。这殿立在三层圆坛上，坛的样式略似圜丘而稍大。

　　天坛部署的规模是明嘉靖年间制定的。现存建筑中，圜丘和皇穹宇是清乾隆八年（1743 年）所建。祈年殿在清光绪十五年雷火焚毁后，又在第二年（1890 年）重建。祈年门和皇乾殿是明嘉靖二十四年（1545 年）原物。现在祈年门梁下的明代彩画是罕有的历史遗物。

北京天坛祈年殿

颐和园

在中国历史中，城市近郊风景特别好的地方，封建主和贵族豪门等总要独霸或强占，然后再加以人工的经营来做他们的"禁苑"或私园。这些著名的御苑、离宫、名园，都是和劳动人民的血汗和智慧分不开的。他们凿了池或筑了山，建造了亭台楼阁，栽植了树木花草，布置了回廊曲径，桥梁水榭，在许许多多巧妙的经营与加工中，才把那些离宫或名园提到了高度艺术的境地。现在，这些可宝贵的祖国文化遗产，都已回到人民手里了。

北京西郊的颐和园，在著名的圆明园被帝国主义侵略军队毁了以后，是中国四千年封建历史里保存到今天的最后的一个大"御苑"。颐和园周围十三华里，园内有山有湖。倚山临湖的建筑单位大小数百，最有名的长廊，东西就长达一千几百尺，共计二百七十三间。

颐和园的湖、山基础，是经过金、元、明三朝所建设的。清朝规模最大的修建开始于乾隆十五年（1750年），当时本名清漪园，山名万寿，湖名昆明。1860年，清漪园和圆明园同遭英法联军毒辣的破坏。前山和西部大半被毁，只有山巅琉璃砖造的建筑和"铜亭"得免。

前山湖岸全部是光绪十四年（1888年）所重建。那时西太后那拉氏专政，为自己做寿，竟挪用了海军造船费来修建，改名颐和园。

颐和园规模宏大，布置错杂，我们可以分成后山、前山、东宫门、南湖和西堤等四大部分来了解它的。

第一部后山，是清漪园所遗留下的艺术面貌，精华在万寿山的北坡和坡下的苏州河。东自"赤城霞起"关口起，山势起伏，石路回转，一路在半山经"景福阁"到"智慧海"，再向西到"画中游"。一路沿山下河岸，处处苍松深郁或桃树错落，是初春清明前后游园最好的地方。山下小河（或称后湖）曲折，忽狭忽阔；沿岸摹仿江南风景，故称"苏州街"，河也名"苏州河"。正中北宫门入园后，有大石桥跨苏州河上，向南上坡是"后大庙"旧址，今称"须弥灵境"。这些地方，今天虽已剥落荒凉，但环境幽静，仍是颐和园最可爱的一部。东边"谐趣园"是仿无锡惠山园的风格，当中荷花池，四周有水殿曲廊，极为别致。西面通到前湖的小苏州河，岸上东有"买卖街"，俨如江南小镇（现已不存）。更西的长堤垂柳和六桥是仿杭州西湖六桥建设的。这些都是摹仿江南山水的一个系统的造园手法。

第二部前山湖岸上的布局，主要是排云殿、长廊和石舫。排云殿在南北中轴线上。这一组由临湖一座牌坊起，上到排云殿，再上到佛香阁；倚山建筑，巍然耸起，是前山的重点。佛香阁是八角钻尖顶的多层建筑物，立在高台上，是全山最高的突出点。这一组建筑的左右还有"转轮藏"和"五芳阁"等宗教建筑物。附属于前山部分的还有米山上几处别馆如"景福阁""画中游"等。沿湖的长廊和中线成丁字形；西边长廊尽头处，湖岸转北到小苏州河，傍岸处就是著名的"石舫"，名清宴舫。前山着重侈大、堂皇富丽，和清漪园时代重视江南山水的曲折大不相同；前山的安排，是"仙山蓬岛"的格式，略如北海琼华岛，建筑物倚山层层上去，成一中轴线，以高耸的建筑物为结束。湖岸有石栏和游廊。对面湖心有远岛，以桥相通，也如北海团城。只是岛和岸的距离甚大，通到岛上的十七孔长桥，不在中线，而由东堤伸出，成为远景。

北京颐和园佛香阁

第三部是东宫门入口后的三大组主要建筑物：一是向东的仁寿殿，它是理事的大殿；二是仁寿殿北边的德和园，内中有正殿、两廊和大戏台；三是乐寿堂，在德和园之西。这是那拉氏居住的地方。堂前向南临水有石台石阶，可以由此上下船。这些建筑拥挤繁复，像城内府第，堵塞了入口，向后山和湖岸的合理路线被建筑物阻挡割裂。今天游园的人，多不知有后山，进仁寿堂殿或德和园之后，更有迷惑在院落中的感觉，直到出了荣寿堂西门，到了长廊，才豁然开朗，见到前面湖山。这一部分的建筑物为全园布局上的最大弱点。

第四部是南湖洲岛和西堤。岛有五处，最大的是月波楼一组，或称龙王庙，有长桥通东堤。其他小岛非船不能达。西堤由北而南成一弧线，分数段，上有六座桥。这些都是湖中的点缀，为北岸的远景。

天宁寺塔

北京广安门外的天宁寺塔，是北京城内和郊外的寺塔中完整立着的一个最古的建筑纪念物。这个塔是属于一种特殊的类型：平面作八角形，砖筑实心，外表主要分成高座、单层塔身和上面的多层密檐三部分。座是重叠的两组须弥座，每组中间有一道"束腰"，用"间柱"分成格子，每格中刻一浅龛，中有浮雕，上面用一周砖刻斗栱和栏杆，故极富于装饰性。座以上只有一单层的塔身，托在仰翻的大莲瓣上，塔身四正面有拱门，四斜面有窗，还有浮雕力神像等。塔身以上是十三层密密重叠着的瓦檐。第一层檐以上，各檐中间不露塔身，只见斗栱；檐的宽度每层缩小，逐渐向上递减，使塔的轮廓成缓和的弧线。塔顶的"刹"是佛教的象征物，本有"覆钵"和很多层"相轮"，但天宁寺塔上只有宝顶，不是一个刹，而十三层密檐本身却有了相轮的效果。

这种类型的塔，轮廓甚美，全部稳重而挺拔。层层密檐的支出使檐上的光和檐下的阴影构成一明一暗；重叠而上，和素面塔身起反衬作用，是最引人注意的宜于远望的处理方法。中间塔身略细，约束在檐以下，座以上，特

北京天宁寺塔

别显得窈窕。座的轮廓也因有伸出和缩紧的部分，更美妙有趣。塔座是塔底部的重点，远望清晰伶俐；近望则见浮雕的花纹、走兽和人物，精致生动，又恰好收到最大的装饰效果。它是砖造建筑艺术中的极可宝贵的处理手法。

分析和比较祖国各时代各类型的塔，我们知道南北朝和隋的木塔的形状，但实物已不存。唐代遗物主要是砖塔，都是多层方塔，如西安的大雁塔和小雁塔。唐代虽有单层密檐塔，但平面为方形，且无须弥座和斗栱，如嵩山的永泰寺塔。中原山东等省以南，山西省以西，五代以后虽有八角塔，而非密檐，且无斗栱，如开封的"铁塔"。在江南，五代两宋虽有八角塔，却是多层塔身的，且塔身虽砖造，每层都用木造斗栱和木檐托檐，如苏州虎丘塔，罗汉院双塔等。检查天宁寺塔每一细节，我们今天可以确凿地断定它是辽代的实物，清代石碑中说它是"隋塔"是错误的。

这种单层密檐的八角塔只见于河北省和东北。最早有年月可考的都属于辽金时代（十一至十三世纪），如房山云居寺南塔北塔、正定青塔、通州塔、辽阳白塔寺塔等。但明清还有这形制的塔，如北京八里庄塔。从它们分布的地域和时代看来，这类型的塔显然是契丹民族（满族祖先的一支）的劳动人民和当时移居辽区的汉族匠工们所合力创造的伟绩，是他们对于祖国建筑传统的一个重大贡献。天宁寺塔经过这九百多年的考验，仍是一座完整而美丽的纪念性建筑，它是今天北京最珍贵的艺术遗产之一。

北京近郊的三座"金刚宝座塔"
——西直门外五塔寺塔、德胜门外西黄寺塔和香山碧云寺塔

北京西直门外五塔寺的大塔，形式很特殊；它是建立在一个巨大的台子上面，由五座小塔所组成的。佛教术语称这种塔为"金刚宝座塔"。它是摹仿印度佛陀伽蓝的大塔建造的。

金刚宝座塔的图样，是1413年（明永乐时代）西番班迪达来中国时带来的。永乐帝朱棣，封班迪达做大国师，建立大正觉寺——即五塔寺——给他住。到了1473年（明成化九年）便在寺中仿照了中印度式样，建造了这座金刚宝座塔。清乾隆时代又仿照这个类型，建造了另外两座。一座就是现在德胜门外的西黄寺塔，另一座是香山碧云寺塔。这三座塔虽同属于一个格式，但每座各有很大变化，和中国其他的传统风格结合而成。它们具体地表现出祖国劳动人民灵活运用外来影响的能力，他们有大胆变化、不限制于摹仿的创造精神。在建筑上，这样主动地吸收外国影响和自己民族形式相结合的例子是极值得注意的。同时，介绍北京这三座塔并指出它们的显著的异同，也可以增加游览者对它们的认识和兴趣。

五塔寺在西郊公园北面约二百米。它的大台高五丈，上面立五座密檐的

方塔，正中一座高十三层，四角每座高十一层。中塔的正南，阶梯出口的地方有一座两层檐的亭子，上层瓦顶是圆的。大台的最底层是个"须弥座"，座之上分五层，每层伸出小檐一周，下雕并列的佛龛，龛和龛之间刻菩萨立像。最上层是女儿墙，也就是大台的栏杆。这些上面都有雕刻，所谓"梵花、梵宝、梵字、梵像"。大台的正门有门洞，门内有阶梯藏在台身里，盘旋上去，通到台上。

这塔全部用汉白玉建造，密密地布满雕刻。石里所含铁质经过五百年的氧化，呈现出淡淡的橙黄的颜色，非常温润而美丽。过于繁琐的雕饰本是印度建筑的弱点，中国匠人却创造了自己的适当的处理。他们智慧地结合了祖国的手法特征，努力控制了凹凸深浅的重点。每层利用小檐的伸出和佛龛的深入，做成阴影较强烈的部分，其余全是极浅的浮雕花纹。这样，便纠正了一片杂乱繁缛的感觉。

西黄寺塔，也称做班禅喇嘛净化城塔，建于 1779 年。这座塔的形式和大正觉寺塔一样，也是五座小塔立在一个大台上面。所不同的，在于这五座塔本身的形式。它的中央一塔为西藏式的喇嘛塔（如北海的白塔），而它的

北京西黄寺塔

四角小塔，却是细高的八角五层的"经幢"；并且在平面上，四小塔的座基突出于大台之外，南面还有一列石阶引至台上。中央塔的各面刻有佛像、草花和凤凰等，雕刻极为细致富丽，四个幢主要一层素面刻经，上面三层刻佛龛与莲瓣。全组呈窈窕玲珑的印象。

碧云寺塔和以上两座又都不同。它的大台共有三层，底下两层是月台，各有台阶上去。最上层做法极像五塔寺塔，刻有数层佛龛，阶梯也藏在台身内。但它上面五座塔之外，南面左右还有两座小喇嘛塔，所以共有七座塔了。

这三处仿中印度式建筑的遗物，都在北京近郊风景区内。同式样的塔，国内只有昆明官渡镇有一座，比五塔寺塔更早了几年。

鼓楼、钟楼和什刹海

北京城在整体布局上，一切都以城中央一条南北中轴线为依据。这条中轴线以永定门为南端起点，经过正阳门、天安门、午门、前三殿、后三殿、神武门、景山、地安门一系列的建筑重点，最北就结束在鼓楼和钟楼那里。北京的钟楼和鼓楼不是东西相对，而是在南北线上，一前、一后的两座高耸的建筑物。北面城墙正中不开城门，所以这条长达八公里的南北中线的北端就终止在钟楼之前。这个伟大气魄的中轴直穿城心的布局是我们祖先杰出的创造。鼓楼面向着广阔的地安门大街，地安门是它南面的"对景"，钟楼峙立在它的北面，这样三座建筑便合成一组庄严的单位，适当地作为这条中轴线的结束。

鼓楼是一座很大的建筑物，第一层雄厚的砖台，开着三个发券的门洞。上面横列五间重檐的木构殿楼，整体轮廓强调了横亘的体形。钟楼在鼓楼后面不远，是座直立耸起、全部砖石造的建筑物；下层高耸的台，每面只有一个发券门洞。台上钟亭也是每面一个发券的门。全部使人有浑雄坚实的矗立的印象。钟、鼓两楼在对比中，一横一直，形成了和谐美妙的组合。明朝初年智慧的建筑工人，和当时的"打图样"的师父们就这样朴实、大胆地创造了自己市心的立体标志，充满了中华民族特征的不平凡的风格。

　　钟、鼓楼西面俯瞰什刹海和后海。这两个"海"是和北京历史分不开的。它们和北海、中海、南海是一个系统的五个湖沼。十二世纪中建造"大都"的时候，北海和中海被划入宫苑（那时还没有南海），什刹海和后海留在市区内。当时有一条水道由什刹海经现在的北河沿、南河沿、六国饭店出城通到通州，衔接到运河。江南运到的粮食便在什刹海卸货，那里船帆桅杆十分热闹，它的重要性正相同于我们今天的前门车站。到了明朝，水源发生问题，水运只到东郊，什刹海才丧失了作为交通终点的身份。尤其难得的是，它外面始终没有围墙把它同城区阻隔，正合乎近代最理想的市区公园的布局。

北京钟鼓楼

　　海的四周本有十座佛寺，因而得到"什刹"的名称。这十座寺早已荒废。满清末年，这里周围是茶楼、酒馆和杂耍场子等。但湖水逐渐淤塞，虽然夏季里香荷一片，而水质污秽、蚊虫孳生已威胁到人民的健康。解放后人民自己的政府首先疏浚全城水道系统，将什刹海掏深，砌了石岸，使它成为一片清澈的活水，又将西侧小湖改为可容四千人的游泳池。两年来那里已成劳动人民夏天中最喜爱的地点。垂柳倒影，隔岸可遥望钟楼和鼓楼，它已真正地成为首都的风景区，并且这个风景区还正在不断地建设中。

在全市来说，由地安门到钟、鼓楼和什刹海是城北最好的风景区的基础。现在鼓楼上面已是人民的第一文化馆，小海已是游泳池，又紧接北海。这一个美好环境，由钟、鼓楼上远眺更为动人。不但如此，首都的风景区是以湖沼为重点的，水道的连结将成为必要。什刹海若予以发展，将来可能以金水河把它同颐和园的昆明湖结连起来。那样，人们将可以在假日里从什刹海坐着小船经由美丽的西郊，直达颐和园了。

雍和宫

北京城内东北角的雍和宫，是二百十几年来北京最大的一座喇嘛寺院。喇嘛教是蒙藏两族所崇奉的宗教，但这所寺院因为建筑的宏丽和佛像雕刻等的壮观，一向都非常著名，所以游览首都的人们，时常来到这里参观。这一组庄严的大建筑群，是过去中国建筑工人以自己传统的建筑结构技术来适应喇嘛教的需要所创造的一种宗教性的建筑类型，就如同中国工人曾以本国的传统方法和民族特征解决过回教的清真寺，或基督教的礼拜堂的需要一样。这寺院的全部是一种符合特殊实际要求的艺术创造，在首都的文物建筑中间，它是不容忽视的一组建筑遗产。

雍和宫曾经是胤禛（清雍正）做王子时的府第。在1734年改建为喇嘛寺。

雍和宫的大布局，紧凑而有秩序，全部由南北一条中轴线贯穿着。由最南头的石牌坊起到"琉璃花门"是一条"御道"，——也像一个小广场。两旁十几排向南并列的僧房就是喇嘛们的宿舍。由琉璃花门到雍和门是一个前院，这个前院有古槐的幽荫，南部左右两角立着钟楼和鼓楼，北部左右有两座八角的重檐亭子，更北的正中就是雍和门；雍和门规模很大，才经过修缮油饰。由此北进共有三个大庭院，五座主要大殿阁。第一院正中的主要大殿称做雍和宫，它的前面中线上有碑亭一座和一个雕刻精美的铜香炉，两边配殿围绕到它后面一殿的两旁，规模极为宏壮。

北京雍和宫

全寺最值得注意的建筑物是第二院中的法轮殿，其次便是它后面的万佛楼。它们的格式都是很特殊的。法轮殿主体是七间大殿，但它的前后又各出五间"抱厦"，使平面成十字形。殿的瓦顶上面突出五个小阁，一个在正脊中间，两个在前坡的左右，两个在后坡的左右。每个小阁的瓦脊中间又立着一座喇嘛塔。由于宗教上的要求，五塔寺金刚宝座塔的型式很巧妙地这样组织到纯粹中国式的殿堂上面，成了中国建筑中一个特殊例子。

万佛楼在法轮殿后面，是两层重檐的大阁。阁内部中间有一尊五丈多高的弥勒佛大像，穿过三层楼井，佛像头部在最上一层的屋顶底下。据说这个像的全部是由一整块檀香木雕成的。更特殊的是万佛楼的左右另有两座两层的阁，从这两阁的上层用斜廊——所谓飞桥——和大阁相联系。这是敦煌唐朝画中所常见的格式，今天还有这样一座存留着，是很难得的。

雍和宫最北部的绥成殿是七间，左右楼也各是七间，都是两层的楼阁，在我们的最近建设中，我们极需要参考本国传统的楼屋风格，从这一组两层建筑物中，是可以得到许多启示的。

故宫

北京的故宫现在是首都的故宫博物院。故宫建筑的本身就是这博物院中最重要的历史文物。它综合形体上的壮丽、工程上的完美和布局上的庄严秩序，成为世界上一组最优异、最辉煌的建筑纪念物。它是我们祖国多少年来劳动人民智慧和勤劳的结晶，它有无比的历史和艺术价值。全宫由"前朝"和"内廷"两大部分组成；四周有城墙围绕，墙下是一周护城河，城四角有角楼，四面各有一门：正南是午门，门楼壮丽，称五凤楼；正北称神武门；东西两门称东华门、西华门，全组统称"紫禁城"。隔河遥望红墙、黄瓦、宫阙、角楼的任何一角都是宏伟秀丽，气象万千。

前朝正中的三大殿是宫中前部的重点，阶陛三层，结构崇伟，为建筑造形的杰作。东侧是文华殿，西侧是武英殿，这两组与太和门东西并列，左右衬托，构成三殿前部的格局。

内廷是封建皇帝和他的家族居住和办公的部分。因为是所谓皇帝起居的地方，所以借重了许多严格部署的格局和外表形式上的处理来强调这独夫的"至高无上"。因此内廷的布局仍是采用左右对称的格式，并且在部署上象征天上星宿等等。例如内廷中间，乾清、坤宁两宫就是象征天地，中间过殿名交泰，就取"天地交泰"之义。乾清宫前面的东西两门名日精、月华，象征日月。后面御花园中最北一座大殿——钦安殿，内中还供奉着"玄天上帝"的牌位。故宫博物院称这部分作"中路"，它也就是前王殿中轴线的延续，

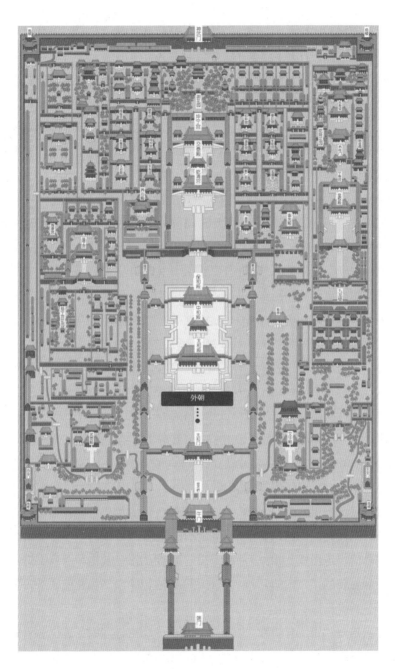

北京故宫平面图

也是全城中轴的一段。

"中路"两旁两条长夹道的东西，各列六个宫，每三个为一路，中间有南北夹道。这十二个宫象征十二星辰。它们后部每面有五个并列的院落，称东五所、西五所，也象征众星拱辰之义。十二宫是内宫眷属"妃嫔""皇子"等的住所和中间的"后三殿"就是紫禁城后半部的核心。现在博物院称东西六宫等为"东殿"和"西殿"，按日轮流开放。西六宫曾经改建，储秀和翊坤两宫之间增建一殿，成了一组。长春和太极之间，也添建一殿，成为一组，格局稍变。东六宫中的延禧，曾参酌西式改建"水晶宫"而未成。

三路之外的建筑是比较不规则的。主要的有两种：一种是在中轴两侧，东西两路的南头，十二宫南面的重要前宫殿。西边是养心殿一组，它正在"外朝"和"内廷"之间偏东的位置上，是封建主实际上日常起居的地方。中轴东边与它约略对称的是斋宫和奉先殿。这两组与乾清宫的关系就相等于文华、武英两殿与太和殿的关系。另一类是核心外围规模较十二宫更大的宫。这些宫是建筑给封建主的母后居住的。每组都有前殿、后寝、周围廊子、配殿、宫门等。西边有慈宁、寿康、寿安等宫。其中夹着一组佛教庙宇雨花阁，规模极大。总称为"外西路"。东边的"外东路"只有直串南北、范围巨大的宁寿宫一组。它本是玄烨（康熙）的母亲所居，后来弘历（乾隆）将政权交给儿子，自己退老住在这里曾增建了许多繁缛巧丽的亭园建筑，所以称为"乾隆花园"。它是故宫后部核心以外最特殊也最奢侈的一个建筑组群，且是清代日趋繁琐的宫廷趣味的代表作。

故宫后部虽然"千门万户"，建筑密集，但它们仍是有秩序的布局。中轴之外，东西两侧的建筑物也是以几条南北轴线为依据的。各轴线组成的建筑群以外的街道形成了细长的南北夹道。主要的东一长街和西一长街的南头就是通到外朝的"左内门"和"右内门"，它们是内廷和前朝联系的主要交通线。

除去这些"宫"与"殿"之外，紫禁城内还有许多服务单位如上驷院、御膳房和各种库房及值班守卫之处。但威名煊赫的"南书房"和"军机处"等宰相大臣办公的地方，实际上只是乾清门旁边几间廊庑房舍。军机处还不如上驷院里一排马厩！封建帝王残酷地驱役劳动人民为他建造宫殿，养尊处优，享乐排场无所不至，而即使是对待他的军机大臣也仍如奴隶。这类事实可由故宫的建筑和布局反映出来。紫禁城全部建筑也就是最丰富的历史材料。

第 四 编
建筑工作论述

建筑师是怎样工作的？ [1]

上次谈到建筑作为一门学科的综合性，有人就问，"那么，一个建筑师具体地又怎样进行设计工作呢？"多年来就不断地有人这样问过。

首先应当明确建筑师的职责范围。概括地说，他的职责就是按任务提出的具体要求，设计最适用、最经济，符合于任务要求的坚固度而又尽可能美观的建筑；在施工过程中，检查并监督工程的进度和质量。工程竣工后还要参加验收的工作。现在主要谈谈设计的具体工作。

设计首先是用草图的形式将设计方案表达出来。如同绘画的创作一样，设计人必须"意在笔先"。但是这个"意"不像画家的"意"那样只是一种意境和构图的构思（对不起，画家同志们，我有点简单化了！），而需要有充分的具体资料和科学根据。他必须先做大量的调查研究，而且还要"体验生活"。所谓"生活"，主要的固然是人的生活，但在一些生产性建筑的设计中，他还需要"体验"一些高炉、车床、机器等等的"生活"。他的立意必须受到自然条件，各种材料技术条件，城市（或乡村）环境，人力、财力、物力以及国家和地方的各种方针、政策、规范、定额、指标等等的限制。有时他简直是在极其苛刻的羁绊下进行创作。不言而喻，这一切之间必然充满了矛盾。建筑师"立意"的第一步就是掌握这些情况，统一它们之间的矛盾。

具体地说：他首先要从适用的要求下手，按照设计任务书提出的要求，拟定各种房间的面积、体积。房间各有不同用途，必须分隔；但彼此之间又

1　梁思成所作，原载于《人民日报》1962 年 4 月 29 日第五版。

必然有一定的关系，必须联系。因此必须全面综合考虑，合理安排——在分隔之中求得联系，在联系之中求得分隔。这种安排很像摆"七巧板"。

什么叫合理安排呢？举一个不合理的（有点夸张到极端化的）例子。假使有一座北京旧式五开间的平房，分配给一家人用。这家人需要客厅、餐厅、卧室、卫生间、厨房各一间。假使把这五间房间这样安排：

房间安排示意图一

可以想象，住起来多么不方便！客人来了要通过卧室才走进客厅；买来柴米油盐鱼肉蔬菜也要通过卧室、客厅才进厨房；开饭又要端着菜饭走过客厅、卧室才到餐厅；半夜起来要走过餐厅才能到卫生间解手！只有"饭前饭后要洗手"比较方便。假使改成这样：

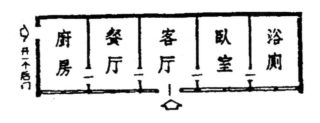

房间安排示意图二

就比较方便合理了。

当一座房屋有十几、几十乃至几百间房间都需要合理安排的时候，它们彼此之间的相互关系就更加多方面而错综复杂，更不能像我们利用这五间老式平房这样通过一间走进另一间，因而还要加上一些除了走路之外更无他用的走廊、楼梯之类的"交通面积"。房间的安排必须反映并适应组织系统或生产程序和生活的需要。这种安排有点像下棋，要使每一子、每一步都和别的棋子有机地联系着，息息相关；但又须有一定的灵活性以适应改作其他用途的可能。当然，"适用"的问题还有许多其他方面，如日照（朝向），避免城市噪音、通风等等，都要在房间布置安排上给予考虑。这叫做"平面布置"。

但是平面布置不能单纯从适用方面考虑，必须同时考虑到它的结构。房间有大小高低之不同，若完全由适用决定平面布置，势必有无数大小高低不同、参差错落的房间，建造时十分困难，外观必杂乱无章。一般的说，一座建筑物的外墙必须是一条直线（或曲线）或不多的几段直线；里面的隔断墙也必须按为数不太多的几种距离安排；楼上的墙必须砌在楼下的墙上或者一根梁上。这样，平面布置就必然会形成一个棋盘式的网格。即使有些位置上不用墙而用柱，柱的位置也必须像围棋子那样立在网格的"十"字交叉点上——不能使柱子像原始森林中的树那样随便乱长在任何位置上。这主要是由于使承托楼板或屋顶的梁的长度不致长短参差不齐而决定的。这叫做"结构网"。

在考虑平面布置的时候，设计人就必须同时考虑到几种最能适应任务需求的房间尺寸的结构网。一方面必须把许多房间都"套进"这结构网的"框框"里；另一方面又要深入细致地从适用的要求以及建筑物外表形象的艺术效果上去选择，安排它的结构网。适用的考虑主要是对人，而结构的考虑则要在满足适用的大前提下，考虑各种材料技术的客观规律，要尽可能发挥其可能性而巧妙地利用其局限性。

事实上，一位建筑师是不会忘记他也是一位艺术家的"双重身份"的。在全面综合考虑并解决适用、坚固、经济、美观问题的同时，当前三个问题

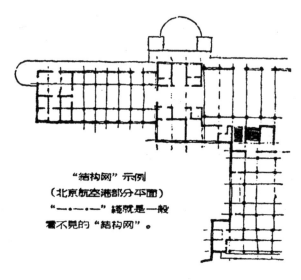

"结构网"示例

得到圆满解决的初步方案的时候，美观的问题，主要是建筑物的总的轮廓、姿态等问题，也应该基本上得到解决。

当然，一座建筑物的美观问题不仅在它的总轮廓，还有各部分和构件的权衡、比例、尺度、节奏、色彩、表质和装饰等等，犹如一个人除了总的体格身段之外，还有五官、四肢、皮肤等，对于他的美丑也有极大关系。建筑物的每一细节都应当从艺术的角度仔细推敲，犹如我们注意一个人的眼睛、眉毛、鼻子、嘴、手指、手腕等等。还有脸上是否要抹一点脂粉，眉毛是否要画一画。这一切都是要考虑的。在设计推敲的过程中，建筑师往往用许多外景、内部、全貌、局部、细节的立面图或透视图，素描或者着色，或用模型，作为自己研究推敲，或者向业主说明他的设计意图的手段。

当然，在考虑这一切的同时，在整个构思的过程中，一个社会主义的建筑师还必须时时刻刻绝不离开经济的角度去考虑，除了"多、快、好"之外，还必须"省"。

一个方案往往是经过若干个不同方案的比较后决定下来的。我们首都的人民大会堂、革命历史博物馆、美术馆等方案就是这样决定的。决定下来之后，还必然要进一步深入分析、研究，经过多次重复修改，才能作最后定案。

方案决定后，下一步就要做技术设计，由不同工种的工程师，首先是建筑师和结构工程师，以及其他各种——采暖、通风、照明、给水排水，……设备工程师进行技术设计。在这阶段中，建筑物里里外外的一切，从房屋的本身的高低、大小，每一梁、一柱、一墙、一门、一窗、一梯、一步、一花、一饰，到一切设备，都必须用准确的数字计算出来，画成图样。恼人的是，各种设备之间以及它们和结构之间往往是充满了矛盾的。许多管道线路往往会在墙壁里面或者顶棚上面"打架"，建筑师就必须会同各工种的工程师做"汇总"综合的工作，正确处理建筑内部矛盾的问题，一直到适用、结构、各种设备本身技术上的要求和它们的作用的充分发挥、施工的便利等方面都各得其所，互相配合而不是互相妨碍、扯皮，然后绘制施工图。

施工图必须准确，注有详细尺寸，要使工人拿去就可以按图施工。施工图有如乐队的乐谱，有综合的总图，有如"总谱"；也有不同工种的图，有如不同乐器的"分谱"。它们必须协调、配合。详细具体内容就不必多讲了。

设计制图不是建筑师唯一的工作。他还要对一切材料、做法编写详细的"做法说明书"，说明某一部分必须用哪些哪些材料如何如何地做。他还要编订施工进度、施工组织、工料用量等等的初步估算，作出初步估价预算。必须根据这些文件，施工部门才能够做出准确的详细预算。

但是，他的设计工作还没有完。随着工程施工开始，他还需要配合施工进度，经常赶在进度之前，提供各种"详图"（当然，各工种也要及时地制出详图）。这些详图除了各部分的构造细节之外，还有里里外外大量细节（有时我们管它做"细部"）的艺术处理、艺术加工。有些比较复杂的结构、构造和艺术要求比较高的装饰性细节，还要用模型（有时是"足尺"模型）来作为"详图"的一种形式。在施工过程中，还可能临时发现由于设计中或施工中的一些疏忽或偏差而使结构"对不上头"或者"合不上口"的地方，这就需要临时修改设计。请不要见笑，这等窘境并不是完全可以避免的。

除了建筑物本身之外，周围环境的配合处理，如绿化和装饰性的附属"小建筑"（灯杆、喷泉、条凳、花坛乃至一些小雕像等等）也是建筑师设计范围内的工作。就一座建筑物来说，设计工作的范围和做法大致就是这样。建筑是一种全民性的，体积最大，形象显著，"寿命"极长的"创作"。谈谈我们的工作方法，也许可以有助于广大的建筑使用者，亦即六亿五千万"业主"更多的了解这一行道，更多地帮助我们，督促我们，鞭策我们。

北京——都市计划的无比杰作 [1]

　　人民中国的首都北京，是一个极年老的旧城，却又是一个极年轻的新城。北京曾经是封建帝王威风的中心，军阀和反动势力的堡垒，今天它却是初落成的、照耀全世界的民主灯塔。它曾经是没落到只能引起无限"思古幽情"的旧京，也曾经是忍受侵略者铁蹄践踏的沦陷城，现在它却是生气蓬勃地在迎接社会主义曙光中的新首都。它有丰富的政治历史意义，更要发展无限文化上的光辉。

　　构成整个北京的表面现象的是它的许多不同的建筑物，那显著而美丽的历史文物、艺术的表现：如北京雄劲的周围城墙，城门上嶙峋高大的城楼，围绕紫禁城的黄瓦红墙，御河的栏杆石桥，宫城上窈窕的角楼，宫廷内宏丽的宫殿，或是园苑中妩媚的廊庑亭榭，热闹的市心里牌楼店面，和那许多坛庙、塔寺、第宅、民居。它们是个别的建筑类型，也是个别的艺术杰作。每一类，每一座，都是过去劳动人民血汗创造的优美果实，给人以深刻的印象；今天这些都回到人民自己手里，我们对它们宝贵万分是理之当然。但是，最重要的还是这各种类型，各个或各组的建筑物的全部配合：它们与北京的全盘计划整个布局的关系；它们的位置和街道系统如何相辅成成；如何集中与分布；引直与对称；前后左右，高下起落，所组织起来的北京的全部部署的庄严秩

1　原载于《新观察》1951年第2卷第7、8期，署名梁思成，但附注了"本文虽是作者答应担任下来的任务，但在实际写作进行中，都是同林徽因分工合作，有若干部分还偏劳了她"的声明。

序，怎样成为宏壮而又美丽的环境。北京是在全盘的处理上才完整的表现出伟大的中华民族建筑的传统手法和在都市计划方面的智慧与气魄。这整个的体形环境增强了我们对于伟大的祖先的景仰，对于中华民族文化的骄傲，对于祖国的热爱。北京对我们证明了我们的民族在适应自然，控制自然，改变自然的实践中有着多么光辉的成就。这样一个城市是一个举世无匹的杰作。

我们承继了这份宝贵的遗产，的确要仔细地了解它——它发展的历史，过去的任务，同今天的价值。不但对于北京个别的文物，我们要加深认识，且要对这个部署的体系提高理解，在将来的建设发展中，我们才能保护固有的精华，才不至于使北京受到不可补偿的损失。并且也只有深入的认识和热爱北京独立的、和谐的整体格调，才能掌握它原有的精神来作更辉煌的发展，为今天和明天服务。

北京城的特点是热爱北京的人们都大略知道的。我们就按着这些特点分述如下。

我们的祖先选择了这个地址

北京在位置上是一个杰出的选择。它在华北平原的最北头，处于两条约略平行的河流的中间；它的西面和北面是一弧线的山脉围抱着，东面南面则展开向着大平原。它为什么坐落在这个地点是有充足的地理条件的。选择这地址的本身就是我们祖先同自然斗争的生活所得到的智慧。

北京的高度约为海拔五十米，地学家所研究的资料告诉我们，在它的东南面比它低下的地区，四五千年前还都是低洼的湖沼地带。所以历史家可以推测，由中国古代的文化中心的"中原"向北发展，势必沿着太行山麓这条五十米等高线的地带走。因为这一条路要跨渡许多河流，每次便必须在每条河流的适当的渡口上来往。当我们的祖先到达永定河的右岸时，经验使他们找到那一带最好的渡口。这地点正是我们现在的卢沟桥所在。渡过了这个渡口之后，正北有一支西山山脉向东伸出，挡住去路，往东走了十余公里这支

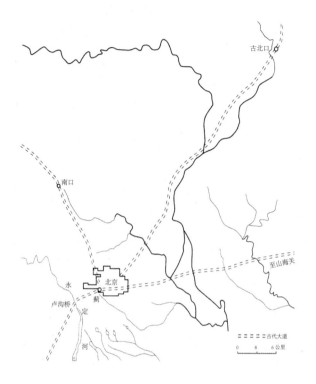

北京地理位置示意图

山脉才消失到一片平原里。所以就在这里，西倚山麓，东向平原，一个农业的民族建立了一个最有利于发展的聚落，当然是适当而合理的。北京的位置就这样的产生了。并且也就在这里，他们有了更重要的发展。同北面的游牧民族开始接触，是可以由这北京的位置开始，分三条主要道路通到北面的山岳高原和东北面的辽东平原的。那三个口子就是南口、古北口和山海关。北京可以说是向着这三条路出发的分岔点，这也成了今天北京城主要构成原因之一。北京是河北平原旱路北行的终点，又是通向"塞外"高原的起点。我们的祖先选择了这地方，不但建立一个聚落，并又发展成中国古代边区的重点，完全是适应地理条件的活动。这地方经过世代的发展，在周朝为燕国的都邑，称做蓟；到了唐是幽州城，节度使的府衙所在。在五代和北宋是辽的南京，亦称做燕京；在南宋是金的中都。到了元朝，城的位置东移，建设一新，成为全国政治的中心，就成了今天北京的基础。最难得的是明清两代易朝换代的时候都未经太大的破坏就又在旧基础上修建展拓，随着条件发展。到了今天，城中每段街、每一个区域都有着丰富的历史和劳动人民血汗的成绩。有纪念价值的文物实在是太多了。[1]

北京城近千年来的四次改建

一个城是不断的随着政治经济的变动而发展着改变着的，北京当然也非例外。但是在过去一千年中间，北京曾经有过四次大规模的发展，不单是动了土木工程，并且是移动了地址的大修建。对这些变动有个简单认识，对于北京城的布局形势便更觉得亲切。

现在北京最早的基础是唐朝的幽州城，它的中心在现在广安门外迤南一带。本为范阳节度使的驻地，安禄山和史思明向唐代政权进攻曾由此发动，所以当时是军事上重要的边城。后来刘仁恭父子割据称帝，把城中的"子城"改建成宫城的规模，有了宫殿。公元 937 年，北方民族的辽势力渐大，五代的石晋割了燕云等十六州给辽，辽人并不曾改动唐的幽州城，只加以修整，将它"升为南京"。这时的北京开始成为边疆上一个相当区域的政治中心了。

到了更北方的民族金人的侵入时，先灭辽，又攻败北宋，将宋的势力压缩到江南地区，自己便承袭辽的"南京"，以它为首都。起初金也没有改建旧城，1151 年才大规模地将辽城扩大，增建宫殿，意识地模仿北宋汴梁的形制，按图兴修。他把宋东京汴梁（开封）的宫殿范围和真定（正定）的潭园木料拆卸北运，在此大大建设起来，称它做中都，这时的北京便成了半个中国的

1　本节的主要资料是根据燕大侯仁之教授在清华的演讲《北京的地理背景》写成的。——作者注

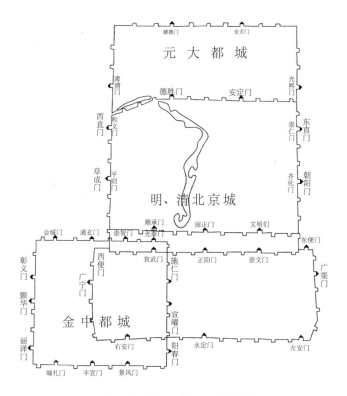

金中都到明清北京城址变迁示意图

中心。当然，许多辉煌的建筑仍然是中都的劳动人民和技术匠人，承继着北宋工艺的宝贵传统，又创造出来的。在金人进攻掳夺"中原"的时候，"匠户"也是他们掳劫的对象，所以汴梁的许多匠人曾被迫随着金军到了北京，为金的统治阶级服务。金朝在北京曾不断地营建，规模宏大，最重要的还有当时的离宫，今天的中海北海。辽以后，金在旧城基础上扩充建设，便是北京第一次的大改建，但它的东面城墙还在现在的琉璃厂以西。

1215 年元人破中都，中都的宫城同宋的东京一样遭到剧烈破坏，只有郊外的离宫大略完好。1260 年以后，元世祖忽必烈数次到金故中都，都没

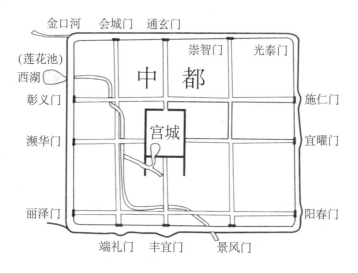

金中都城平面示意图

有进城而驻驿在离宫琼华岛上的宫殿里。这地方便成了今天北京的胚胎，因为到了1267年元代开始建城的时候，就以这离宫为核心建造了新首都。元大都的皇宫是围绕北海和中海而布置的，元代的北京城便围绕着这皇宫成一正方形。

这样，北京的位置由原来的地址向东北迁移了很多。这新城的西南角同旧城的东北角差不多接壤，这就是今天的宣武门迤西一带。虽然金城的北面在现在的宣武门内，当时元的新城最南一面却只到现在的东西长安街一线上，所以两城还隔着一个小距离。主要原因是当元建新城时，金的城墙还没有拆掉之故。元代这次新建设是非同小可的，城的全部是一个完整的布局。在制度上有许多仍是承袭中都的传统，只是规模更大了。如宫门楼观、宫墙角楼、护城河、御路、石桥、千步廊的制度，不但保留中都所有，且超过汴梁的规模。还有故意恢复一些古制的，如"左祖右社"的格式，以配合"前朝后市"的形势。

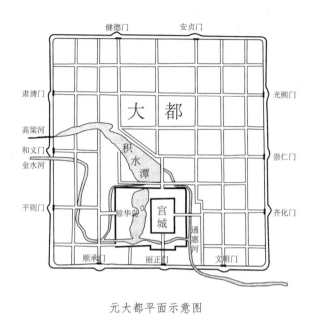

元大都平面示意图

　　这一次新址发展的主要存在基础不仅是有天然湖沼的离宫和它优良的水源，还有极好的粮运的水道。什刹海曾是航运的终点，成了重要的市中心。当时的城是近乎正方形的，北面在今日北城墙外约二公里，当时的鼓楼便位于全城的中心点上，在今什刹海北岸。因为船只可以在这一带停泊，钟鼓楼自然是那时热闹的商市中心。这虽是地理条件所形成，但一向许多人说到元代北京形制，总以这"前朝后市"为严格遵循古制的证据。元时建的尚是土城，没有砖面，东、西、南，每面三门；惟有北面只有两门，街道引直，部署井然。当时分全市为五十坊，鼓励官吏人民从旧城迁来。这便是辽以后北京第二次的大改建。它的中心宫城基本上就是今天北京的故宫与北海中海。

　　1368 年明太祖朱元璋灭了元朝，次年就"缩城北五里"，筑了今天所见的北面城墙。原因显然是本来人口就稀疏的北城地区，到了这时，因航运滞塞，不能达到什刹海，因而更萧条不堪，而商业则因金的旧城东壁原有的基础渐在元城的南面郊外繁荣起来。元的北城内地址自多旷废无用，所以索性缩短五里了。

明成祖朱棣迁都北京后，因衙署不足，又没有地址兴修，1419 年便将南面城墙向南展拓，由长安街线上移到现在的位置。南北两墙改建的工程使整个北京城约略向南移动四分之一，这完全是经济和政治的直接影响。且为了元的故宫已故意被破坏过，重建时就又做了若干修改。最重要的是因不满城中南北中轴线为什刹海所切断，将宫城中线向东移了约一百五十米，正阳门、钟鼓楼也随着东移，以取得由正阳门到鼓楼钟楼中轴线的贯通，同时又以景山横亘在皇宫北面如一道屏风。这个变动使景山中峰上的亭子成了全城南北的中心，替代了元朝的鼓楼的地位。这五十年间陆续完成的三次大工程便是北京在辽以后的第三次改建。这时的北京城就是今天北京的内城了。

在明中叶以后，东北的军事威胁逐渐强大，所以要在城的四面再筑一圈外城。原拟在北面利用元旧城，所以就决定内外城的距离照着原来北面所缩的五里。这时正阳门外已非常繁荣，西边宣武门外是金中都东门内外的热闹区域，东边崇文门外这时受航运终点的影响，工商业也发展起来。所以工程由南面开始，先筑南城。开工之后，发现费用太大，尤其是城墙由明代起始改用砖，较过去土墙所费更大，所以就改变计划，仅筑南城一面了。外城东西仅比内城宽出六七百米，便折而向北，止于内城西南东南两角上，即今西便门、东便门之处。这是在唐幽州基础上辽以后北京第四次的大改建。北京今天的凸字形状的城墙就这样在 1553 年完成的。假使这外城按原计划完成，则东面城墙将在二闸，西面差不多到了公主坟，现在的东岳庙、大钟寺、五塔寺、西郊公园、天宁寺、白云观便都要在外城之内了。

清朝承继了明朝的北京，虽然个别的建筑单位许多经过了重建，对整个布局体系则未改动，一直到了今天。民国以后，北京市内虽然有不少的局部改建，尤其是道路系统，为适合近代使用，有了很多变更，但对于北京的全部规模则尚保存原来秩序，没有大的损害。

由那四次的大改建，我们认识到一个事实，就是城墙的存在也并不能阻碍城区某部分一定的发展，也不能防止某部分的衰落。全城各部分是随着政治、军事、经济的需要而有所兴废。北京过去在体形的发展上，没有被它的城墙限制过它必要的展拓和所展拓的方向，就是一个明证。

北京的水源——全城的生命线

从元建大都以来，北京城就有了一个问题，不断地需要完满解决，到了今天同样问题也仍然存在。那就是北京城的水源问题。这问题的解决与否在有铁路和自来水以前的时代里更严重地影响着北京的经济和全市居民的健康。

在有铁路以前，北京与南方的粮运完全靠运河。由北京到通州之间的通惠河一段，顺着西高东低的地势，须靠由西北来的水源。这水源还须供给什刹海、三海和护城河，否则它们立即枯竭，反成酝育病疫的水洼。水源可以说是北京的生命线。

通惠河漕运图（局部）

北京近郊的玉泉山的泉源虽然是"天下第一"，但水量到底有限；供给池沼和饮料虽足够，但供给航运则不足了。辽金时代航运水道曾利用高梁河水，元初则大规模的重新计划。起初曾经引永定河水东行，但因夏季山洪暴发，控制困难，不久即放弃。当时的河渠故道在现在西郊新区之北，至今仍可辨认。废弃这条水道之后的计划是另找泉源。于是便由昌平县神山泉引水南下，建造了一条石渠，将水引到瓮山泊（昆明湖）再由一道石渠东引入城，先到什刹海，再流到通惠河。这两条石渠在西北郊都有残迹，城中由什刹海到二闸的南北河道就是现在南北河沿和御河桥一带。元时所引玉泉山的水是与由昌平南下经同昆明湖入城的水分流的。这条水名金水河，沿途严禁老百姓使用，专引入宫苑池沼，主要供皇室的饮水和栽花养鱼之用。金水河由宫中流到护城河，然后同昆明湖、什刹海那一股水汇流入通惠河。元朝对水源计划之苦心，水道建设规模之大，后代都不能及。城内地下暗沟也是那时留下绝好的基础，经明增设，到现在还是最可贵的下水道系统。

明朝先都南京，昌平水渠破坏失修，竟然废掉不用。由昆明湖出来的水与由玉泉山出来的水也不两河分流，事实上水源完全靠玉泉山的水。因此水量顿减，航运当然不能入城。到了清初建设时，曾作补救计划，将西山碧云寺、卧佛寺同香山的泉水都加入利用，引到昆明湖。这段水渠又破坏失修后，北京水量一直感到干涩不足。解决之前若干年中，三海和护城河淤塞情形是愈来愈严重，人民健康曾大受影响。龙须沟的情况就是典型的例子。

1950年，北京市人民政府大力疏浚北京河道，包括三海和什刹海，同时疏通各种沟渠，并在西直门外增凿深井，增加水源。这样大大地改善了北京的环境卫生，是北京水源史中又一次新的纪录。现在我们还可以企待永定河上游水利工程，眼看着将来再努力沟通京津水道航运的事业。过去伟大的通惠运河仍可再用，是我们有利的发展基础。[1]

1　本节部分资料是根据侯仁之《北平金水河考》。——作者注

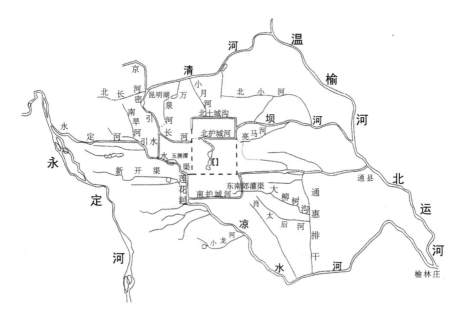

现代北京河湖水系示意图

北京的城市格式——中轴线的特征

如上文所曾讲到，北京城的凸字形平面是逐步发展而来。它在十六世纪中叶完成了现在的特殊形状。城内的全部布局则是由中国历代都市的传统制度，通过特殊的地理条件，和元明清三代政治经济实际情况而发展的具体形式。这个格式的形成，一方面是遵循或承袭过去的一般的制度，一方面又由于所尊崇的制度同自己的特殊条件相结合所产生出来的变化运用。北京的体形大部分是由于实际用途而来，又曾经过艺术的处理而达到高度成功的。所以北京的总平面是经得起分析的。过去虽然曾很好的为封建时代服务，今天它仍然能很好的为新民主主义时代的生活服务，并还可以再作社会主义时代的都城，毫不阻碍一切有利的发展。它的累积的创造成绩是永远可以使我们骄傲的。

　　大略的说，凸字形的北京，北半是内城，南半是外城，故宫为内城核心，也是全城的布局重心。全城就是围绕这中心而部署的。但贯通这全部部署的是一根直线。一根长达八公里，全世界最长，也最伟大的南北中轴线穿过了全城。北京独有的壮美秩序就由这条中轴的建立而产生。前后起伏左右对称的体形或空间的分配都是以这条中轴为依据的。气魄之雄伟就在这个南北引伸，一贯到底的规模。我们可以从外城最南的永定门说起，从这南端正门北行，在中轴线左右是天坛和先农坛两个约略对称的建筑群；经过长长一条市楼对列的大街，到达珠市口的十字街之后，才面向着内城第一个重点——雄伟的正阳门楼。在门前百余米的地方，拦路一座大牌楼，一座大石桥，为这第一个重点做了前卫。但这还只是一个序幕。过了此点，从正阳门楼到中华门，由中华门到天安门，一起一伏、一伏而又起，这中间千步廊（民国初年已拆除）御路的长度，和天安门面前的宽度，是最大胆的空间的处理，衬托着建筑重点的安排。这个当时曾经为封建帝王据为己有的禁地，今天是多么恰当地回到人民手里，成为人民自己的广场！由天安门起，是一系列轻重不一的宫门和广庭，金色照耀的琉璃瓦顶，一层又一层的起伏峋峙，一直引导到太和殿顶，便到达中线前半的极点，然后向北，重点逐渐退削，以神武门为尾声。再往北，又"奇峰突起"的立着景山做了宫城背后的衬托。景山中峰上的亭子正在南北的中心点上。由此向北是一波又一波的远距离重点的呼应。由地安门，到鼓楼、钟楼，高大的建筑物都继续在中轴线上。但到了钟楼，中轴线便有计划地，也恰到好处地结束了。中线不再向北到达墙根，而将重点平稳地分配给左右分立的两个北面城楼——安定门和德胜门。有这样气魄的建筑总布局，以这样规模来处理空间，世界上就没有第二个！

　　在中线的东西两侧为北京主要街道的骨干；东西单牌楼和东西四牌楼是四个热闹商市的中心。在城的四周，在宫城的四角上，在内外城的四角和各城门上，立着十几个环卫的突出点。这些城门上的门楼、箭楼及角楼又增强了全城三度空间的抑扬顿挫和起伏高下。因北海和中海、什刹海的湖沼岛屿所产生的不规则布局，和因琼华岛塔和妙应寺白塔所产生的突出点，以及许多坛庙园林的错落，也都增强了规则的布局和不规则的变化的对比。在有了飞机的时代，由空中俯瞰，或仅由各个城楼上或景山顶上遥望，都可以看到北京杰出成就的优异。这是一份伟大的遗产，它是我们人民最宝贵的财产，还有人不感觉到吗？

北京的交通系统及街道系统

北京是华北平原到蒙古高原、热河山地和东北的几条大路的分岔点，所以在历史上它一向是一个政治、军事重镇。北京在元朝成为大都以后，因为运河的开凿，以取得东南的粮食，才增加了另一条东面的南北交通线。一直到今天，北京与南方联系的两条主要铁路干线都沿着这两条历史的旧路修筑；而京包、京热两线也正筑在我们祖先的足迹上。这是地理条件所决定的。因此，北京便很自然地成了华北北部最重要的铁路衔接站。自从汽车运输发达以来，北京也成了一个公路网的中心。西苑、南苑两个飞机场已使北京对外的空运有了站驿。这许多市外的交通网同市区的街道是息息相关互相衔接的，所以北京城是会每日增加它的现代效果和价值的。

今天所存在的城内的街道系统，用现代都市计划的原则来分析，是一个极其合理、完全适合现代化使用的系统。这是一个令人惊讶的事实，是任何一个中世纪城市所没有的。我们不得不又一次敬佩我们祖先伟大的智慧。

这个系统的主要特征在大街与小巷，无论在位置上或大小上，都有明确的分别；大街大致分布成几层合乎现代所采用的"环道"；由"环道"明确的有四向伸出的"辐道"。结果主要的车辆自然会汇集在大街上流通，不致无故地去窜小胡同，胡同里的住宅得到了宁静，就是为此。

所谓几层的环道，最内环是紧绕宫城的东西长安街、南北池子、南北长街、景山前大街；第二环是王府井、府右街，南北两面仍是长安街和景山前大街；第三环以东西交民巷，东单、东四，经过铁狮子胡同、后门、北海后门、太平仓、西四、西单而完成。这样还可更向南延长，经宣武门、菜市口、

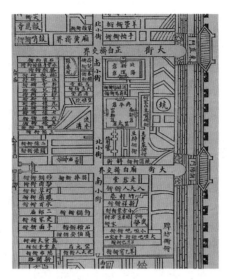

清乾隆《京师全图》（局部）

珠市口、磁器口而入崇文门。近年来又逐步地开辟一个第四环，就是东城的南北小街、西城的南北沟沿、北面的北新桥大街，鼓楼东大街，以达新街口。但鼓楼与新街口之间因有什刹海的梗阻，要多少费点事。南面则尚未成环（也许可与东交民巷衔接）。这几环中，虽然有多少尚待展宽或未完全打通的段落，但极易完成。这是现代都市计划学家近年来才发现的新原则。欧美许多城市都在它们的弯曲杂乱或呆板单调的街道中努力计划开辟成环道，以适应控制大量汽车流通的迫切需要。我们的北京却可应用六百年前建立的规模，只须稍加展宽整理，便可成为最理想的街道系统。这的确是伟大的祖先留给我们的"余荫"。

有许多人不满北京的胡同，其实胡同的缺点不在其小，而在其泥泞和缺乏小型空场与树木。但它们都是安静的住宅区，有它的一定优良作用。在道路系统的分配上也是一种很优良的秩序。这些便是以后我们发展的良好基础，可以予以改进和提高的。

北京城的土地使用——分区

我们不敢说我们的祖先计划北京城的时候，曾经计划到它的土地使用或分区。但我们若加以分析，就可看出它大体上是分了区的，而且在位置上大致都适应当时生活的要求和社会条件。

内城除紫禁城为皇宫外，皇城之内的地区是内府官员的住宅区。皇城以外，东西交民巷一带是各衙署所在的行政区（其中东交民巷在辛丑条约之后被划为"使馆区"）。而这些住宅的住户，有很多就是各衙署的官员。北城是贵族区，和供应他们的商店区，这区内王府特别多。东西四牌楼是东西城的两个主要市场，由它们附近街巷名称就可看出，如东四牌楼附近是猪市大街、小羊市、驴市（今改"礼士"）胡同等；西四牌楼则有马市大街、羊市大街、羊肉胡同、缸瓦市等。

至于外城，大体地说，正阳门大街以东是工业区和比较简陋的商业区，以西是最繁华的商业区。前门以东以商业命名的街道有鲜鱼口、瓜子店、果子市等；工业的则有打磨厂、梯子胡同等等。以西主要的是珠宝市、钱市胡同、大栅栏等，是主要商店所聚集；但也有粮食店、煤市街。崇文门外则有巾帽胡同、木厂胡同、花市、草市、磁器口等等，都表示着这一带的土地使用性质。宣武门外是京官住宅和各省府州县会馆区，会馆是各省人京应试的举人们的招待所，因此知识分子大量集中在这一带。应景而生的是他们的"文化街"，即供应读书人的琉璃厂的书铺集团，形成了一个"公共图书馆"；其中掺杂着许多古玩铺，又正是供给知识分子观摩的"公共文物馆"。其次要提到的就是文娱区；大多数的戏院都散布在前门外东西两侧的商业区中间。大众化的杂耍场集中在天桥。至于骚人雅士们则常到先农坛迤西洼地中的陶然亭吟风咏月，饮酒赋诗。

由上面的分析，我们可以看出，以往北京的土地使用，的确有分区的现象。但是除皇城及它迤南的行政区是多少有计划的之外，其他各区都是在发展中自然集中而划分的。这种分区情形，到民国初年还存在。

到现在，除去北城的贵族已不贵了，东交民巷又由"使馆区"收复为行政区而仍然兼是一个有许多已建立邦交的使馆或尚未建立邦交的"使馆"所在区，和西交民巷成了银行集中的商务区之外，大致没有大改变。近二三十年来的改变，则在外城建立了几处工厂。王府井大街因为东安市场之开辟，再加上供应东交民巷帝国主义外交官僚的消费，变成了繁盛的零售商店街，部分夺取了民国初年军阀时代前门外的繁荣。东西单牌楼之间则因长安街三座门之打通而繁荣起来，产生了沿街"洋式"店楼型制。全城的土地使用，比清末民初时期显然增加了杂乱错综的现象。幸而因为北京以往并不是一个工商业中心，体形环境方面尚未受到不可挽回的损害。

北京城是一个具有计划性的整体

北京是中国（可能是全世界）文物建筑最多的城。元、明、清历代的宫苑、坛庙、塔寺分布在全城，各有它的历史艺术意义，是不用说的。要再指出的是：因为北京是一个先有计划然后建造的城（当然，计划所实现的都曾经因各时代的需要屡次修正，而不断地发展的）。它所特具的优点主要就在它那具有计划性的城市的整体。那宏伟而庄严的布局，在处理空间和分配重点上创造出卓越的风格，同时也安排了合理而有秩序的街道系统，而不仅在它内部许多个别建筑物的丰富的历史意义与艺术的表现。所以我们首先必须认识到北京城部署骨干的卓越，北京建筑的整个体系是全世界保存得最好，而且继续有传统的活力的，最特殊、最珍贵的艺术杰作。这是我们对北京城不可忽略的起码认识。

就大多数的文物建筑而论，也都不仅是单座的建筑物，而往往是若干座合组而成的整体，为极可宝贵的艺术创造，故宫就是最显著的一个例子。其他如坛庙、园苑、府第，无一不是整组的文物建筑，有它全体上的价值。我们爱护文物建筑，不仅应该爱护个别的一殿、一堂、一楼、一塔，而且必须爱护它的周围整体和邻近的环境。我们不能坐视，也不能忍受一座或一组壮丽的建筑物遭受到各种各式直接或间接的破坏，使它们委曲在不调和的周围里，受到不应有的宰割。过去因为帝国主义的侵略，和我们不同体系、不同格调的各型各式的所谓洋式楼房，所谓摩天高楼，摹仿到家或不到家的欧美系统的建筑物，庞杂凌乱的大量渗到我们的许多城市中来，长久地劈头拦腰破坏了我们的建筑情调，渐渐地麻痹了我们对于环境的敏感，使我们习惯于不调和的体形或习惯于看着自己优美的建筑物被摒斥到委曲求全的夹缝中，而感到无可奈何。我们今后在建设中，这种错误是应该予以纠正了。代替这种蔓延野生的恶劣建筑，必须是有计划有重点的发展，比如明年，在天安门的前面，广场的中央，将要出现一座庄严伟大的人民英雄纪念碑。几年以后，广场的外围将要建起整齐壮丽的建筑，将广场衬托起来。长安门（三座门）外将是绿荫平阔的林荫大道，一直通出城墙，使北京向东西城郊发展。那时的天安门广场将要更显得雄壮美丽了。总之，今后我们的建设，必须强调同环境配合，发展新的来保护旧的，这样才能保存优良伟大的基础，使北京城永远保持着美丽、健康和年轻。

北京城内城外无数的文物建筑，尤其是故宫、太庙（现在的劳动人民文化宫）、社稷坛（中山公园）、天坛、先农坛、孔庙、国子监、颐和园等等，都普遍地受到人们的赞美。但是一件极重要而珍贵的文物，竟没有得到应有的注意，乃至被人忽视，那就是伟大的北京城墙。它的产生，它的变动，它的平面形成凸字形的沿革，充满了历史意义，是一个历史现象辩证的发展的卓越标本，已经在上文叙述过了。至于它的朴实雄厚的壁垒，宏丽嶙峋的城门楼、箭楼、角楼，也正是北京体形环境中不可分离的艺术构成部分，我们还需要首先特别提到。苏联人民称斯摩林斯克的城墙为苏联的颈链，我们北京的城墙，加上那些美丽的城楼，更应称为一串光彩耀目的中华人民的璎珞了。古史上有许多著名的台——古代封建主的某些殿宇是筑在高台上的，台和城墙有时不分——后来发展成为唐宋的阁与楼时，则是在城墙上含有纪念性的建筑物，大半可供人民登临。前者如春秋战国燕和赵的丛台、西汉的未央宫、汉末曹操和东晋石赵在邺城的先后两个铜雀台，后者如唐宋以来由文字流传后世的滕王阁、黄鹤楼、岳阳楼等。宋代的宫前门楼宣德楼的作用也还略像一个特殊的前殿，不只是一个仅具形式的城楼。北京峋峙着许多壮观的城楼角楼，站在上面俯瞰城郊，远览风景，可以供人娱心悦目，舒畅胸襟。但在过去封建时代里，因人民不得登临，事实上是等于放弃了它的一个可贵的作用。今后我们必须好好利用它为广大人民服务。现在前门箭楼早已恰当地作为文娱之用。在北京市各界人民代表会议中，又有人建议用崇文门、宣武门两个城楼做陈列馆，以后不但各城楼都可以同样的利用，并且我们应该把城墙上面的全部面积整理出来，尽量使它发挥它所具有的特长。城墙上面面积宽敞，可以布置花池，栽种花草，安设公园椅，每隔若干距离的敌台上可建凉亭，供人游息。由城墙或城楼上俯视护城河与郊外平原，远望西山远景或禁城宫殿，它将是世界上最特殊公园之一——一个全长达三十九点七五公里的立体环城公园！

北京古城墙旧照

我们应该怎样保护这庞大的伟大的杰作？

人民中国的首都正在面临着经济建设、文化建设——市政建设高潮的前夕。解放两年以来，北京已在以递加的速率改变，以适合不断发展的需要。今后一二十年之内，无数的新建筑将要接踵的兴建起来，街道系统将加以改善，千百条的大街小巷将要改观，各种不同性质的区域将要划分出来。北京城是必须现代化的，同时北京城原有的整体文物性特征和多数个别的文物建筑又是必须保存的。我们必须"古今兼顾，新旧两利"。我们对这许多错综复杂问题应如何处理？是每一个热爱中国人民首都的人所关切的问题。

如同在许多其他的建设工作中一样，先进的苏联已为我们解答了这问题，立下了良好的榜样。在《苏联沦陷区解放后之重建》一书中，苏联的建筑史家 N. 沃罗宁教授说：

> 计划一个城市的建筑师必须顾到他所计划的地区生活的历史传统和建筑的传统。在他的设计中，必须保留合理的、有历史价值的一切和在房屋类型和都市计划中，过去的经验所形成的特征的一切；同时这城市或村庄必须成为自然环境中的一部分。……新计划的城市的建筑样式必须避免呆板硬性的规格化，因为它将掠夺了城市的个性；他必须采用当地居民所珍贵的一切。
>
> 人民在便利、经济和美感方面的需要，他们在习俗与文化方面的需要，是重建计划中所必须遵守的第一条规则。……

沃罗宁教授在他的书中列举了许多实例。其中一个被称为"俄罗斯的博物院"的诺夫哥罗德城，这个城的"历史性文物建筑比任何一个城都多"。

> 它的重建是建筑院院士舒舍夫负责的。他的计划作了依照古代都市计划制度重建的准备——当然加上现代化的改善。……在最卓越的历史文物建筑周围的空地将布置成为花园，以便取得文物建筑的观景。若干组的文物建筑群将被保留为国宝；……
>
> 关于这城……的新建筑样式，建筑师们很正确地拒绝了庸俗的"市侩式"建筑，而采取了被称为"地方性的拿破仑时代式"建筑，因为它是该城原有建筑中最典型的样式。……
>
> ……建筑学者们指出：在计划重建新的诺夫哥罗德的设计中，要

给予历史性文物建筑以有利的位置，使得在远处近处都可以看见它们的原则的正确性。……

对于许多类似诺夫哥罗德的古俄罗斯城市之重建的这种研讨将要引导使问题得到最合理的解决，因为每一个意见都是对于以往的俄罗斯文物的热爱的表现。……

怎样建设"中国的博物院"的北京城，上面引录的原则是正确的。让我们向诺夫哥罗德看齐，向舒舍夫学习。

人民英雄纪念碑设计的经过 [1]

　　1949 年 9 月 30 日下午，中国人民政治协商会议大会结束。会议一致通过了建造人民英雄纪念碑的提案，并通过了纪念碑的碑文。傍晚时分，伟大领袖毛主席和全体与会代表来到天安门广场，举行了纪念碑破土奠基典礼。翌日，毛主席在天安门向全世界庄严宣告中华人民共和国成立。

　　接着，都委会 [2] 即向全国征求纪念碑设计方案。不久，收到方案约一百七八十（？）份。大致可分为几个主要类型：（1）认为人民英雄来自广大工农群众，碑应有亲切感，方案采用平铺在地面的方式；（2）以巨型雕像体现英雄形象；（3）用高耸矗立的碑形或塔形以体现革命先烈高耸云霄的英雄气概和崇高品质。至于艺术形式，有用中国传统形式的，有用欧洲古典形式的，也有用"现代"式的。

　　接着，由都委会邀请各方面各单位、各团体的代表以及在京的一些建筑师、艺术家会同评选。平铺地面的方案很快就被否定了。于是用雕像形式抑用碑的形式就成为争论的中心问题。在争论过程中，大多数意见同意下述根本出发点：

　　（一）政协会议通过建碑，通过了《碑文》。碑的设计应以《碑文》为中心主题，所以应采用碑的形式。《碑文》中所述三个大阶段的英雄史迹，可用浮雕表达。

1　梁思成所作，原为关于人民英雄纪念碑设计经过的调查材料，曾发表于《建筑学报》1991年第 6 期。

2　指解放后成立的北京市都市计划委员会。

（二）考虑到古今中外都有"碑"，有些方案采用埃及"方尖碑"或罗马"纪念柱"的形式，都难以突出作为主题的《碑文》。以镌刻文字为主题的碑，在我国有悠久传统。所以采用我国传统的碑的形式较为恰当。

（三）中国古碑都矮小郁沉，缺乏英雄气概，必须予以革新。

（四）考虑到《碑文》只刻在碑的一面。其另一面拟请主席题"人民英雄永垂不朽"八个大字。后来彭真又说周总理写得一手极好的颜字，建议《碑文》请周总理手书。

此后，即由都委会参照已经收到的各种方案草拟"碑型"的设计方案，但雕刻家仍保留意见，认为还是应该用雕像为主题。

在摸索各种方案的过程中，彭真说中央首长看到颐和园"万寿山昆明湖"碑，说纪念碑就可以采取这样一种形式；还说北海白塔山脚下不是也有这样一座碑吗？（指"琼岛春阴"碑。）根据他这一"指示"，都委会就开始向现在建成的这碑型进行设计。

1952年5月，人民英雄纪念碑兴建委员会组成，其主要成员如下：

主任，彭真；副主任，郑振铎、梁思成；

秘书长，薛子正。

工程事务处处长，王明之；副处长，吴华庆；

建筑设计组，组长梁思成；副组长，莫宗江；

美术工作组，组长未定（后定为刘开渠）；

土木施工组，组长王明之；

电气设备组、采石组、财务组、纪录组（当时组长均未定，从略）。

此外，还设有

史料专门委员会，召集人范文澜；

建筑设计专门委员会，召集人梁思成。

6月19日，美术工作组组成。组长刘开渠；副组长滑田友、张松鹤。

7月中旬，史料委员会初步提出浮雕主题方案，共九幅（略）。1953年1月19日，薛子正传达毛主席关于浮雕题的指示："井冈山"改为"八一"；"义和团"改为"甲午"；"平型关"改为"延安出击"；"三元里"是否找一个更好的画面？"游击战"太抽象；"长征"哪一个场面可代表？史料委员会又经过多次讨论，原先提出的浮雕主题又经过多次改变，才决定用现在雕成的八幅。

大约在 1952 年七八月间，由郑振铎主持召开会议，决定采用现在已建成的这一设计方案，但对碑顶暂作保留，碑身以下全部定案，并立即开始基础设计并施工。这个方案碑的高度约为 40.50m，是按广场扩建为宽 200～250m，由北面任何一点望过去，在透视上碑都高过正阳门城楼（高约 42m），结构方面还考虑到土壤荷载力和地震等问题而决定的。

1953 年 2 月，我参加科学院访苏代表团，至六七月间才回到北京，约半年多的期间没有参加这项工作。

从 1952 年碑建会成立至 1954 年 11 月约两年多的时间，工程进度缓慢，主要原因有三：

（一）碑顶形式定不下来，建筑师多主张用"建筑顶"，雕刻家主张用群像。反对"建筑顶"的认为这种"大屋顶"形象太古老。反对群像的理由是像在 40m 高空，无论远近都看不清楚。

（二）碑座一周浮雕主题多次送请中央审查，多次发回让继续讨论，并要做出画稿再决定。

（三）因主题未定，雕刻家难以开始工作。且缺少石刻工人，须临时调工训练。雕刻家认为主题决定后，由画稿，小比例尺泥塑稿到足尺泥塑稿，足尺石膏稿至正式刻成汉白玉浮雕，需要三至四年时间。

直至 1954 年 11 月 6 日，旧北京市人民政府委员会开会，彭真指示用"建筑顶"，并定了浮雕主题。我的笔记本中有简单纪录如下：

市府委员会　　　　　　　　　54.11.6

关于碑：

彭：如用群像，主题混淆，不相配合。我并非反对这种思想★。

　　　　这一段定下来★★。

八个大字向北。

浮雕：鸦片，金田，辛亥，五四，五卅，南昌，敌后，渡江。

★（按："这种思想"大概是指用群像的思想。——67.12.13 补注。）

★★（"这一段"是指着图说的。67.12.13 补注。）

这次会以后不过几天，我的旧病又复发，至 1955 年 1 月 2 日进医院，10 月间才算康复，这时碑顶已完成。在此期间，碑的设计、施工工作情况都无条件过问，所以完全不了解。浮雕工作完全由刘开渠负责。

人民英雄纪念碑

　　1959 年十周年国庆节后，周总理曾指示将碑顶及人民大会堂的国徽改用能发光的材料，并指定吴晗召集一些建筑师、艺术家开会研究碑顶，也可考虑另行设计。当时各设计部门和高校又送来约二三十个方案，有用雕像的，有用红星的，也有些相当"现代"的。但经过约三四次会议，大家认为没有一个方案有特殊突出的优点，改了效果不一定能比现在的顶更能令人满意，于是改顶的工作就暂时作罢了。

梁思成

1967 年 12 月 15 日

闲话文物建筑的重修与维护 [1]

今年三月，有机会随同文化部的几位领导同志以及茅以升先生重访阔别三十年的赵州桥，还到同样阔别三十年的正定去转了一圈。地方，是旧地重游；两地的文物建筑，却真有点像旧友重逢了。对这些历史胜地、千年文物来说，三十年仅似白驹过隙；但对我们这一代人来说，这却是变化多么大——天翻地覆的三十年呀！这些文物建筑在这三十年的前半遭受到令人痛心的摧残、破坏。但在这三十年的后半——更准确地说，在这三十年的后十年，也和祖国的大地和人民一道，翻了身，获得了新的"生命"。其中有许多已经更加健康、壮实，而且也显得"年轻"了。它们都将延年益寿作为中华民族历史文化的最辉煌的典范继续发出光芒，受到我们子子孙孙的敬仰。我们全国的文物工作者在党和政府的领导下，在文物建筑的维护和重修方面取得的成就是巨大的。

三十年前，当我初次到赵县测绘久闻大名的赵州大石桥——安济桥的时候，兴奋和敬佩之余，看见它那危在旦夕的龙钟残疾老态，又不禁为之黯然怅惘。临走真是不放心，生怕一别即成永诀。当时，也曾为它试拟过重修方案。当然，在那时候，什么方案都无非是纸上谈兵、空中楼阁而已。

解放后，不但欣悉名桥也熬过了苦难的日子，而且也经受住了革命战火的考验；更可喜，不久，重修工作开始了；它被列入全国重点文物保护单位的行列。《小放牛》里歌颂的"玉石栏杆"，在河底污泥中埋没了几百年后，

1　梁思成作，原载于《文物》1963 年第 7 期。

重见天日了。古桥已经返老还童。我们这次还重验了重修图纸，检查了现状。谁敢说它不能继续雄跨洨河再一个一千三百年！

正定龙兴寺也得到了重修。大觉六师殿的瓦砾堆已经清除，转轮藏和慈氏阁都焕然一新了。整洁的伽蓝与三十年前相比，更似天上人间。

在取得这些成就的同时，作为新中国的文物工作者，我们是否已经做得十全十美了呢？当然我们不会那样狂妄自大。我们完全知道，我们还是有不少缺点的。我们的工作刚刚开始，还缺乏成熟的经验。怎样把我们的工作进一步提高？这值得我们认真钻研。不揣冒昧，在下面提出几个问题和管见，希望抛砖引玉。

整旧如旧与焕然一新

古来无数建筑物的重修碑记都以"焕然一新"这样的形容词来描绘重修的效果，这是有其必然的原因的。首先，在思想要求方面，古建筑从来没有被看作金石书画那样的艺术品，人们并不像尊重殷周铜器上的一片绿锈或者唐宋书画上的苍黯的斑渍那样去欣赏大自然在一些殿阁楼台上留下的烙印。其次是技术方面的要求，一座建筑物重修起来主要是要坚实屹立，继续承受岁月风雨的考验，结构上的要求是首要的。至于木结构上的油饰彩画，除了保护木材，需要更新外，还因剥脱部分，若只片片补画，将更显寒伧。若补画部分模仿原有部分的古香古色，不出数载，则新补部分便成漆黑一团。大自然对于油漆颜色的化学、物理作用是难以在巨大的建筑物上摹拟仿制的。因此，重修的结果就必然是焕然一新了。"七七"事变以前，我曾跟随杨廷宝先生在北京试做过少量的修缮工作，当时就琢磨过这问题，最后还是采取了"焕然一新"的老办法。这已是将近三十年前的事了，但直至今天，我还是认为把一座古文物建筑修得焕然一新，犹如把一些周鼎汉镜用擦铜油擦得油光晶亮一样，将严重损害到它的历史、艺术价值。这也是一个形式与内容的问题。我们究竟应该怎样处理？有哪些技术问题需要解决？很值得深入地研究一下。

在砖石建筑的重修上，也存在着这问题。但在技术上，我认为是比较容易处理的。在赵州桥的重修中，这方面没有得到足够的重视，这不能说不是一个遗憾。

我认为在重修具有历史、艺术价值的文物建筑中，一般应以"整旧如旧"为我们的原则。这在重修木结构时可能有很多技术上的困难，但在重修砖石结构时，就比较少些。

就赵州桥而论，重修以前，在结构上，由于二十八道并列的券向两侧倾离，只剩下二十三道了，而其中西面的三（？）道，还是明末重修时换上的。当中的二十道，有些石块已经破裂或者风化；全桥真是危乎殆哉。但在外表形象上，即使是明末补砌的部分，都呈现苍老的面貌，石质则一般还很坚实。两端桥墩的石面也大致如此。这些石块大小都不尽相同，砌缝有些参嵯，再加上千百年岁月留下的痕迹，赋予这桥一种与它的高龄相适应的"面貌"，表现了它特有的"品格"和"个性"。作为一座古建筑，它的历史性和艺术性之表现，是和这种"品格""个性""面貌"分不开的。

在这次重修中，要保存这桥外表的饱经风霜的外貌是完全可以办到的。它的有利条件之一是桥券的结构采用了我国发券方法的一个古老传统，在主券之上加了缴背（亦称伏）一层。我们既然把这层缴背改为一道钢筋混凝土拱，承受了上面的荷载，同时也起了搭牵住下面二十八道平行并列的单券的作用，则表面完全可以用原来券面的旧石贴面。即使旧券石有少数要更换，也可以用桥身他处拆下的旧石代替，或者就在旧券石之间，用新石"打"几个"补钉"，使整座桥恢复"健康"、坚固，但不在面貌上"还童""年轻"。今天我们所见的赵州桥，在形象上绝不给人以高龄 1300 岁的印象，而像是今天新造的桥——形与神不相称。这不能不说是美中不足。

与此对比，山东济南市去年在柳埠重修的唐代观音寺（九塔寺）塔是比较成功的。这座小塔已经很残破了。但在重修时，山东的同志们采取了"整旧如旧"的原则。旧的部分除了从内部结构上加固，或者把外面走动部分"归安"之外，尽可能不改，也不换料。补修部分，则用旧砖补砌，基本上保持了这座塔的"品格"和"个性"，给人以"老当益壮"，而不是"还童"的印象。我们应该祝贺山东的同志们的成功，并表示敬意。

山东济南柳埠观音寺九顶塔

一切经过试验

在九塔寺塔的重修中，还有一个好经验，值得我们效法。

九个小塔都已残破，没有一个塔刹存在。山东同志们在正式施工以前，在地面、在塔上，先用砖干摆，从各个角度观摩，看了改，改了看，直到满意才定案，正式安砌上去。这样的精神值得我们学习。

诚然，九座小塔都是极小的东西，做试验很容易；像赵州桥那样庞大的结构，做试验就很难了。但在赵县却有一个最有利的条件。西门外金代建造的永通桥（也是全国重点保护文物），真是"天造地设"的"实验室"。假使在重修大桥以前，先用这座小桥试做，从中吸取经验教训，那么，现在大桥上的一些缺点，也许就可以避免了。

毛主席指示我们"一切要通过试验"，在文物建筑修缮工作中，我们尤其应该牢牢记住。

古为今用与文物保护

我们保护文物，无例外地都是为了古为今用，但用之之道，则各有不同。

有些本来就是纯粹的艺术作品，如书画、造像等，在古代就只作观赏（或膜拜，但膜拜也是"观赏"的一种形式）之用；今用也只供观赏。在建筑中，许多石窟、碑碣、经幢和不可登临的实心塔，如北京的天宁寺塔、妙应寺白塔、赵县柏林寺塔等属于此类。有些本来有些实际用处，但今天不用，而只供观赏的，如殷周鼎爵、汉镜、带钩之类。在建筑中，正定隆兴寺的全部殿、阁，北京天坛祈年殿、皇穹宇等属于此类。当然，这一类建筑，今天若硬要给它"分配"一些实际用途，固然未尝不可。但一般说来，是难以适应今天的任何实际需要的功能的。就是北京故宫，尽管被利用为博物馆，但绝不是符合现代博物馆的要求的博物馆。但从另一角度说，故宫整个组群本身却是更主要的被"展览"的文物。上面所列举的若干类文物和建筑之为今用，应该说主要是为供观赏之用。当然我们还对它进行科学研究。

另外还有一类文物，本身虽古，具有重要的历史、艺术价值，但直至今天，还具有重要实用价值的。全国无数的古代桥梁是这一类中最突出的实例。虽然许多园林中也有许多纯粹为点缀风景的桥，但在横跨河流的交通孔道上的桥，主要的乃至唯一的目的就是交通。赵县西门外永通桥，尽管已残破歪扭，但就在我们在那里视察的不到一小时的时间内，就有五六辆载重汽车和更多的大车从上面经过。重修以前的安济桥也是经常负荷着沉重的交通流量的。

而现在呢，崭新的桥已被"封锁"起来了。虽然旁边另建了一道便桥，但行人车马仍感不便。其实在重修以前，这座大石桥，和今天西门外的小石桥一样，还是经受着沉重的负荷的。现在既然"脱胎换骨"，十分健壮，理应能更好地为交通服务。假使为了慎重起见，可使载重汽车载重兽力车绕行便桥，一般行人、自行车、小型骡马车、牲畜、小汽车等，还是可以通行的。桥不是只供观赏的。重修之后，古桥仍须为今用——同时发挥它作为文物建筑和作为交通桥梁的双重的，既是精神的，又是物质的作用。当然在保护方面，二者之间有矛盾。负责保管这桥的同志只能妥筹办法，而不能因噎废食。

文物建筑不同于其他文物，其中大多在作为文物而受到特殊保护之同时，还要被恰当地利用。应当按每一座或每一组群的具体情况拟订具体的使用和保护办法，还应当教育群众和文物建筑的使用者尊重、爱护。

涂脂抹粉与输血打针

几千年的历史给我们留下了大量的文物建筑。国务院在 1961 年已经公布了第一批全国重点文物保护单位。在我国几千年历史中，文物建筑第一次真正受到政府的重视和保护。每年国家预算都拨出巨款为修缮、保管文物建筑之用。即使在遭受连年自然灾害的情况下，文物建筑之修缮保管工作仍得到不小的款额。这对我们是莫大的鼓舞。这些钱从我们手中花出去，每一分钱都是工人、农民同志的汗水的结晶，每一分钱都应该花的"铛铛"地响，——把钢用在刀刃上。

问题在于，在文物建筑的重修与维护中，特别是在我国目前经济情况下，什么是"刀刃"？"刀刃"在哪里？

我们从历代祖先继承下来的建筑遗产是一份珍贵的文化遗产，但同时也是一个分量不轻的"包袱"。它们绝大部分都是已经没有什么实用价值的东西；它们主要的甚至唯一的价值就是历史或者艺术价值。它们大多数是千几百年的老建筑：有砖石建筑、有木构房屋；有些还比较硬朗、结实，有些则"风烛残年"，危在旦夕。对它们进行维修，需要相当大的财力、物力。而在人力方面，按比例说，一般都比新建要投入大得多的工作和时间。我们的主观愿望是把有价值的文物建筑全部修好。但"百废俱兴"是不可能的。除了少数重点如赵县大石桥、北京故宫、敦煌莫高窟等能得到较多的"照顾"外，其他都要排队，分别轻重缓急，逐一处理。但同时又须意识到，这里面有许多都是危在旦夕的"病号"，必须准备"急诊"、随时抢救。抢救需要"打强心针""输血"，使"病号""苟延残喘"，稳定"病情"，以待进一步恢复"健康"。对一般的砖石建筑说来，除去残破严重的大跨度发券结构（如重修前的赵县大石桥和目前的小石桥）外，一般都是"慢性病"，多少还可以"带病延年"，急需抢救的不多。但木构架建筑，主要构材（如梁、柱）和结构关键（如脊或檩）的开始蛀蚀腐朽，如不及时"治疗"，"病情"就会迅速发展，很快就"病入膏肓"，救药就越来越困难了。无论我们修缮文物建筑的经费有多少，必然会少于需要的款额或材料、人力的。这种分别轻重缓急、排队逐一处理的情况都将长期间存在。因此，各地文物保管部门的重要工作之一就在及时发现这一类急需抢救的建筑和它们"病症"的关键，及时抢修，防止其继续破坏下去，去把它稳定下来，如同输血、打强心针一样，而不应该"涂脂抹粉"，做表面文章。

正定隆兴寺除了重修了转轮藏和慈氏阁之外，还消除了大觉六师殿遗址的瓦砾堆，将原来的殿基和青石佛坛清理出来，全寺环境整洁，这是很好的。但摩尼殿的木构柱梁（过去虽曾一度重修）有许多已损坏到岌岌可危的程度，戒坛也够资格列入"危险建筑"之列了。此外，正定城内还有若干处急需保护以免继续坏下去的文物建筑。今年度正定分到的维修费是不太多的，理应精打细算，尽可能地做些"输血、打针"的抢救工作。但我们所了解到的却是以经费中很大部分去做修补大觉六师殿殿基和佛坛的石作。这是一个对于文物建筑的概念和保护修缮的基本原则的问题。古埃及、希腊、罗马的建筑遗物绝大多数是残破不全的，修缮工作只限于把倾倒坍塌的原石归安本位，而绝不应为添制新的部分。即使有时由于结构的必需而"打"少数"补钉"，亦仅是由于维持某些部分使不致拼不拢或者搭不起来，不得已而为之。大觉六师殿殿基是一个残存的殿基，而且也只是一个残存的殿基。它不同于转轮藏和慈氏阁，丝毫没有修补或再加工的必要。在这里，可以说钢是没有用在刀刃上了。这样的做法，我期期以为不可，实在不敢赞同。

正定城内很值得我们注意的是开元寺钟楼。许多位同志都认为这座钟楼，除了它上层屋顶外，全部主要构架和下檐都是唐代结构。这是一座很不惹人注意的小楼。我们很有条件参照下檐斗栱和檐部结构，并参考一些壁画和实物，给这座小楼恢复一个唐代样式屋顶，在一定程度上恢复它的本来面目。以我们所掌握的对唐代建筑的知识，肯定能够取得"虽不中亦不远矣"的效果，总比现在的样子好得多。估计这项工程所费不大，是一项"事半功倍"的值得做的好事。同时，我们也可以借此进行一次试验，为将来复修或恢复其他唐代建筑的工作取得一点经验。我很同意同志们的这些意见和建议。这座钟楼虽然不是需要"输血打针"的"重病号"，但也可以算是值得"用钢"的"刀刃"吧。

红花还要绿叶托

一切建筑都不是脱离了环境而孤立存在的东西。它也许是一座秀丽的楼阁，也许是一座挺拔的宝塔，也许是平铺一片的纺织厂，也许是四根、六根大烟囱并立的现代化热电站，但都不能"独善其身"。对人们的生活，对城乡的面貌，它们莫不对环境发生一定影响；同时，也莫不受到环境的影响。在文物建筑的保管、维护工作中，这是一个必须予以考虑的方面。文化部规定文物建筑应有划定的保管范围，这是完全必要的。对于划定范围的具体考虑，我想补充几点。除了应有足够的范围，便于保管外，还应首先考虑到观赏的距离和角度问题。范围不可太小，必须给观赏者可以从至少一个角度或两三个角度看见建筑物全貌的足够距离，其中包括便于画家和摄影家绘画、摄影的若干最好的角度。

其次是绿化问题。文物建筑一般最好都有些绿化的环境。但绿化和观赏可能发生矛盾，甚至对建筑物的保护也可能发生矛盾。去年到蓟县看见独乐寺观音阁周围种树离阁太近了，而且种了三四排之多。这些树长大后不仅妨碍观赏，而且树枝会和阁身"打架"，几十年后还可能挤坏建筑；树根还可能伤害建筑物的基础。因此，绿化应进行设计：大树要离建筑物远些，要考虑将来成长后树型与建筑物体型的协调；近处如有必要，只宜种些灌木，如丁香、刺梅之类。

残破低矮的建筑遗址，有些是需要一些绿化来衬托衬托的，但也不可一概而论。正定隆兴寺北半部已有若干棵老树，但南半大觉六师殿址周围就显得秃了些。六师殿址前后若各有一对松柏一类的大树，就会更好些。殿址之北，摩尼殿前的东西配殿遗址，现在用柏树篱一周围起，就使人根本看不到殿址了。这里若用树篱，最好只种三面，正面要敞开，如同三扇屏风，将殿基残址衬托出来。

绿化如同其他艺术一样，也有民族形式问题。我国传统的绿化形式一般都采取自然形式。西方将树木剪成各种几何形体的办法，一般是难与我国环境协调，枯燥无味的。但我们也不应一概拒绝，例如在摩尼殿前配殿基址就可以用剪齐的树屏风。但有些在地面上用树木花草摆成几何图案，我是不敢赞同的。

有若无，实若虚，大智若愚

在重修文物建筑时，我们所做的部分，特别是在不得已的情况下，我们加上去的部分，它们在文物建筑本身面前，应该采取什么样的态度，是我们应该正确认识的问题。这和前面所谈"整旧如旧"事实上是同一问题。

游故宫博物院书画馆的游人无不痛恨乾隆皇帝。无论什么唐、宋、元、明的最珍贵的真迹上，他都要题上冗长的歪诗，打上他那"乾隆御览之宝""古稀天子之宝"的图章。他应被判为一名破坏文物的罪在不赦的罪犯。他在爱惜文物的外衣上，拼命的表现自己。我们今天重修文物建筑时，可不要犯他的错误。

前一两年曾见到龙门奉先寺的保护方案，可以借来说明我一些看法。

奉先寺卢舍那佛一组大像原来是有木构楼阁保护的，但不知从什么时候起（推测甚至可能从会昌灭法时），就已经被毁。一组大像露天危坐已经好几百年，已经成为人们脑子里对于龙门石窟的最主要的印象了。但今天，我们不能让这组中国雕刻史中最重要的杰作之一继续被大自然损蚀下去，必须设法保护，不使再受日晒雨淋。给它做一些掩盖是必要的。问题在于做什么？和怎样做？

河南洛阳奉先寺卢舍那大佛

见到的几个方案都采取柱廊的方式。这可能是最恰当的方式。这解决了"做什么"的问题。

至于怎样做，许多方案都采用了粗壮有力的大石柱，上有雕饰的柱头，下有华丽的柱础；柱上有相当雄厚的檐子。给人的印象略似北京人民大会堂的柱廊。唐朝的奉先寺装上了今天常见的大礼堂或大剧院的门面！这不仅"喧宾夺主"，使人们看不见卢舍那佛的组像，而且改变了龙门的整个气氛。我们正在进行伟大的社会主义建设，在建设中我们的确应该把中国人民的伟大气概表达出来。但这应该表现在长江大桥上，在包钢、武钢上，在天安门广场、长安街、人民大会堂、革命历史博物馆上，而不应该表现在龙门奉先寺上。在这里，新中国的伟大气概要表现在尊重这些文物、突出这些文物。我们所做的一切维修部分，在文物跟前应当表现得十分谦虚，只做小小"配角"，要努力做到"无形中"把"主角"更好地衬托出来，绝不应该喧宾夺主、影响主角地位。这就是我们伟大气概的伟大的表现。

在古代文物的修缮中，我们所做的最好能做到"有若无，实若虚，大智若愚"，那就是我们最恰当的表现了。

解放以来，负责保管和维修文物建筑的同志们已经做了很多出色的工作，积累了很多经验，而我自己在具体设计和施工方面却一点也没有做。这次到赵县、正定走马观花一下，回来就大发谬论，累牍盈篇，求全责备，吹毛求疵，实在是荒唐狂妄之极。只好借杨大年一首诗来为自己开脱。诗曰：

鲍老当筵笑郭郎，
笑他舞袖太郎当；
若教鲍老当筵舞，
定比郎当舞袖长！

千篇一律与千变万化 [1]

在艺术创作中，往往有一个重复和变化的问题：只有重复而无变化，作品就必然单调枯燥；只有变化而无重复，就容易陷于散漫零乱。在有"持续性"的作品中，这一问题特别重要。我所谓"持续性"，有些是由于作品或者观赏者由一个空间逐步转入另一空间，所以同时也具有时间的持续性，成为时间、空间的综合的持续。

音乐就是一种时间持续的艺术创作。我们往往可以听到在一首歌曲或者乐曲从头到尾持续的过程中，总有一些重复的乐句、乐段——或者完全相同，或者略有变化。作者通过这些重复而取得整首乐曲的统一性。

音乐中的主题和变奏也是在时间持续的过程中，通过重复和变化而取得统一的另一例子。在舒伯特的"鳟鱼"五重奏中，我们可以听到持续贯串全曲的、极其朴素明朗的"鳟鱼"主题和它的层出不穷的变奏。但是这些变奏又"万变不离其宗"——主题。水波涓涓的伴奏也不断地重复着，使你形象地看到几条鳟鱼在这片伴奏的"水"里悠然自得地游来游去嬉戏，从而使你"知鱼之乐"焉。

舞台上的艺术大多是时间与空间的综合持续。几乎所有的舞蹈都要将同一动作重复若干次，并且往往将动作的重复和音乐的重复结合起来，但在重复之中又给以相应的变化；通过这种重复与变化以突出某一种效果，表达出某一种思想感情。

1　梁思成作，原载于《人民日报》1962 年 5 月 20 日第五版。

在绘画的艺术处理上，有时也可以看到这一点。

宋朝画家张择端的《清明上河图》[1]是我们熟悉的名画。它的手卷的形式赋予它以空间、时间都很长的"持续性"。画家利用树木、船只、房屋，特别是那无尽的瓦陇的一些共同特征，重复排列，以取得几条街道（亦即画面）的统一性。当然，在重复之中同时还闪烁着无穷的变化。不同阶段的重点也螺旋式地变换着在画面上的位置，步步引人入胜。画家在你还未意识到以前，就已经成功地以各式各样的重复把你的感受的方向控制住了。

宋朝名画家李公麟在他的"放牧图"[2]中对于重复性的运用就更加突出了。整幅手卷就是无数匹马的重复，就是一首乐曲，用"骑"和"马"分成几个"主题"和"变奏"的"乐章"。表示原野上低伏缓和的山坡的寥寥几笔线条和疏疏落落的几棵孤单的树就是它的"伴奏"。这种"伴奏"（背景）与主题间简繁的强烈对比也是画家惨淡经营的匠心所在。

上面所谈的那种重复与变化的统一在建筑物形象的艺术效果上起着极其重要的作用。古今中外的无数建筑，除去极少数例外，几乎都以重复运用各种构件或其他构成部分作为取得艺术效果的重要手段之一。

就举首都人民大会堂为例。它的艺术效果中一个最突出的因素就是那几十根柱子。虽然在不同的部位上，这一列和另一列柱在高低大小上略有不同，但每一根柱子都是另一根柱子的完全相同的简单重复。至于其他门、窗、檐、额等等，也都是一个个依样葫芦。这种重复却是给予这座建筑以统一性和雄伟气概的一个重要因素；是它的形象上最突出的特征之一。

历史中最突出的一个例子是北京的明清故宫。从（已被拆除了的）中华门（大明门、大清门）开始就以一间接着一间，重复了又重复的千步廊一口气排列到天安门。从天安门到端门、午门又是一间间重复着的"千篇一律"

1　故宫博物院藏，文物出版社有复制本。——作者注。
2　《人民画报》1961年第六期有这幅名画的部分复制品。——作者注的朝房。再进去，太和门和太和殿、中和殿、保和殿成为一组的"前三殿"与乾清门和乾清宫、交泰殿、坤宁宫成为一组的"后三殿"的大同小异的重复，就更像乐曲中的主题和"变奏"；每一座的本身也是许多构件和构成部分（乐句、乐段）的重复；而东西两侧的廊、庑、楼、门，又是比较低微的，以重复为主但亦有相当变化的"伴奏"。然而整个故宫，它的每一个组群，却全部都是按照明清两朝工部的"工程做法"的统一规格、统一形式建造的，连彩画、雕饰也尽如此，都是无尽的重复。我们完全可以说它们"千篇一律"。

但是，谁能不感到，从天安门一步步走进去，就如同置身于一幅大"手卷"里漫步；在时间持续的同时，空间也连续着"流动"。那些殿堂、楼门、廊庑虽然制作方法千篇一律，然而每走几步，前瞻后顾，左睐右盼，那整个景色、轮廓、光影，却都在不断地改变着；一个接着一个新的画面出现在周围，千变万化。空间与时间、重复与变化的辩证统一在北京故宫中达到了最高的成就。

颐和园里的谐趣园，绕池环览整整三百六十度周圈，也可以看到这点。

至于颐和园的长廊，可谓千篇一律之尤者也。然而正是那目之所及的无尽的重复，才给游人以那种只有它才能给的特殊感受。大胆来个荒谬绝伦的设想：那八百米长廊的几百根柱子，几百根梁枋，一根方，一根圆，一根八角，一根六角……；一根肥，一根瘦，一根曲，一根直，……；一根木，一根石，一根铜，一根钢筋混凝土，……；一根红，一根绿，一根黄，一根蓝，……；一根素净无饰，一根高浮盘龙，一根浅雕卷草，一根彩绘团花……；这样"千变万化"地排列过去，那长廊将成何景象？！！

有人会问：那么走到长廊以前，乐寿堂临湖回廊墙上的花窗不是各具一格，千变万化的吗？是的。就回廊整体来说，这正是一个"大同小异"，大统一中的小变化的问题。既得花窗"小异"之谐趣，无伤回廊"大同"之统一。且先以这样花窗小小变化，作为廊柱无尽重复的"前奏"，也是一种"欲扬先抑"的手法。

颐和园长廊狂想曲

翻开一部世界建筑史,凡是较优秀的个体建筑或者组群,一条街道或者一个广场,往往都以建筑物形象重复与变化的统一而取胜。说是千篇一律,却又千变万化。每一条街都是一轴"手卷"、一首"乐曲"。千篇一律和千变万化的统一在城市面貌上起着重要作用。

十二年来,我们规划设计人员在全国各城市的建筑中,在这一点上做得还不能尽满人意。为了多快好省,我们做了大量标准设计,但是"好"中既也包括艺术的一面,就也"百花齐放"。我们有些住宅区的标准设计"千篇一律"到孩子哭着找不到家;有些街道又一幢房子一个样式、一个风格,互不和谐;即使它们本身各自都很美观,放在一起就都"损人"且不"利己","千变万化"到令人眼花缭乱。我们既要百花齐放,丰富多彩,却要避免杂乱无章,相互减色;既要和谐统一,全局完整,却要避免千篇一律,单调枯燥。这恼人的矛盾是建筑师们应该认真琢磨的问题。今天先把问题提出，下次再看看我国古代匠师，在当时条件下，是怎样统一这矛盾而取得故宫、颐和园那样的艺术效果的。